高职高专公共基础课系列教材

新编高等数学

主　编　郑　丽　陈　宇　张岳鹏
副主编　贾敬堂　李　亮　王艳艳
编　委　徐爱华　郑克敏　韩田君　王海龙

西安电子科技大学出版社

内 容 简 介

本书共九章，内容包括函数、极限与连续、导数与微分、中值定理及导数的应用、不定积分、定积分及其应用、微分方程、无穷级数和 Mathematica 数学实验。基本上每章的每一节都有相应的习题，并在书末提供了习题的参考答案。

本书适合作为高职高专院校各专业的高等数学教材，也可作为相关人员学习高等数学知识的参考书。

图书在版编目(CIP)数据

新编高等数学 / 郑丽，陈宇，张岳鹏主编. —西安：
西安电子科技大学出版社，2019.7(2024.8 重印)
ISBN 978-7-5606-5370-9

Ⅰ. ①新…　Ⅱ. ①郑…　②陈…　③张…　Ⅲ. ①高等数学—高等学校—教材
Ⅳ. ①O13

中国版本图书馆 CIP 数据核字(2019)第 130278 号

策　　划　刘玉芳　杨航斌
责任编辑　王　瑛
出版发行　西安电子科技大学出版社(西安市太白南路 2 号)
电　　话　(029)88202421　88201467　　邮　　编　710071
网　　址　www.xduph.com　　电子邮箱　xdupfxb001@163.com
经　　销　新华书店
印刷单位　陕西博文印务有限责任公司
版　　次　2019 年 7 月第 1 版　　2024 年 8 月第 9 次印刷
开　　本　787 毫米×1092 毫米　1/16　　印张　13
字　　数　297 千字
定　　价　35.00 元
ISBN 978-7-5606-5370-9

XDUP　5672001-9

＊＊＊＊＊**如有印装问题可调换**＊＊＊＊＊

前　言

本书根据教育部制定的《高职高专教育高等数学课程教学基本要求》，由多年从事高职高专数学教学的教师所编写。本书注重概念的直观性和方法的启发性，遵循“以应用为目的，以必需、够用为度”的原则，兼顾知识的系统性，内容通俗易懂、由浅入深，体现了高职高专的教育特色。

本书系统讲解了高职高专教育高等数学的基础知识和基本方法，并且给出了中学常用的数学公式，便于学生学习时与中学知识相衔接。本书共九章，内容包括函数、极限与连续、导数与微分、中值定理及导数的应用、不定积分、定积分及其应用、微分方程、无穷级数和 Mathematica 数学实验。基本上每章的每一节都有相应的习题，并在书末提供了习题的参考答案。在 Mathematica 数学实验这一章，给出了用 Mathematica 软件求解高等数学各种问题的方法。

本书理论系统，举例典型、丰富，讲解透彻，难度适宜，适合作为高职高专院校各专业的高等数学教材，也可作为相关人员学习高等数学知识的参考书。

参加本书编写的有郑丽、陈宇、张岳鹏、贾敬堂、李亮、王艳艳、徐爱华、郑克敏、韩田君、王海龙。

由于编者水平有限，书中难免存在不足之处，敬请广大师生不吝赐教，以使本书在教学实践之中不断完善。

编者

2019 年 4 月

中学数学常用公式

一、乘法公式

$(a+b)^2=a^2+2ab+b^2$，　　$(a-b)^2=a^2-2ab+b^2$

$(a+b)^3=a^3+3a^2b+3ab^2+b^3$，　　$(a-b)^3=a^3-3a^2b+3ab^2-b^3$

二、因式分解

$a^2-b^2=(a+b)(a-b)$，　　$x^2+(a+b)x+ab=(x+a)(x+b)$

$a^3+b^3=(a+b)(a^2-ab+b^2)$，　　$a^3-b^3=(a-b)(a^2+ab+b^2)$

三、分式裂项

$$\frac{1}{x(x+1)}=\frac{1}{x}-\frac{1}{x+1},\quad \frac{1}{(x+a)(x+b)}=\frac{1}{b-a}\left(\frac{1}{x+a}-\frac{1}{x+b}\right)$$

四、指数运算性质

$a^m\cdot a^n=a^{m+n}$，　　$\dfrac{a^m}{a^n}=a^{m-n}$，　　$(a^m)^n=a^{mn}$

$(a\cdot b)^m=a^m\cdot b^m$，　　$\left(\dfrac{a}{b}\right)^m=\dfrac{a^m}{b^m}$

五、对数运算性质

$\log_a(xy)=\log_a x+\log_a y$，　　$\log_a\dfrac{x}{y}=\log_a x-\log_a y$

$\log_a x^b=b\log_a x$，　　$a^{\log_a x}=x$，　　$e^{\ln x}=x$

六、三角公式

1. 基本公式

$\tan x=\dfrac{\sin x}{\cos x}$，　$\cot x=\dfrac{\cos x}{\sin x}$，　$\sec x=\dfrac{1}{\cos x}$，　$\csc x=\dfrac{1}{\sin x}$

$\sin^2x+\cos^2x=1$，　$\sec^2x=1+\tan^2x$，　$\csc^2x=1+\cot^2x$

2. 诱导公式（奇变偶不变，符号看象限）

$\sin(\theta+2k\pi)=\sin\theta$，　$\cos(\theta+2k\pi)=\cos\theta$，　$\tan(\theta+2k\pi)=\tan\theta\ (k\in\mathbf{Z})$

$\sin(\pi-\theta)=\sin\theta$，　$\cos(\pi-\theta)=-\cos\theta$，　$\tan(\pi-\theta)=-\tan\theta$

$\sin(\pi+\theta)=-\sin\theta$，　$\cos(\pi+\theta)=-\cos\theta$，　$\tan(\pi+\theta)=\tan\theta$

$\sin(-\theta)=-\sin\theta$，　$\cos(-\theta)=\cos\theta$，　$\tan(-\theta)=-\tan\theta$

$$\sin\left(\frac{\pi}{2}-\theta\right)=\cos\theta,\quad \cos\left(\frac{\pi}{2}-\theta\right)=\sin\theta$$

$$\sin\left(\frac{\pi}{2}+\theta\right)=\cos\theta,\quad \cos\left(\frac{\pi}{2}+\theta\right)=-\sin\theta$$

3. 倍角公式与半角公式

$$\sin 2x=2\sin x\cos x,\quad \cos 2x=\cos^2 x-\sin^2 x=2\cos^2 x-1=1-2\sin^2 x$$

$$\tan 2x=\frac{2\tan x}{1-\tan^2 x},\quad \sin^2 x=\frac{1-\cos 2x}{2},\quad \cos^2 x=\frac{1+\cos 2x}{2}$$

4. 和角公式与差角公式

$$\sin(x+y)=\sin x\cos y+\cos x\sin y,\quad \sin(x-y)=\sin x\cos y-\cos x\sin y$$

$$\cos(x+y)=\cos x\cos y-\sin x\sin y,\quad \cos(x-y)=\cos x\cos y+\sin x\sin y$$

$$\tan(x+y)=\frac{\tan x+\tan y}{1-\tan x\tan y},\quad \tan(x-y)=\frac{\tan x-\tan y}{1+\tan x\tan y}$$

5. 和差化积公式

$$\sin x+\sin y=2\sin\frac{x+y}{2}\cos\frac{x-y}{2},\ \sin x-\sin y=2\cos\frac{x+y}{2}\sin\frac{x-y}{2}$$

$$\cos x+\cos y=2\cos\frac{x+y}{2}\cos\frac{x-y}{2},\ \cos x-\cos y=-2\sin\frac{x+y}{2}\sin\frac{x-y}{2}$$

6. 积化和差公式

$$\sin x\cos y=\frac{1}{2}[\sin(x+y)+\sin(x-y)],\quad \cos x\sin y=\frac{1}{2}[\sin(x+y)-\sin(x-y)]$$

$$\cos x\cos y=\frac{1}{2}[\cos(x+y)+\cos(x-y)],\quad \sin x\sin y=-\frac{1}{2}[\cos(x+y)-\cos(x-y)]$$

七、特殊角的三角函数值表

角 θ	0°	30°	45°	60°	90°	120°	135°	150°	180°	270°	360°
弧度	0	$\frac{\pi}{6}$	$\frac{\pi}{4}$	$\frac{\pi}{3}$	$\frac{\pi}{2}$	$\frac{2\pi}{3}$	$\frac{3\pi}{4}$	$\frac{5\pi}{6}$	π	$\frac{3\pi}{2}$	2π
正弦 $\sin\theta$	0	$\frac{1}{2}$	$\frac{\sqrt{2}}{2}$	$\frac{\sqrt{3}}{2}$	1	$\frac{\sqrt{3}}{2}$	$\frac{\sqrt{2}}{2}$	$\frac{1}{2}$	0	-1	0
余弦 $\cos\theta$	1	$\frac{\sqrt{3}}{2}$	$\frac{\sqrt{2}}{2}$	$\frac{1}{2}$	0	$-\frac{1}{2}$	$-\frac{\sqrt{2}}{2}$	$-\frac{\sqrt{3}}{2}$	-1	0	1
正切 $\tan\theta$	0	$\frac{\sqrt{3}}{3}$	1	$\sqrt{3}$	不存在	$-\sqrt{3}$	-1	$-\frac{\sqrt{3}}{3}$	0	不存在	0

八、实系数一元二次方程根与系数关系及求根公式

若 $ax^2+bx+c=0(a\neq 0)$ 的两根分别为 x_1、x_2，则

$$x_1+x_2=-\frac{b}{a},\quad x_1x_2=\frac{c}{a}$$

当 $\Delta = b^2 - 4ac \geqslant 0$ 时，

$$x_1 = \frac{-b - \sqrt{b^2 - 4ac}}{2a}, \quad x_2 = \frac{-b + \sqrt{b^2 - 4ac}}{2a}$$

当 $\Delta = b^2 - 4ac < 0$ 时，

$$x_1 = \frac{-b - \mathrm{i}\sqrt{4ac - b^2}}{2a}, \quad x_2 = \frac{-b + \mathrm{i}\sqrt{4ac - b^2}}{2a}$$

九、数列公式

（1）等差数列：

通项公式：

$$a_n = a_1 + (n-1)d$$

前 n 项和公式：

$$S_n = \frac{n(a_1 + a_n)}{2} = na_1 + \frac{n(n-1)d}{2}$$

（2）等比数列：

通项公式：

$$a_n = a_1 q^{n-1}$$

前 n 项和公式：

$$S_n = \frac{a_1(1-q^n)}{1-q} \qquad (q \neq 1)$$

十、排列、组合与二项式定理

（1）排列：

$$0! = 1, \quad n! = n(n-1)\cdots 3 \cdot 2 \cdot 1$$

$$A_n^m = n(n-1)\cdots(n-m+1) = \frac{n!}{(n-m)!}$$

（2）组合：

$$C_n^m = \frac{A_n^m}{A_m^m} = \frac{n(n-1)\cdots(n-m+1)}{m!} = \frac{n!}{m!(n-m)!}$$

（3）二项式定理：

$$(a+b)^n = C_n^0 a^n + C_n^1 a^{n-1} b + \cdots + C_n^k a^{n-k} b^k + \cdots + C_n^n b^n$$

目　录

第一章　函数 …… 1
第一节　函数及其表示法 …… 1
第二节　函数的特性 …… 3
第三节　初等函数 …… 5
一、反函数 …… 5
二、基本初等函数 …… 5
三、复合函数 …… 8
第二章　极限与连续 …… 10
第一节　数列的极限 …… 10
一、数列的概念 …… 10
二、数列极限的定义 …… 11
三、收敛数列的基本性质 …… 12
第二节　函数的极限 …… 12
一、自变量趋于无穷大时函数的极限 …… 13
二、自变量趋于有限值时函数的极限 …… 13
三、单侧极限 …… 15
第三节　无穷小与无穷大 …… 16
一、无穷小 …… 16
二、无穷小的比较 …… 17
三、无穷大 …… 18
第四节　极限的运算法则 …… 19
一、极限的四则运算 …… 19
二、复合函数求极限 …… 21
第五节　两个重要极限 …… 23
一、准则Ⅰ和第一个重要极限 $\lim\limits_{x\to 0}\frac{\sin x}{x}=1$ …… 23
二、准则Ⅱ和第二个重要极限 $\lim\limits_{x\to\infty}\left(1+\frac{1}{x}\right)^x=\mathrm{e}$ …… 25
三、幂指函数的极限 …… 27
第六节　函数的连续性 …… 28
一、函数连续性的概念 …… 28
二、初等函数的连续性 …… 30
三、闭区间上连续函数的性质 …… 30
第三章　导数与微分 …… 33
第一节　导数的概念 …… 33
一、两个引例 …… 33
二、导数的定义 …… 34
三、导数的几何意义 …… 37
四、函数的可导性与连续性的关系 …… 37
第二节　函数的求导法则 …… 38
一、基本导数公式 …… 39
二、函数和、差、积、商的求导法则 …… 39
三、复合函数的求导法则 …… 41
第三节　高阶导数 …… 44
第四节　隐函数和由参数方程所确定的函数的导数 …… 46
一、隐函数的导数 …… 46
二、由参数方程所确定的函数的导数 …… 48
第五节　函数的微分 …… 50
一、微分的概念 …… 50
二、微分的几何意义 …… 52
三、微分的基本公式与运算法则 …… 52
四、微分在近似计算上的应用 …… 54
第四章　中值定理及导数的应用 …… 56
第一节　中值定理 …… 56
一、罗尔定理 …… 56
二、拉格朗日中值定理 …… 57
三、柯西中值定理 …… 58
第二节　洛必达法则 …… 58
一、洛必达法则Ⅰ$\left(\frac{0}{0}型\right)$ …… 58
二、洛必达法则Ⅱ$\left(\frac{\infty}{\infty}型\right)$ …… 60
三、其他类型的未定式 …… 60
第三节　函数的单调性、极值 …… 62
一、函数单调性的判定 …… 62
二、函数的极值 …… 64
三、函数的最大值与最小值 …… 65

第四节　曲线的凹凸性与拐点 …………………… 68
第五节　函数图形的描绘 ……………………… 70
第五章　不定积分 ……………………………… 73
第一节　不定积分的概念和性质 ……………… 73
一、原函数与不定积分的概念 ……………… 73
二、不定积分的几何意义 …………………… 74
三、基本积分表 ……………………………… 74
四、不定积分的性质 ………………………… 76
第二节　第一类换元积分法(凑微分法) …… 78
一、第一类换元积分法(凑微分法)法则 … 78
二、应用举例 ………………………………… 79
三、基本积分表的补充 ……………………… 82
第三节　第二类换元积分法 ………………… 83
一、第二类换元积分法法则 ………………… 83
二、无理代换 ………………………………… 84
三、三角代换 ………………………………… 84
四、倒代换 …………………………………… 86
第四节　分部积分法 ………………………… 87
一、分部积分公式 …………………………… 87
二、多项式与指数函数或三角函数
乘积的积分 ……………………………… 87
三、多项式与对数函数或反三角函数
乘积的积分 ……………………………… 88
四、形如 $\int e^{ax} \cdot \sin bx\,dx$ 或
$\int e^{ax} \cdot \cos bx\,dx$ 的积分 ……………… 89
第五节　几种特殊类型的不定积分 ………… 90
一、简单的有理函数的积分 ……………… 90
二、两种含有三角函数的不定积分 ……… 92
第六章　定积分及其应用 ……………………… 94
第一节　定积分的概念及性质 ……………… 94
一、定积分问题举例——曲边
梯形的面积 ……………………………… 94
二、定积分的定义 …………………………… 95
三、定积分的几何意义 ……………………… 96
四、定积分的性质 …………………………… 97
第二节　微积分基本公式 …………………… 98
一、积分上限的函数及其导数 …………… 98
二、微积分基本公式 ………………………… 99
第三节　定积分的计算 ……………………… 101
一、定积分的凑微分法 ……………………… 101
二、定积分的换元积分法 …………………… 101
三、定积分的分部积分法 …………………… 102
第四节　广义积分 …………………………… 104
一、积分区间是无限区间的广义积分 …… 104
二、被积函数含有无穷间断点的
广义积分 ………………………………… 105
第五节　定积分的应用 ……………………… 107
一、定积分应用的微元法 …………………… 107
二、定积分在几何中的应用 ………………… 107
三、定积分在物理上的应用 ………………… 110
第七章　微分方程 ……………………………… 113
第一节　微分方程的基本概念 ……………… 113
第二节　一阶微分方程 ……………………… 116
一、可分离变量的微分方程 ………………… 116
二、齐次微分方程 …………………………… 117
三、一阶线性微分方程 ……………………… 119
第三节　二阶微分方程 ……………………… 122
一、可降阶的高阶微分方程 ………………… 122
二、二阶常系数齐次线性微分方程 ……… 123
三、二阶常系数非齐次线性
微分方程 ………………………………… 124
第八章　无穷级数 ……………………………… 127
第一节　常数项级数及其敛散性 …………… 127
一、常数项级数及其性质 …………………… 127
二、正项级数及其敛散性 …………………… 129
三、交错级数及其敛散性 …………………… 131
四、绝对收敛与条件收敛 …………………… 132
第二节　函数项级数与幂级数 ……………… 133
一、幂级数的概念 …………………………… 133
二、幂级数的性质 …………………………… 135
三、函数展开成幂级数 ……………………… 137
第三节　傅里叶级数 ………………………… 140
一、以 2π 为周期的周期函数展开成
傅里叶级数 ……………………………… 141
二、以 $2l$ 为周期的周期函数展开成
傅里叶级数 ……………………………… 147
第九章　Mathematica 数学实验 ………………… 150
第一节　Mathematica 的基本操作 ………… 150
一、Mathematica 的操作界面 ……………… 150
二、操作规范 ………………………………… 152
三、操作基础与范例 ………………………… 153
第二节　用 Mathematica 观察函数并
求极限 …………………………………… 161
一、观察函数的变化趋势 …………………… 161
二、极限的计算 ……………………………… 163

第三节　用 Mathematica 处理一元函数微分问题 …………………………… 166
一、用导数定义求导数 …………………… 166
二、用内建函数求导数及高阶导数 ……… 166
三、参数求导与隐函数求导 ……………… 168
四、中值定理的验证 ……………………… 170
五、求函数的最大值和最小值 …………… 171
第四节　用 Mathematica 处理一元函数积分问题 …………………………… 174
一、不定积分的计算 ……………………… 174
二、定积分与反常积分的计算 …………… 175
三、利用定积分解决实际问题 …………… 177
第五节　用 Mathematica 求解微分方程 …… 178
一、常微分方程(组)的求解 ……………… 178
二、常微分方程(组)的数值解 …………… 180
第六节　用 Mathematica 处理无穷级数 …… 181
一、无穷级数的求和 ……………………… 181
二、将函数在指定点展开成泰勒级数 …… 182
附录 A　Mathematica 软件的内建函数列表 … 184
附录 B　习题答案 ………………………………… 186

第一章 函 数

高等数学是从研究函数开始的。本章将在已有函数知识的基础上，进一步理解函数概念，并介绍反函数、复合函数及初等函数的主要性质，为高等数学后续几章的学习打下基础。

第一节 函数及其表示法

1837 年德国数学家狄利克雷提出了至今仍为人们易于接受且较为合理的函数概念。

定义 1-1 设 x 和 y 是两个变量，D 是一个给定的数集。如果对于每个数 $x \in D$，变量 y 按照一定的法则总有确定的数值和它对应，则称 y 是 x 的函数，记作

$$y = f(x)$$

其中 x 称为自变量，y 称为因变量。x 的变化范围 D 称为函数的定义域，对应的 y 的变化范围称为函数的值域，记作

$$W = \{y \mid y = f(x),\ x \in D\}$$

由定义 1-1 可以看出，函数概念有两个要素：定义域和对应法则。如果两个函数的定义域相同，对应法则也相同，则这两个函数就是相同的，否则是不同的。

函数的表示方法一般有三种：公式法、图示法、表格法。公式法也称解析法，常用于理论研究，是我们使用最多的方法。

求函数解析式常见的方法有定义法、待定系数法、换元法、配凑法。

例 1-1 求下列函数的定义域：

(1) $f(x) = \sqrt{4-x} + \sqrt{x-1}$； (2) $f(x) = \dfrac{\sqrt{x-1}}{x^2-3x+2}$。

解 (1) 由 $\begin{cases} 4-x \geqslant 0 \\ x-1 \geqslant 0 \end{cases}$，解得 $1 \leqslant x \leqslant 4$，所以函数的定义域为 $\{x \mid 1 \leqslant x \leqslant 4\}$。

(2) 由 $\begin{cases} x-1 \geqslant 0 \\ x^2-3x+2 \neq 0 \end{cases}$，解得 $x \geqslant 1$，且 $x \neq 1$、$x \neq 2$，所以函数的定义域为 $(1, 2) \cup (2, +\infty)$。

例 1-2 设 $f(1-\sqrt{x}) = x$，求 $f(x)$。

解 令 $1-\sqrt{x} = t$，则 $x = (1-t)^2$。由 $x \geqslant 0$ 得 $t \leqslant 1$。将 $x = (1-t)^2$ 代入 $f(1-\sqrt{x}) = x$ 中，得

$$f(t) = (1-t)^2 \quad (t \leqslant 1)$$

所以 $f(x) = x^2 - 2x + 1$，$x \leqslant 1$。

注意： 利用换元法时要考虑新变量的取值范围。

例 1-3 函数 $y=x^2$，定义域 $D=(-\infty,+\infty)$，值域 $W=[0,+\infty)$，图像为抛物线(见图 1-1)。

例 1-4 函数 $y=x^3$，定义域 $D=(-\infty,+\infty)$，值域 $W=(-\infty,+\infty)$，图像为立方抛物线(见图 1-2)。

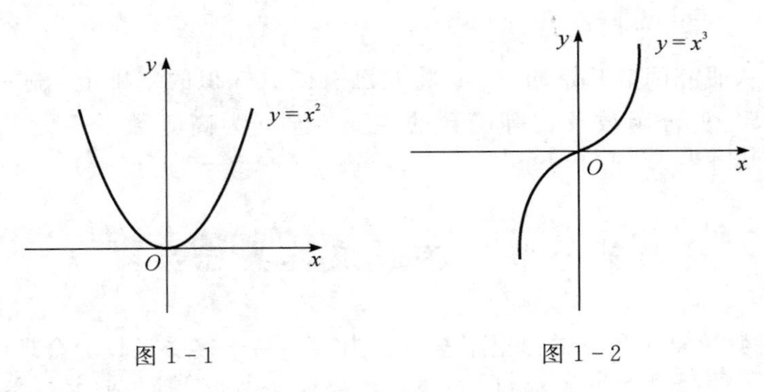

图 1-1　　　　图 1-2

例 1-5 函数 $y=\frac{1}{x}$，定义域 D 和值域 W 都是除去数 0 之外的全体实数，图像为等轴双曲线(见图 1-3)。

例 1-6 函数 $f(x)=|x|=\begin{cases}-x, & x<0\\ x, & x\geqslant 0\end{cases}$，这是绝对值函数，定义域 $D=(-\infty,+\infty)$，值域 $W=[0,+\infty)$，图像如图 1-4 所示。

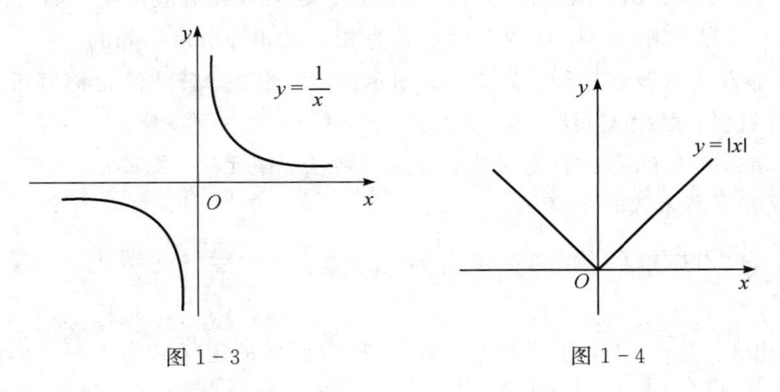

图 1-3　　　　图 1-4

例 1-7 符号函数 $f(x)=\operatorname{sgn}x=\begin{cases}-1, & x<0\\ 0, & x=0\\ 1, & x>0\end{cases}$，定义域 $D=(-\infty,+\infty)$，值域 $W=\{-1,0,1\}$，图像如图 1-5 所示。

例 1-8 分段函数(在自变量的不同变化范围中，用不同的解析式表示的函数)

$$f(x)=\begin{cases}x^2-1, & x\leqslant 0\\ 2x-1, & x>0\end{cases}$$

的图像如图 1-6 所示。

分段函数是定义域上的一个函数，不是多个函数。分段函数需要分段求值，分段作图。

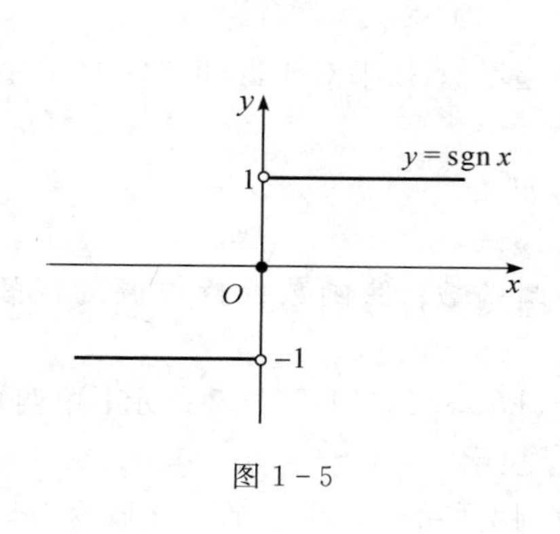

图 1-5

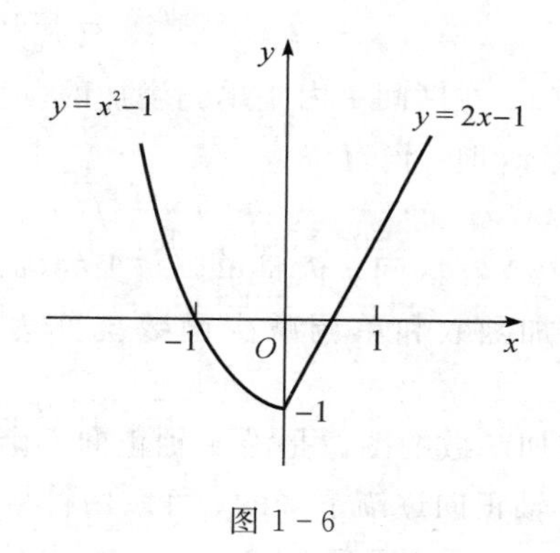

图 1-6

习题 1-1

1. 求下列函数的定义域：

(1) $f(x)=\dfrac{1}{x^2-3x+2}$；　　(2) $f(x)=\arcsin\dfrac{x-2}{3}$；

(3) $f(x)=\sqrt{\ln(3-x)}$；　　(4) $f(x)=\dfrac{1}{x-1}+\sqrt{x^2-5x+6}$。

2. 设 $f(x)=x^2-1$，求 $f(0)$，$f(x^2)$，$f[f(x)]$，$[f(x)]^2$，$f\left(\dfrac{1}{x}\right)$，$\dfrac{1}{f(x)}$。

第二节 函数的特性

函数的四种特性是指函数的有界性、单调性、奇偶性、周期性。

1. 函数的有界性

定义 1-2 设函数 $f(x)$ 的定义域为 D，区间 $I\subset D$。如果存在正数 M，使得对于任意 $x\in I$，恒有

$$|f(x)|\leqslant M$$

则称函数 $f(x)$ 在区间 I 上有界；如果这样的 M 不存在，则称函数 $f(x)$ 在区间 I 上无界。

显然，如果函数 $f(x)$ 在区间 I 上有界，使上述不等式成立的常数 M 不是唯一的，有界性体现在常数 M 的存在性。

函数的有界性依赖于区间，例如函数 $y=\dfrac{1}{x}$ 在区间(1, 2)内是有界的，而在区间(0, 1)内是无界的。

函数的有界性还可以表述为：如果存在常数 M_1、M_2，使得对于任意 $x\in I$，恒有

$$M_1\leqslant f(x)\leqslant M_2$$

则称函数 $f(x)$ 在区间 I 上有界，M_1 称为 $f(x)$ 在区间 I 上的下界，M_2 称为 $f(x)$ 在区间 I 上的上界。

2. 函数的单调性

定义 1-3 设函数 $f(x)$ 的定义域为 D，区间 $I\subset D$。如果对于区间 I 内的任意两点 x_1 及 x_2，当 $x_1<x_2$ 时，恒有

$$f(x_1) < f(x_2)$$

则称函数 $f(x)$ 在区间 I 内是单调增加的(简称递增)；如果对于区间 I 内的任意两点 x_1 及 x_2，当 $x_1 < x_2$ 时，恒有

$$f(x_1) > f(x_2)$$

则称函数 $f(x)$ 在区间 I 内是单调减少的(简称递减)。

单调增加函数和单调减少函数统称为单调函数。使函数保持单调的区间称为单调区间。

单调增加函数的图像是沿 x 轴正向逐渐上升的，可以用符号 ↗ 表示；单调减少函数的图像是沿 x 轴正向逐渐下降的，可以用符号 ↘ 表示。

例如，$y = x^3$ 在区间 $(-\infty, +\infty)$ 内是单调增加的；$y = x^2$ 的定义域为 $(-\infty, +\infty)$，$(-\infty, 0)$ 是它的单调减区间，$(0, +\infty)$ 是它的单调增区间。

判断函数单调性的方法有观察图像法、定义法、求导法等。

3. 函数的奇偶性

定义 1-4 设函数 $f(x)$ 的定义域 D 关于原点对称(即若 $x \in D$，则 $-x \in D$)。如果对于任意 $x \in D$，$f(-x) = -f(x)$ 恒成立，则称 $f(x)$ 为奇函数；如果对于任意 $x \in D$，$f(-x) = f(x)$ 恒成立，则称 $f(x)$ 为偶函数。

例如，$y = x^3$，$y = \sin x$，$y = \tan x$ 等是奇函数；$y = x^2$，$y = \cos x$ 等是偶函数。

奇函数的图像是关于原点对称的；偶函数的图像是关于 y 轴对称的。

4. 函数的周期性

定义 1-5 设函数 $f(x)$ 的定义域为 D。如果存在一个不为零的实数 T，使得对于定义域 D 内的任意 x 值，$x \pm T$ 仍在 D 内，且 $f(x) = f(x \pm T)$ 恒成立，则称 $f(x)$ 为周期函数，T 为 $f(x)$ 的周期。通常我们说周期函数的周期是指使 $f(x) = f(x \pm T)$ 成立的最小正周期。

例如，$y = \sin x$ 及 $y = \cos x$ 都是以 2π 为周期的周期函数，$y = \tan x$ 是以 π 为周期的周期函数。

上述四种特性中，有界性和单调性是函数的局部特性，奇偶性和周期性是函数的整体特性。这四种特性是从不同角度来研究函数的。

习题 1-2

1. 判断下列函数的有界性：

(1) $y = \tan x$，$x \in \left(-\dfrac{\pi}{2}, \dfrac{\pi}{2}\right)$；　　(2) $y = \ln x$，$x \in (1, \mathrm{e})$。

2. 判断下列函数的奇偶性：

(1) $y = x\sin x$；　　(2) $y = x\mathrm{e}^x$；

(3) $y = \dfrac{\mathrm{e}^x - \mathrm{e}^{-x}}{2}$；　　(4) $y = \ln\dfrac{1-x}{1+x}$。

3. 判断下列函数的单调性：

(1) $y = 1 - \dfrac{2}{2^x + 1}$；　　(2) $y = -x^3 - x$；

(3) $y = \dfrac{1}{x^2}$；　　(4) $y = \ln(x^2 - 1)$。

第三节　初等函数

一、反函数

在函数关系中，自变量和因变量的地位往往是相对的，可以把任意一个变量看作是自变量或因变量。

定义 1-6　设函数 $y=f(x)$ 的定义域为 D，值域为 W。如果对于 W 中的每一个 y，都有唯一的 $x\in D$，使 $f(x)=y$，此时得到一个定义在 W 上的新函数，此函数称为 $y=f(x)$ 的反函数，记作 $x=f^{-1}(y)$，而 $y=f(x)$ 称为直接函数。

由定义 1-6 可知，反函数 $x=f^{-1}(y)$ 的定义域是直接函数的值域，反函数的值域是直接函数的定义域。

函数的实质在于它的定义域和对应法则，而用什么字母表示自变量和因变量是无关紧要的。习惯上常以 x 表示自变量，y 表示因变量，因此常常对调 x 与 y，把反函数 $x=f^{-1}(y)$ 改写成 $y=f^{-1}(x)$。今后提到的反函数，一般就是指这种经过改写的反函数。

由于 $y=f(x)$ 与 $y=f^{-1}(x)$ 的关系是 x 与 y 互换，因此它们的图像关于直线 $y=x$ 对称(见图 1-7)。

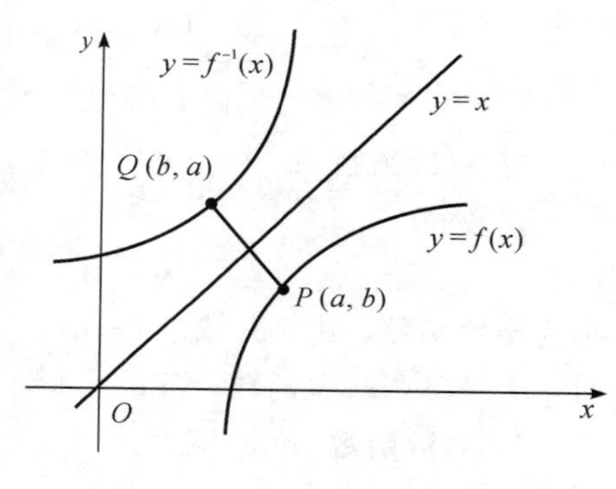

图 1-7

例 1-9　求函数 $y=f(x)=x+\sqrt{x^2+3}\ (x>1)$ 的反函数。

解　由 $y=x+\sqrt{x^2+3}$，解得 $x=\dfrac{y^2-3}{2y}$。将 x 与 y 互换，得

$$y=\frac{x^2-3}{2x}\qquad(x>3)$$

求 $y=f(x)$ 的反函数的步骤：先从 $y=f(x)$ 中解出 $x=f^{-1}(y)$；再交换 x 与 y，同时求出新的定义域(即直接函数的值域)。

二、基本初等函数

基本初等函数是最常见、最基本的函数。基本初等函数包括常数函数、幂函数、指数函数、对数函数、三角函数、反三角函数。

1. 常数函数

函数

$$y=C\qquad(C\text{ 为常数})$$

称为常数函数，其定义域为 $(-\infty,+\infty)$，值域为 $\{C\}$，图像为一条垂直于 y 轴的直线(见图 1-8)。

2. 幂函数

函数

$$y=x^k\qquad(k\text{ 是常数})$$

称为幂函数。对于任意的 k，x^k 在 $(0, +\infty)$ 内都有定义；对于不同的 k，x^k 的定义域有所不同。幂函数的图像过点 $(1, 1)$（见图 1－9）。

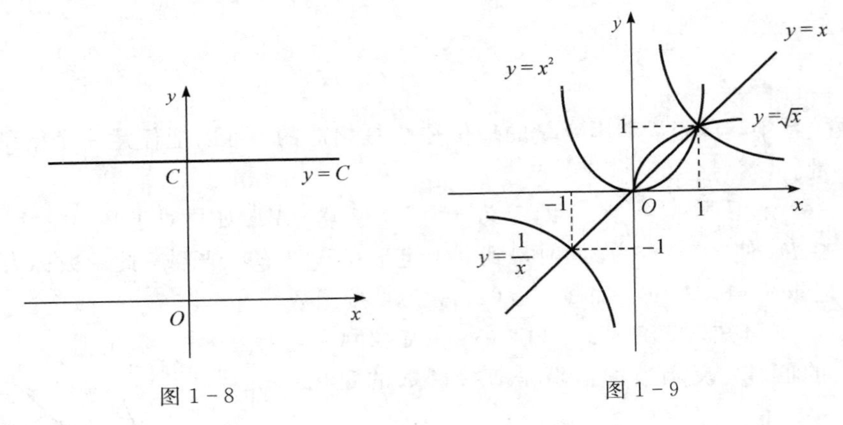

图 1－8　　图 1－9

3. 指数函数

函数

$$y = a^x \quad (a \text{ 是常数且 } a > 0, a \neq 1)$$

称为指数函数，其定义域为 $(-\infty, +\infty)$，值域为 $(0, +\infty)$，图像过点 $(0, 1)$。当 $0 < a < 1$ 时，a^x 是单调减少函数；当 $a > 1$ 时，a^x 是单调增加函数（见图 1－10）。

4. 对数函数

函数

$$y = \log_a x \quad (a \text{ 是常数且 } a > 0, a \neq 1)$$

称为对数函数。它是指数函数 $y = a^x$ 的反函数，其定义域为 $(0, +\infty)$，值域为 $(-\infty, +\infty)$，图像过点 $(1, 0)$。当 $0 < a < 1$ 时，$\log_a x$ 是单调减少函数；当 $a > 1$ 时，$\log_a x$ 是单调增加函数（见图 1－11）。

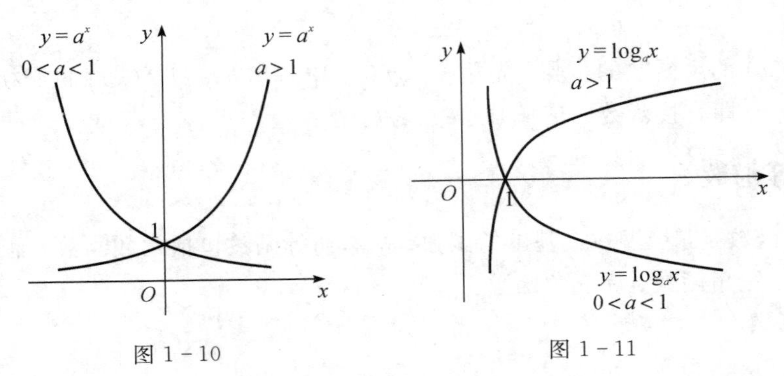

图 1－10　　图 1－11

5. 三角函数

三角函数有六个，它们是正弦函数、余弦函数、正切函数、余切函数、正割函数和余割函数。

正弦函数 $y = \sin x$ 的定义域为 $(-\infty, +\infty)$，值域为 $[-1, 1]$。它是奇函数，是周期为 2π 的周期函数（见图 1－12）。

余弦函数 $y = \cos x$ 的定义域为 $(-\infty, +\infty)$，值域为 $[-1, 1]$。它是偶函数，是周期为

2π 的周期函数(见图 1-13)。

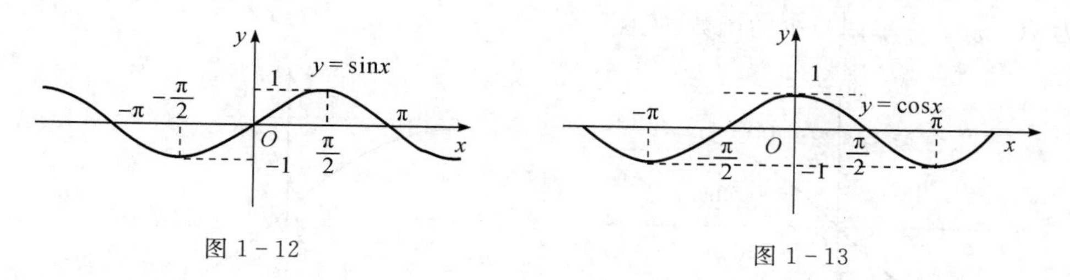

图 1-12　　　　图 1-13

正切函数 $y=\tan x$ 的定义域为 $\left\{x \middle| x\in \mathbf{R},\ x\neq k\pi+\frac{\pi}{2},\ k\in \mathbf{Z}\right\}$，值域为 $(-\infty,+\infty)$。它是奇函数，是周期为 π 的周期函数(见图 1-14)。

余切函数 $y=\cot x$ 的定义域为 $\{x\mid x\in \mathbf{R},\ x\neq k\pi,\ k\in \mathbf{Z}\}$，值域为 $(-\infty,+\infty)$。它是奇函数，是周期为 π 的周期函数(图 1-15)。

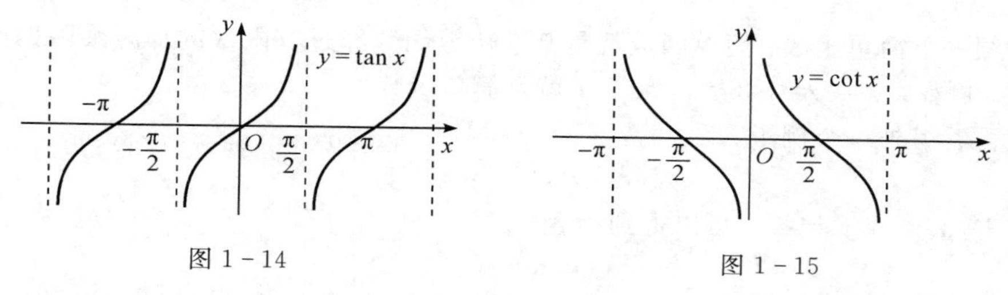

图 1-14　　　　图 1-15

6. 反三角函数

常用的反三角函数有反正弦函数、反余弦函数、反正切函数和反余切函数。

反正弦函数 $y=\arcsin x$ 是 $y=\sin x\left(x\in\left[-\frac{\pi}{2},\frac{\pi}{2}\right]\right)$ 的反函数，其定义域为 $[-1,1]$，值域为 $\left[-\frac{\pi}{2},\frac{\pi}{2}\right]$，是单调增加的奇函数(见图 1-16)。

反余弦函数 $y=\arccos x$ 是 $y=\cos x\ (x\in[0,\pi])$ 的反函数，其定义域为 $[-1,1]$，值域为 $[0,\pi]$，是单调减少的函数(见图 1-17)。

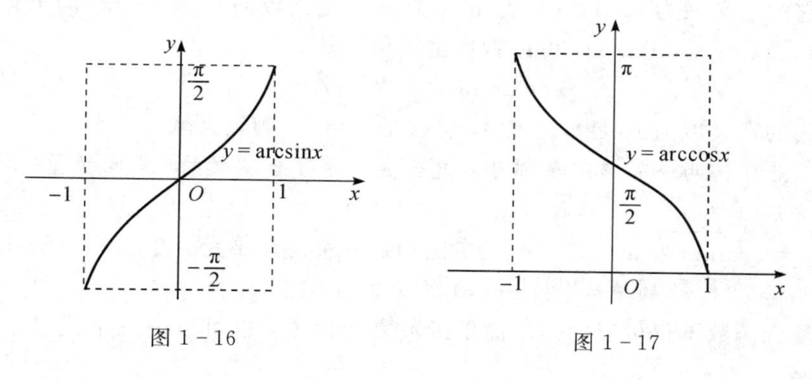

图 1-16　　　　图 1-17

反正切函数 $y=\arctan x$ 是 $y=\tan x\left(x\in\left(-\frac{\pi}{2},\frac{\pi}{2}\right)\right)$ 的反函数，其定义域为 $(-\infty,+\infty)$，值域为 $\left(-\frac{\pi}{2},\frac{\pi}{2}\right)$，是单调增加的奇函数(见图 1-18)。

反余切函数 $y = \operatorname{arccot}x$ 是 $y = \cot x$ ($x \in (0, \pi)$) 的反函数，其定义域为 $(-\infty, +\infty)$，值域为 $(0, \pi)$，是单调减少的函数(见图 1-19)。

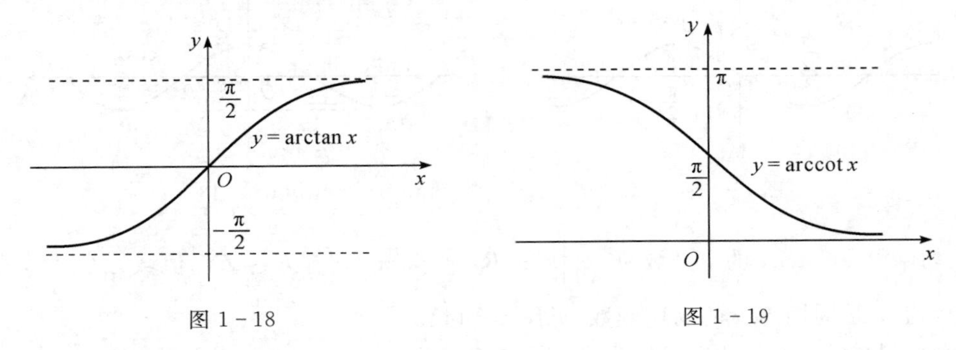

图 1-18　　　　图 1-19

三、复合函数

先介绍一下简单函数。简单函数就是基本初等函数经过有限次的加减乘除四则运算得到的函数。例如，$y = x^3 + 3x^2 - 2x - 1$ 就是简单函数。

我们再看另外一个例子。设

$$y = u^3, \quad u = 1 + 2x$$

把 $u = 1 + 2x$ 代入 $y = u^3$，可以得到函数

$$y = (1 + 2x)^3$$

这个函数就是由 $y = u^3$ 及 $u = 1 + 2x$ 复合而成的复合函数。

定义 1-7　若函数 $y = f(u)$ 的定义域为 D，而函数 $u = \varphi(x)$ 的值域为 Z，若 $D \cap Z \neq \varnothing$，则称函数 $y = f[\varphi(x)]$ 为复合函数。其中 x 为自变量，y 为因变量，u 为中间变量。

例 1-10　将复合函数分解成简单函数：

(1) $y = \sqrt{1 - x^2}$；　　(2) $y = \arctan x^2$。

解　(1) 复合函数 $y = \sqrt{1 - x^2}$ 可以看作由简单函数

$$y = \sqrt{u} \quad \text{及} \quad u = 1 - x^2$$

复合而成，它的定义域为 $[-1, 1]$，是 $u = 1 - x^2$ 定义域 $(-\infty, +\infty)$ 的子集。

(2) 复合函数 $y = \arctan x^2$ 可以看作由简单函数

$$y = \arctan u \quad \text{及} \quad u = x^2$$

复合而成，它的定义域为 $(-\infty, +\infty)$，也就是 $u = x^2$ 的定义域。

注意：不是任何两个简单函数都可以复合成一个复合函数的。中间变量一般用 u、v、w 表示。

例如，$y = \arcsin u$ 及 $u = 2 + x^2$ 就不能构成一个复合函数。因为 $y = \arcsin u$ 的定义域 $[-1, 1]$ 与 $u = 2 + x^2$ 的值域 $[2, +\infty)$ 的交集为 $\varnothing$。

另外，复合函数不仅可以由两个简单函数复合而成，也可以由三个或三个以上的简单函数复合而成。

例 1-11　将复合函数分解成简单函数：

(1) $y = (\sin \ln x)^2$；　　(2) $y = \sqrt{\ln(\sin x^2)}$。

解　(1) 复合函数 $y = (\sin \ln x)^2$ 可以看作由三个简单函数

$$y=u^2,\quad u=\sin v,\quad v=\ln x$$

复合而成。

(2) 复合函数 $y=\sqrt{\ln(\sin x^2)}$ 可以看作由四个简单函数

$$y=\sqrt{u},\quad u=\ln v,\quad v=\sin w,\quad w=x^2$$

复合而成。

上面这种将一个复合函数分解成多个简单函数的复合，在后面函数的导数运算中是十分重要的。

定义 1-8 由基本初等函数经过有限次四则运算及有限次的函数复合步骤所构成并且可以用一个式子表示的函数，称为初等函数。

例如，$y=\sqrt{1+x^2}$，$y=e^{x^2}$ 等都是初等函数。而分段函数一般不是初等函数，如符号函数 $y=\operatorname{sgn}x$ 就不是初等函数。绝对值函数 $y=|x|$ 虽可分段表示，但由于 $|x|=\sqrt{x^2}$，故仍是初等函数。今后我们遇到的函数有许多不是初等函数，但在本课程中具体讨论的大都是初等函数。

习题 1-3

1. 求下列函数的反函数：

(1) $y=\sqrt[3]{x-1}$，$x\in\mathbf{R}$；

(2) $y=1-\ln(x+3)$，$x\in\{x\mid x>-3\}$；

(3) $y=\dfrac{x+2}{x-2}$，$x\in\{x\mid x\neq 2\}$；

(4) $y=3\sin 2x$，$x\in\left[-\dfrac{\pi}{4},\dfrac{\pi}{4}\right]$。

2. 把下列复合函数分解成简单函数：

(1) $y=\sqrt{2x-3}$；

(2) $y=\cos 3x$；

(3) $y=e^{x^2}$；

(4) $y=\ln\sin x$；

(5) $y=\sin\tan(x^3-1)$；

(6) $y=\ln^2\arccos e^x$。

第二章 极限与连续

高等数学是研究函数局部变化和整体变化性质的一门学科，极限理论是高等数学的理论基础，极限方法是高等数学的基本方法，高等数学的重要概念都是通过极限来定义的。用高等数学研究问题，必须掌握极限的概念、性质和计算。

本章介绍极限的概念、性质及运算法则，在此基础上建立函数连续的概念，讨论连续函数的性质。

第一节 数列的极限

一、数列的概念

极限概念是由于求某些实际问题的精确解答而产生的。例如，我国古代数学家刘徽(魏晋期间伟大的数学家)利用圆内接正多边形来推算圆的面积的方法——割圆术，就是极限思想在几何学上的应用。

设有一圆，先作内接正六边形，其面积记为 A_1；再作内接正十二边形，其面积记为 A_2；再作内接正二十四边形，其面积记为 A_3；依次逐渐将边数加倍。这样，就得到一系列内接正多边形的面积：

$$A_1, A_2, A_3, \cdots, A_n, \cdots$$

这就是一个数列，其中 A_n 为内接正 $6\times2^{n-1}$ 边形的面积。“割之弥细，所失弥少，割之又割，以至于不可割，则与圆周合体而无所失矣。”也就是说，当 n 无限增大时，A_n 无限接近于圆的面积。

一般地说，按自然数 1，2，3，… 编号依次排列的一列数

$$x_1, x_2, x_3, \cdots, x_n, \cdots$$

称为一个无穷数列，简称数列。数列中的每一个数称为数列的一个项，x_n 称为数列的通项或一般项。通项为 x_n 的数列可以简记为数列 $\{x_n\}$。

数列 $\{x_n\}$ 可以看成自变量为正整数 n 的函数：

$$x_n = f(n)$$

在几何上，数列 $\{x_n\}$ 可以看作数轴上的一个动点，它依次取数轴上的点 x_1，x_2，x_3，…，x_n，…(见图 2－1)。

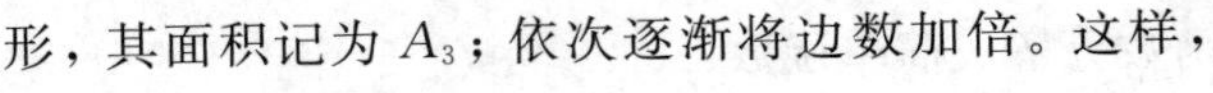

图 2－1

例如，以下都是数列：

$$1, \frac{1}{2}, \frac{1}{4}, \cdots, \frac{1}{2^{n-1}}, \cdots \quad \left(\text{一般项是 } x_n = \frac{1}{2^{n-1}}\right)$$

$$\frac{1}{2}, \frac{2}{3}, \frac{3}{4}, \cdots, \frac{n}{n+1}, \cdots \quad \left(一般项是\ x_n = \frac{n}{n+1}\right)$$

$$1, -1, 1, -1, \cdots, (-1)^{n+1}, \cdots \quad (一般项是\ x_n = (-1)^{n+1})$$

二、数列极限的定义

对于数列，当 n 无限增大时，它能否无限趋近于一个常数？如果能的话，这个常数是什么？如何求出？

本节开始的割圆术中的数列 $A_1, A_2, A_3, \cdots, A_n, \cdots$，从其几何意义上可知，随着 n 的无限增大，A_n 的值也逐渐增大，并且无限地接近圆的面积 A。

定义 2-1　设有数列 $\{x_n\}$，如果存在常数 a，当 n 无限增大时，x_n 无限趋近于 a，则称数列 $\{x_n\}$ 以 a 为极限，或称数列 $\{x_n\}$ 收敛于 a，记作

$$\lim_{n\to\infty} x_n = a \quad 或 \quad x_n \to a\ (n \to \infty)$$

如果这样的常数 a 不存在，则称数列 $\{x_n\}$ 发散。

例 2-1　观察下列数列 $\{x_n\}$ 的极限：

(1) $x_n = \dfrac{1}{2^{n-1}}$；　(2) $x_n = \dfrac{n}{n+1}$；　(3) $x_n = (-1)^{n+1}$；

(4) $x_n = \dfrac{n+(-1)^n}{n}$；　(5) $x_n = \sqrt{n}$；　(6) $x_n = (-1)^n \dfrac{1}{n}$。

解　(1) $\lim\limits_{n\to\infty} \dfrac{1}{2^{n-1}} = 0$；

(2) $\lim\limits_{n\to\infty} \dfrac{n}{n+1} = 1$；

(3) 当 $n \to \infty$ 时，数列 $\{(-1)^{n+1}\}$ 的极限不存在，即数列发散；

(4) $\lim\limits_{n\to\infty} \dfrac{n+(-1)^n}{n} = 1$；

(5) 当 $n \to \infty$ 时，数列 $\{\sqrt{n}\}$ 发散，且 $\sqrt{n}$ 无限增大；

(6) $\lim\limits_{n\to\infty} (-1)^n \dfrac{1}{n} = 0$。

为了方便起见，有时也将当 $n \to \infty$ 时 $|x_n|$ 无限增大的情况说成是数列 $\{x_n\}$ 趋近于 ∞，或称其极限为 ∞，记作

$$\lim_{n\to\infty} x_n = \infty \quad 或 \quad x_n \to \infty (n \to \infty)$$

但这不表示数列是收敛的。

如果当 n 足够大时，$x_n > 0$（或 $x_n < 0$），且当 $n \to \infty$ 时 $|x_n|$ 无限增大，则称数列 $\{x_n\}$ 趋近于 $+\infty$（或 $-\infty$），记作

$$\lim_{n\to\infty} x_n = +\infty \quad (或 \lim_{n\to\infty} x_n = -\infty)$$

例如，前面的数列 $\{\sqrt{n}\}$，可以记作 $\lim\limits_{n\to\infty} \sqrt{n} = +\infty$。

例 2-1 中数列的极限主要是根据观察得出的，并没有严格说明数列为什么收敛，因此需要更精确的数列极限的概念。

由于两个数 a 和 b 之间的接近程度可以用这两个数之差的绝对值 $|b-a|$ 来衡量，因此

“当 n 无限增大时，x_n 无限趋近于 a”就等价于“只要 n 足够大，就能使 $|x_n-a|$ 小于任何预先给定的很小的正数”，这样就可以得到关于数列极限的严格定义（$\varepsilon-N$ 定义）。

定义 2-2 设有数列 $\{x_n\}$，如果存在常数 a，使得对于任意给定的正数 ε（无论它多么小），总存在正整数 N，使得当 $n>N$ 时，不等式

$$|x_n-a|<\varepsilon$$

恒成立，则称数列 $\{x_n\}$ 以 a 为极限，或称数列 $\{x_n\}$ 收敛于 a。如果这样的常数 a 不存在，则称数列 $\{x_n\}$ 发散。

由此，$\lim\limits_{n\to\infty} x_n=a$ 的几何意义为：对于任意给定的 $\varepsilon>0$，当 $n>N$ 时，所有的点 x_n 都落在 $(a-\varepsilon, a+\varepsilon)$ 内，即 $a-\varepsilon<x_n<a+\varepsilon$，数列中只有有限个点（至多只有 N 个）落在其外（见图 2-2）。

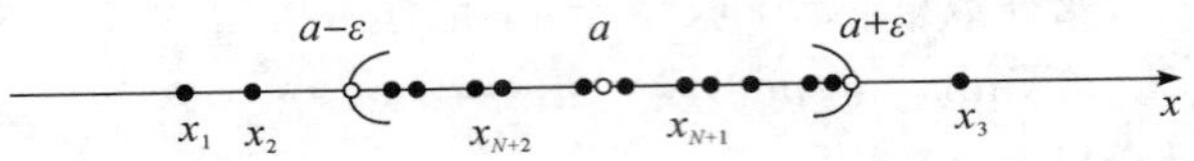

图 2-2

定义 2-2 中的正整数 N 与任意给定的正数 ε 有关，它是随 ε 的给定而选定的。

对于给定的数列，要判断它的敛散性，以及在收敛时求出其极限，很多时候并不容易。后面的学习中，我们仅介绍求极限的基本方法。

三、收敛数列的基本性质

性质 1（极限的唯一性） 收敛数列的极限是唯一的。

性质 2（收敛数列的有界性） 如果数列 $\{x_n\}$ 收敛，则数列 $\{x_n\}$ 一定有界。

推论 无界数列一定是发散的。

注意： 数列有界是数列收敛的必要而非充分条件，如数列 $\{(-1)^{n+1}\}$ 有界，但却是发散数列。

习题 2-1

观察下列数列 $\{x_n\}$ 的极限：

(1) $x_n=(-1)^n\dfrac{1}{2^n}$；　(2) $x_n=n^2$；　(3) $x_n=(-1)^n\dfrac{n-1}{2n}$；

(4) $x_n=\dfrac{n+1}{2n-1}$；　(5) $x_n=(-1)^n$；　(6) $x_n=2+\dfrac{1}{2n}$。

第二节　函数的极限

数列是定义在正整数集合上的函数，它的极限只是一种特殊的整标函数的极限。现在我们讨论定义在实数集合上的一般的函数的极限。关于函数的极限，主要讨论两种情形：

(1) 自变量 x 的绝对值 $|x|$ 无限增大或者说趋于无穷大（记作 $x\to\infty$）时，对应函数值 $f(x)$ 的总的变化趋势；

(2) 自变量 x 无限接近于有限值 x_0 或者说趋于有限值 x_0（记作 $x\to x_0$）时，对应函数

值 $f(x)$ 的总的变化趋势。

一、自变量趋于无穷大时函数的极限

考虑函数 $y=\frac{1}{x}$，当 $|x|$ 无限增大时，它所对应的函数值 y 就无限地趋近于0，我们称当 x 趋于无穷大时，函数 $y=\frac{1}{x}$ 以 0 为极限。

定义 2-3 设函数 $f(x)$ 在 $|x|>M$（M 为某一正数）时有定义，如果存在常数 A，当 $|x|$ 无限增大时，对应的函数值 $f(x)$ 无限地接近于 A，则称 A 为函数 $f(x)$ 当 $x\to\infty$ 时的极限，或简称为 $f(x)$ 在无穷大处的极限，记作

$$\lim_{x\to\infty}f(x)=A \quad 或 \quad f(x)\to A\ (x\to\infty)$$

如果这样的常数 A 不存在，则称当 $x\to\infty$ 时 $f(x)$ 没有极限（或极限 $\lim\limits_{x\to\infty}f(x)$ 不存在）。

如果定义 2-3 中，限制 x 只取正值或者只取负值，我们就分别记为

$$\lim_{x\to+\infty}f(x)=A \quad 或 \quad \lim_{x\to-\infty}f(x)=A$$

称为 $f(x)$ 在正无穷大处或负无穷大处的极限。

类似于数列的极限，也可以给出严格的 $\varepsilon-X$ 定义：

定义 2-4 设函数 $f(x)$ 在 $|x|>M$（M 为某一正数）时有定义，如果存在常数 A，使得对于任意给定的正数 ε（无论它多么小），总存在正整数 X，使得当 $|x|>X$ 时，对应的函数值 $f(x)$ 都满足不等式

$$|f(x)-A|<\varepsilon$$

则称 A 为函数 $f(x)$ 当 $x\to\infty$ 时的极限。

如果把定义 2-4 中的 $|x|>X$ 改为 $x>X$，就可得到 $\lim\limits_{x\to+\infty}f(x)=A$ 的定义；如果把 $|x|>X$ 改为 $x<-X$，就可得到 $\lim\limits_{x\to-\infty}f(x)=A$ 的定义。

由定义 2-4 易得

$$\lim_{x\to\infty}f(x)=A\Leftrightarrow\lim_{x\to-\infty}f(x)=A=\lim_{x\to+\infty}f(x)$$

对于一些简单函数，通过观察函数值或图像就可以得到函数当 $x\to\infty$ 时的极限，如：

$$\lim_{x\to\infty}\frac{1}{x}=0,\quad \lim_{x\to-\infty}2^x=0,\quad \lim_{x\to+\infty}\left(\frac{1}{2}\right)^x=0$$

$$\lim_{x\to-\infty}\arctan x=-\frac{\pi}{2},\quad \lim_{x\to+\infty}\arctan x=\frac{\pi}{2}$$

一般来讲，如果 $\lim\limits_{x\to\infty}f(x)=A$（$\lim\limits_{x\to+\infty}f(x)=A$ 或 $\lim\limits_{x\to-\infty}f(x)=A$），则直线 $y=A$ 就是函数 $y=f(x)$ 的图像的水平渐近线。

二、自变量趋于有限值时函数的极限

定义 2-5 设函数 $f(x)$ 在点 x_0 的附近有定义，如果存在常数 A，使得当 x 无限趋近于 x_0 时，对应的函数值 $f(x)$ 无限地接近于 A，则称 A 为函数 $f(x)$ 当 $x\to x_0$ 时的极限，记作

$$\lim_{x\to x_0}f(x)=A \quad 或 \quad f(x)\to A\quad (x\to x_0)$$

如果这样的常数 A 不存在，则称当 $x \to x_0$ 时 $f(x)$ 没有极限(或极限 $\lim\limits_{x \to x_0} f(x)$ 不存在)。

注意： 定义 2-5 中并不要求 $f(x)$ 在点 x_0 有定义，因为当 $x \to x_0$ 时 $x \neq x_0$。

定义 2-5 也可以解释为：只要 x 与 x_0 足够接近(即 $|x - x_0|$ 足够小)，就可以使 $f(x)$ 与 A 任意接近(即 $|f(x) - A|$ 任意小)。

为了阐述函数的局部性态，还经常用到邻域的概念，它表示某点附近的所有点的集合。

定义 2-6 设 a 与 δ 是两个实数，数集

$$\{x \mid |x - a| < \delta\}$$

称为点 a 的 δ 邻域，记作 $U(a, \delta)$，即

$$U(a, \delta) = \{x \mid |x - a| < \delta\} = \{x \mid a - \delta < x < a + \delta\}$$

点 a 称为这个邻域的中心，δ 称为这个邻域的半径。并且可以看出，$U(a, \delta)$ 也就是以点 a 为中心、长度为 2δ 的开区间 $(a - \delta, a + \delta)$，见图 2-3(a)。

$U(a, \delta)$ 表示与点 a 的距离小于 δ 的点的全体。有时用到的邻域需要把邻域中心去掉，将 $U(a, \delta)$ 的中心 a 去掉后，称为点 a 的去心 δ 邻域(见图 2-3(b))，记作 $\mathring{U}(a, \delta)$，即

$$\mathring{U}(a, \delta) = \{x \mid 0 < |x - a| < \delta\}$$

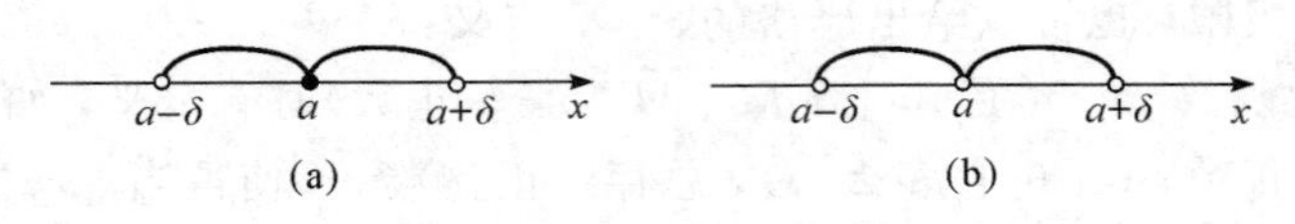

图 2-3

由此，也可以给出严格的 ε-δ 定义：

定义 2-7 设函数 $f(x)$ 在点 x_0 的某去心邻域内有定义，如果存在常数 A，使得对于任意给定的正数 ε(无论它多么小)，总存在正数 δ，使得当 $0 < |x - x_0| < \delta$ 时，对应的函数值 $f(x)$ 都满足不等式

$$|f(x) - A| < \varepsilon$$

则称 A 为函数 $f(x)$ 当 $x \to x_0$ 时的极限。

其几何意义为：对于任意给定的正数 ε，总存在正数 δ，当 x 落在 x_0 的去心 δ 邻域内时，函数 $y = f(x)$ 的图像完全落在以 $y = A$ 为中心线、宽为 2ε 的带状区域内(见图 2-4)。

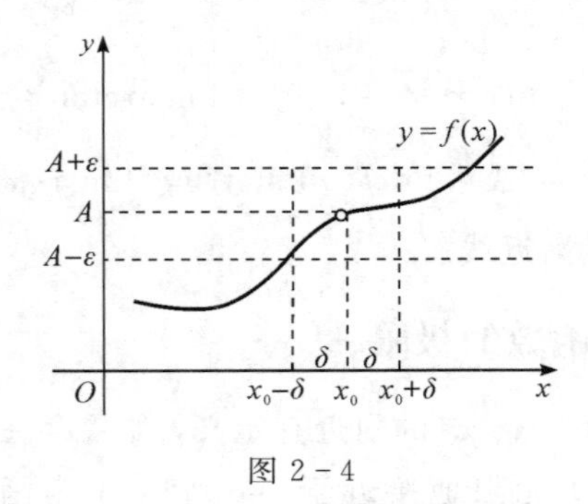

图 2-4

例 2-2 对于一些简单的函数，可以根据观察判断出它的极限：

(1) $\lim\limits_{x \to x_0} C = C$ (C 为常数)；

(2) $\lim\limits_{x \to x_0} x = x_0$；

(3) $\lim\limits_{x \to 3}(2x-1) = 5$；

(4) $\lim\limits_{x \to 1} \dfrac{x^2-1}{x-1} = \lim\limits_{x \to 1} \dfrac{(x-1)(x+1)}{x-1} = \lim\limits_{x \to 1}(x+1) = 2$（当 $x \to 1$ 时 $x \neq 1$）。

三、单侧极限

前面给出的当 $x \to x_0$ 时函数 $f(x)$ 的极限，自变量 x 是从左右两侧趋近于 x_0 的，但有时我们只能或只需考虑 x 是仅从左侧趋近于 x_0（即 $x < x_0$）的情形，或是仅从右侧趋近于 x_0（即 $x > x_0$）的情形，为此，通常将

$$x < x_0 \text{ 时}, x \to x_0 \text{ 的情况记作 } x \to x_0^-$$

$$x > x_0 \text{ 时}, x \to x_0 \text{ 的情况记作 } x \to x_0^+$$

定义 2-8　设函数 $f(x)$ 在点 x_0 的左侧附近有定义，如果存在常数 A，使得当 x 从左侧无限趋近于 x_0 时，对应的函数值 $f(x)$ 无限地接近于 A，则称 A 为函数 $f(x)$ 当 x 趋近于 x_0 时的左极限，记作

$$\lim_{x \to x_0^-} f(x) = A$$

类似地，可定义右极限为

$$\lim_{x \to x_0^+} f(x) = A$$

左极限与右极限统称为单侧极限。

定理 2-1　当 $x \to x_0$ 时函数 $f(x)$ 以 A 为极限的充分必要条件是 $f(x)$ 在点 x_0 处的左、右极限存在且都等于 A，即

$$\lim_{x \to x_0} f(x) = A \Leftrightarrow \lim_{x \to x_0^-} f(x) = A = \lim_{x \to x_0^+} f(x)$$

例 2-3　设 $f(x) = \begin{cases} 1-x, & x < 0 \\ x^2+1, & x \geqslant 0 \end{cases}$，求 $\lim\limits_{x \to 0} f(x)$。

解　左极限为

$$\lim_{x \to 0^-} f(x) = \lim_{x \to 0^-}(1-x) = 1$$

右极限为

$$\lim_{x \to 0^+} f(x) = \lim_{x \to 0^+}(x^2+1) = 1$$

所以 $\lim\limits_{x \to 0} f(x) = 1$（见图 2-5）。

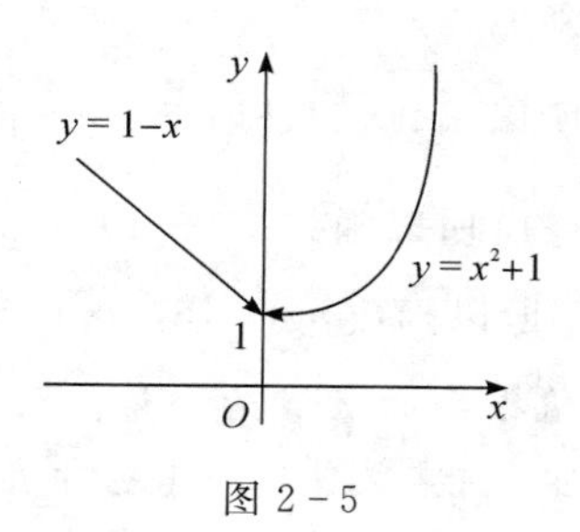

图 2-5

例 2-4 设 $f(x)=\begin{cases}2-x, & x\leqslant 0\\ \dfrac{2}{x+1}, & 0<x\leqslant 1\\ x^2-1, & x>1\end{cases}$，讨论当 $x\to 0$ 及 $x\to 1$ 时 $f(x)$ 的极限。

解 由于

$$\lim_{x\to 0^-}f(x)=\lim_{x\to 0^-}(2-x)=2,\quad \lim_{x\to 0^+}f(x)=\lim_{x\to 0^+}\frac{2}{x+1}=2$$

因此

$$\lim_{x\to 0}f(x)=2$$

由于

$$\lim_{x\to 1^-}f(x)=\lim_{x\to 1^-}\frac{2}{x+1}=1,\quad \lim_{x\to 1^+}f(x)=\lim_{x\to 1^+}(x^2-1)=0$$

因此当 $x\to 1$ 时 $f(x)$ 的极限不存在，或称 $\lim\limits_{x\to 1}f(x)$ 不存在。

性质 1（函数极限的唯一性） 如果 $\lim\limits_{x\to x_0}f(x)$ 存在，则极限唯一。

性质 2（有极限函数的局部有界性） 如果 $\lim\limits_{x\to x_0}f(x)$ 存在，则 $f(x)$ 在点 x_0 的某个邻域内有界，即存在常数 M，使得在点 x_0 的某个邻域内有 $|f(x)|<M$。

习题 2-2

1. 设 $f(x)=\begin{cases}3x, & x<1\\ x+2, & x\geqslant 1\end{cases}$，求 $\lim\limits_{x\to 1^-}f(x)$ 和 $\lim\limits_{x\to 1^+}f(x)$。

2. 设 $f(x)=\begin{cases}3x+2, & x\leqslant 0\\ x^2+1, & 0<x\leqslant 1\\ \dfrac{2}{x}, & x>1\end{cases}$，讨论当 $x\to 0$ 及 $x\to 1$ 时 $f(x)$ 的极限。

第三节 无穷小与无穷大

一、无穷小

无穷小的概念在极限的研究中有极其重要的作用。

定义 2-9 在自变量 x 的某个变化过程中，若函数 $f(x)$ 的极限为零，则称 $f(x)$ 在该变化过程中为无穷小量，简称无穷小。

例 2-5 因为 $\lim\limits_{x\to\infty}\dfrac{1}{x}=0$，所以函数 $\dfrac{1}{x}$ 是当 $x\to\infty$ 时的无穷小。

例 2-6 因为 $\lim\limits_{x\to 1}(x-1)=0$，所以函数 $(x-1)$ 是当 $x\to 1$ 时的无穷小。

例 2-7 因为 $\lim\limits_{x\to 0}\sin x=0$，所以函数 $\sin x$ 是当 $x\to 0$ 时的无穷小。

注意： 不要把无穷小与绝对值很小的数混为一谈。无穷小是一个以 0 为极限的函数，能作为无穷小的常数只有 0，其他任何常数，无论其绝对值多么小，都不是无穷小。

下面的定理说明了无穷小与函数极限的密切关系。

定理 2-2 在自变量 x 的某个变化过程中，函数 $f(x)$ 有极限 A 的充分必要条件为：$f(x)$ 可以表示为 A 与一个同一变化过程中的无穷小 α 的和，即

$$\lim_{\substack{x\to x_0\\(x\to\infty)}} f(x)=A \Leftrightarrow f(x)=A+\alpha \quad (\lim_{\substack{x\to x_0\\(x\to\infty)}}\alpha=0)$$

由无穷小的定义，不难理解无穷小的下列性质。

性质 1 有限个无穷小的代数和仍是无穷小。

性质 2 有界函数与无穷小的乘积是无穷小。

性质 3 有限个无穷小的乘积是无穷小。

推论 常数与无穷小的乘积是无穷小。

注意： 无穷多个无穷小的代数和不一定是无穷小；两个无穷小的商不一定是无穷小。

例 2-8 求 $\lim\limits_{x\to 0} x\sin\dfrac{1}{x}$。

解 由于 $\left|\sin\dfrac{1}{x}\right|\leqslant 1$，$\lim\limits_{x\to 0} x=0$，因此 $\lim\limits_{x\to 0} x\sin\dfrac{1}{x}=0$。

例 2-9 求 $\lim\limits_{x\to\infty}\dfrac{\arctan x}{x}$。

解 由于 $|\arctan x|\leqslant\dfrac{\pi}{2}$，$\lim\limits_{x\to\infty}\dfrac{1}{x}=0$，因此 $\lim\limits_{x\to\infty}\dfrac{\arctan x}{x}=0$。

二、无穷小的比较

两个无穷小的和、差、积仍是无穷小，但无穷小的商就不易确定了。

例如，当 $x\to 0$ 时，x，$2x$，x^2，x^3，$x+x^2$ 都是无穷小，而此时

$$\frac{x^2}{x}=x\to 0,\quad \frac{x^2}{x^3}=\frac{1}{x}\to\infty,\quad \frac{2x}{x}=2\to 2,\quad \frac{x+x^2}{x}=1+x\to 1$$

可见两个无穷小的商，可以是无穷小，可以是无穷大，也可以是常数或极限为常数的变量，这是因为无穷小在趋于零的过程中快慢不同。

为了比较无穷小，我们引入无穷小的阶的概念。

定义 2-10 设 α 及 β 是自变量的同一变化过程中的无穷小，且 $\alpha\neq 0$。

(1) 如果 $\lim\dfrac{\beta}{\alpha}=0$，则称 β 是比 α 高阶的无穷小，记作 $\beta=o(\alpha)$；

(2) 如果 $\lim\dfrac{\beta}{\alpha}=\infty$，则称 β 是比 α 低阶的无穷小；

(3) 如果 $\lim\dfrac{\beta}{\alpha}=c\neq 0$，则称 β 与 α 是同阶无穷小；

(4) 如果 $\lim\dfrac{\beta}{\alpha}=1$，则称 β 与 α 是等价无穷小，记作 $\alpha\sim\beta$。

显然，等价无穷小是同阶无穷小的特殊情形。

由定义 2-10 可见，当 $x\to 0$ 时，x^2 是 x 的高阶无穷小，即 $x^2=o(x)$，而 x^2 是 x^3 的低阶无穷小，x 与 $2x$ 是同阶无穷小。

关于等价无穷小，有下面的定理：

定理 2-3 在自变量的同一变化过程中，如果 $\alpha \sim \alpha'$，$\beta \sim \beta'$，且 $\lim \frac{\beta'}{\alpha'}$ 存在，则

$$\lim \frac{\beta}{\alpha} = \lim \frac{\beta'}{\alpha'}$$

证 $$\lim \frac{\beta}{\alpha} = \lim\left(\frac{\beta}{\beta'} \cdot \frac{\beta'}{\alpha'} \cdot \frac{\alpha'}{\alpha}\right) = \lim \frac{\beta}{\beta'} \cdot \lim \frac{\beta'}{\alpha'} \cdot \lim \frac{\alpha'}{\alpha} = \lim \frac{\beta'}{\alpha'}$$

定理 2-3 表明，求两个无穷小之比的极限时，分子及分母都可以用等价无穷小来代替；在求分式的极限时，分子及分母中的无穷小因子也可以用等价无穷小来代替。如果用来代替的无穷小选取适当，则可以简化计算。在后面的极限计算中我们会遇到利用等价无穷小代换来求极限的例子。需要注意的是，当分子或分母是若干项的和或差时，一般不能对其中某一项作等价无穷小的代换。

三、无穷大

定义 2-11 在自变量 x 的某个变化过程中，若函数 $f(x)$ 的绝对值无限增大，则称 $f(x)$ 在该变化过程中为无穷大量，简称无穷大，可以记作 $\lim\limits_{\substack{x\to x_0\\(x\to\infty)}} f(x) = \infty$。

例如，当 $x \to 0$ 时，$\frac{1}{x}$，$\cot x$ 等都是无穷大；当 $x \to 0^+$ 时，$\frac{1}{\sqrt{x}}$，$\ln x$ 等都是无穷大；当 $x \to +\infty$ 时，x^3，e^x，$\ln x$ 等都是无穷大。

注意：

(1) $\lim\limits_{\substack{x\to x_0\\(x\to\infty)}} f(x) = \infty$ 并不表示 $f(x)$ 有极限，无穷大“∞”不是数，只是一个符号；

(2) 无穷大是无界函数，但是无界函数不一定是无穷大；

(3) 无穷大是一个绝对值无限增大的变量，任何绝对值很大的常数都不是无穷大。

定义 2-12 如果 $\lim\limits_{x\to x_0} f(x) = \infty$ ($\lim\limits_{x\to x_0^-} f(x) = \infty$ 或 $\lim\limits_{x\to x_0^+} f(x) = \infty$)，则直线 $x = x_0$ 是函数 $y = f(x)$ 的图像的铅直渐近线。

例 2-10 因为 $\lim\limits_{x\to 1} \frac{1}{x-1} = \infty$，所以直线 $x = 1$ 是曲线 $y = \frac{1}{x-1}$ 的铅直渐近线。

无穷大与无穷小有如下关系：

定理 2-4 在自变量的同一变化过程中，如果 $f(x)$ 为无穷大，则 $\frac{1}{f(x)}$ 为无穷小；反之，如果 $f(x)$ 为无穷小且 $f(x) \neq 0$，则 $\frac{1}{f(x)}$ 为无穷大。

例 2-11 当 $x \to 0$ 时，x^3 是无穷小，而 $\frac{1}{x^3}$ 是无穷大。

例 2-12 当 $x \to \infty$ 时，$x+1$ 是无穷大，而 $\frac{1}{x+1}$ 是无穷小。

习题 2-3

1. 下列变量中，哪个是无穷小，哪个是无穷大？

(1) $99x^3\ (x \to 0)$；　　(2) $\frac{1}{\sqrt{x}}\ (x \to 0^+)$；

(3) $e^{\frac{1}{x}}$ $(x \to 0)$；　　(4) $\ln x$ $(x \to 0^{+})$。

2. 求下列极限：

(1) $\lim\limits_{x \to \infty} \dfrac{\sin x}{x}$；　　(2) $\lim\limits_{x \to 0} x^2 \arctan \dfrac{1}{x}$。

第四节　极限的运算法则

本节主要讨论极限的四则运算(利用这些运算法则可以求出某些函数的极限)，并讨论复合函数求极限的定理，同时给出一些无理函数求极限的方法(后面还会介绍一些求极限的其他方法)。

一、极限的四则运算

在下面的讨论中，极限过程的自变量的趋向没有标出，表示对任何一个自变量的变化过程都成立，只要在同一问题中自变量的趋向相同即可。并且这些运算法则对于数列的极限也是同样适用的。

定理 2-5　如果 $\lim f(x) = A$，$\lim g(x) = B$，则

(1) $\lim[f(x) \pm g(x)] = \lim f(x) \pm \lim g(x) = A \pm B$；

(2) $\lim[f(x) \cdot g(x)] = \lim f(x) \cdot \lim g(x) = A \cdot B$；

(3) 当 $B \neq 0$ 时，$\lim \dfrac{f(x)}{g(x)} = \dfrac{\lim f(x)}{\lim g(x)} = \dfrac{A}{B}$。

注意： 定理 2-5 中的(1)、(2) 都可以推广到有限个函数的情形，但不可应用到无穷多个函数的情形。

由定理 2-5 中的(2)可得出下面的推论：

推论　如果 $\lim f(x)$ 存在，c 为常数，n 为正整数，则

(1) $\lim[c \cdot f(x)] = c \cdot \lim f(x)$；

(2) $\lim[f(x)]^n = [\lim f(x)]^n$。

下面计算一些函数的极限。

例 2-13　求 $\lim\limits_{x \to 3}(x^2 - 2x + 5)$。

解

$$\begin{aligned}\lim_{x \to 3}(x^2 - 2x + 5) &= \lim_{x \to 3} x^2 - \lim_{x \to 3} 2x + \lim_{x \to 3} 5 \\ &= (\lim_{x \to 3} x)^2 - 2\lim_{x \to 3} x + 5 \\ &= 3^2 - 2 \times 3 + 5 = 8\end{aligned}$$

由例 2-13 可以看出，求多项式函数 $P(x) = a_0x^n + a_1x^{n-1} + \cdots + a_{n-1}x + a_n$ 当 $x \to x_0$ 时的极限时，只要用 x_0 代替函数中的 x 即可(代入法)，即

$$\lim_{x \to x_0} P(x) = P(x_0)$$

例 2-14　求 $\lim\limits_{x \to -2}(3x^2 - 5x - 7)$。

解　$\lim\limits_{x \to -2}(3x^2 - 5x - 7) = 3 \times (-2)^2 - 5 \times (-2) - 7 = 12 + 10 - 7 = 15$

例 2-15　求 $\lim\limits_{x \to 2} \dfrac{x^3 - 1}{x^2 - 3x + 4}$。

解 这里分母的极限不为零，于是

$$\lim_{x\to 2}\frac{x^3-1}{x^2-3x+4}=\frac{\lim\limits_{x\to 2}(x^3-1)}{\lim\limits_{x\to 2}(x^2-3x+4)}=\frac{2^3-1}{2^2-3\times 2+4}=\frac{7}{2}$$

可见，求有理分式函数 $\dfrac{P(x)}{Q(x)}$（其中 $P(x)$ 和 $Q(x)$ 都是多项式函数）当 $x\to x_0$ 时的极限时，如果 $Q(x_0)\neq 0$，也只需用 x_0 代替函数中的 x 即可（代入法），即

$$\lim_{x\to x_0}\frac{P(x)}{Q(x)}=\frac{\lim\limits_{x\to x_0}P(x)}{\lim\limits_{x\to x_0}Q(x)}=\frac{P(x_0)}{Q(x_0)}$$

注意： 如果 $Q(x_0)=0$，就不能用商的极限运算法则了。

例 2-16 求 $\lim\limits_{x\to 1}\dfrac{4x^2+3x-6}{x^2-5x+8}$。

解 这里分母的极限不为零，于是

$$\lim_{x\to 1}\frac{4x^2+3x-6}{x^2-5x+8}=\frac{4\times 1^2+3\times 1-6}{1^2-5\times 1+8}=\frac{1}{4}$$

例 2-17 求 $\lim\limits_{x\to 3}\dfrac{x^2-5x+6}{x^2-9}$。

解 当 $x\to 3$ 时，分子、分母的极限都为零，不能分别取极限再求商。注意到分子、分母都具有公因子 $x-3$，而当 $x\to 3$ 时 $x\neq 3$，故可以消去公因子后再求极限，即

$$\lim_{x\to 3}\frac{x^2-5x+6}{x^2-9}=\lim_{x\to 3}\frac{(x-3)(x-2)}{(x-3)(x+3)}=\lim_{x\to 3}\frac{x-2}{x+3}=\frac{3-2}{3+3}=\frac{1}{6}$$

注意： 对于 $Q(x_0)=0$ 且 $P(x_0)=0$ 的有理分式函数 $\dfrac{P(x)}{Q(x)}$，在求当 $x\to x_0$ 时的极限时，分子、分母一定都具有公因子 $(x-x_0)$，由于当 $x\to x_0$ 时 $x\neq x_0$，因此分子、分母可以消去不为零的公因子 $(x-x_0)$ 后再求极限。

例 2-18 求 $\lim\limits_{x\to -2}\dfrac{x^2+5x+6}{x^2-2x-8}$。

解
$$\lim_{x\to -2}\frac{x^2+5x+6}{x^2-2x-8}=\lim_{x\to -2}\frac{(x+2)(x+3)}{(x+2)(x-4)}=\lim_{x\to -2}\frac{x+3}{x-4}$$
$$=\frac{-2+3}{-2-4}=-\frac{1}{6}$$

例 2-19 求 $\lim\limits_{x\to 1}\dfrac{4x-1}{x^2+2x-3}$。

解 当 $x\to 1$ 时，分母的极限为零，分子的极限为 3，故不能用商的极限运算法则。但

$$\lim_{x\to 1}\frac{x^2+2x-3}{4x-1}=\frac{0}{3}=0$$

于是由无穷小与无穷大的关系可得

$$\lim_{x\to 1}\frac{4x-1}{x^2+2x-3}=\infty$$

注意： 对于 $Q(x_0)=0$ 且 $P(x_0)\neq 0$ 的有理分式函数 $\dfrac{P(x)}{Q(x)}$，在求当 $x\to x_0$ 时的极限时，可以先求其倒数的极限，再利用无穷小与无穷大的关系得到结果。

例 2-20　求 $\lim\limits_{x\to 2}\dfrac{x^2+x+1}{x^2-4}$。

解　$\lim\limits_{x\to 2}\dfrac{x^2+x+1}{x^2-4}=\lim\limits_{x\to 2}\dfrac{x^2+x+1}{(x-2)(x+2)}=\infty$

再来看一些当 $x\to\infty$ 时有理分式函数的极限。

例 2-21　求 $\lim\limits_{x\to\infty}\dfrac{2x^3+3x^2+5}{7x^3+4x^2-x+1}$。

解　由于分子、分母的极限都是∞，因此不能用商的极限运算法则。作适当变形，即分子、分母同时除以它们的最高次幂 x^3，然后取极限，得

$$\lim_{x\to\infty}\frac{2x^3+3x^2+5}{7x^3+4x^2-x+1}=\lim_{x\to\infty}\frac{2+\dfrac{3}{x}+\dfrac{5}{x^3}}{7+\dfrac{4}{x}-\dfrac{1}{x^2}+\dfrac{1}{x^3}}=\frac{2}{7}$$

例 2-22　求 $\lim\limits_{x\to\infty}\dfrac{x^2-3x+4}{4x^3-2x-3}$。

解　分子、分母同时除以 x^3，然后取极限，得

$$\lim_{x\to\infty}\frac{x^2-3x+4}{4x^3-2x-3}=\lim_{x\to\infty}\frac{\dfrac{1}{x}-\dfrac{3}{x^2}+\dfrac{4}{x^3}}{4-\dfrac{2}{x^2}-\dfrac{3}{x^3}}=\frac{0}{4}=0$$

例 2-23　求 $\lim\limits_{x\to\infty}\dfrac{4x^3-2x-3}{x^2-3x+4}$。

解　由例 2-22 以及无穷小与无穷大的关系可得

$$\lim_{x\to\infty}\frac{4x^3-2x-3}{x^2-3x+4}=\infty$$

一般地，对于当 $x\to\infty$ 时有理分式函数的极限，当 $a_0\neq 0$，$b_0\neq 0$，m、n 为非负整数时有以下结论：

$$\lim_{x\to\infty}\frac{a_0x^m+a_1x^{m-1}+\cdots+a_m}{b_0x^n+b_1x^{n-1}+\cdots+b_n}=\begin{cases}0, & n>m\\ \dfrac{a_0}{b_0}, & n=m\\ \infty, & n<m\end{cases}$$

二、复合函数求极限

对于多项式函数和有理分式函数 $f(x)$，只要 $f(x)$ 在点 x_0 处有定义，则当 $x\to x_0$ 时 $f(x)$ 的极限值就是 $f(x)$ 在点 x_0 处的函数值。

这里我们不加证明地指出，一切基本初等函数在其定义域内的每一点处都具有这样的性质，即如果 $f(x)$ 是基本初等函数，定义域为 D，而 $x_0\in D$，则

$$\lim_{x\to x_0}f(x)=f(x_0)$$

例如，$f(x)=\sin x$ 是基本初等函数，而点 $x=\dfrac{\pi}{2}$ 在它的定义域内，所以

$$\lim_{x\to\frac{\pi}{2}}\sin x=\sin\frac{\pi}{2}=1$$

下面给出一个复合函数求极限的定理：

定理 2－6　设函数 $u=\varphi(x)$ 当 $x\to x_0$ 时的极限等于 a，即 $\lim\limits_{x\to x_0}\varphi(x)=a$，而函数 $y=f(u)$ 在点 $u=a$ 处有定义且 $\lim\limits_{x\to a}f(u)=f(a)$，则复合函数 $y=f[\varphi(x)]$ 当 $x\to x_0$ 时的极限存在且等于 $f(a)$，即

$$\lim_{x\to x_0}f[\varphi(x)]=f(a)=f[\lim_{x\to x_0}\varphi(x)]$$

定理 2－6 表明，在满足定理条件的情况下，函数符号可以和极限符号交换次序。

例 2－24　求 $\lim\limits_{x\to 3}\sqrt{\dfrac{x-3}{x^2-9}}$。

解　$\lim\limits_{x\to 3}\sqrt{\dfrac{x-3}{x^2-9}}=\sqrt{\lim\limits_{x\to 3}\dfrac{x-3}{x^2-9}}=\sqrt{\lim\limits_{x\to 3}\dfrac{1}{x+3}}=\sqrt{\dfrac{1}{6}}=\dfrac{\sqrt{6}}{6}$

例 2－25　求 $\lim\limits_{x\to\infty}\cos\dfrac{5x-7}{x^2+2x-4}$。

解　$\lim\limits_{x\to\infty}\cos\dfrac{5x-7}{x^2+2x-4}=\cos\left(\lim\limits_{x\to\infty}\dfrac{5x-7}{x^2+2x-4}\right)=\cos 0=1$

例 2－26　求 $\lim\limits_{x\to 0}\dfrac{\sqrt{1+x}-1}{x}$。

解

$$\lim_{x\to 0}\frac{\sqrt{1+x}-1}{x}=\lim_{x\to 0}\frac{(\sqrt{1+x}-1)(\sqrt{1+x}+1)}{x(\sqrt{1+x}+1)}$$

$$=\lim_{x\to 0}\frac{1+x-1}{x(\sqrt{1+x}+1)}=\lim_{x\to 0}\frac{1}{\sqrt{1+x}+1}=\frac{1}{2}$$

注意： 在求一些无理分式函数的极限时，如果分子、分母都是趋于零的，则可以通过先进行有理化再约去公因子的方法求极限。

例 2－27　求 $\lim\limits_{x\to 1}\dfrac{x-1}{\sqrt{5x-4}-\sqrt{x}}$。

解

$$\lim_{x\to 1}\frac{x-1}{\sqrt{5x-4}-\sqrt{x}}=\lim_{x\to 1}\frac{(x-1)(\sqrt{5x-4}+\sqrt{x})}{(\sqrt{5x-4}-\sqrt{x})(\sqrt{5x-4}+\sqrt{x})}$$

$$=\lim_{x\to 1}\frac{(x-1)(\sqrt{5x-4}+\sqrt{x})}{4(x-1)}=\lim_{x\to 1}\frac{\sqrt{5x-4}+\sqrt{x}}{4}=\frac{2}{4}=\frac{1}{2}$$

例 2－28　求 $\lim\limits_{n\to\infty}(\sqrt{n+1}-\sqrt{n})$。

解　虽然此题不是无理分式，但由于相减的两项都是趋于无穷的，因此需要采用有理化的方法。

$$\lim_{n\to\infty}(\sqrt{n+1}-\sqrt{n})=\lim_{n\to\infty}\frac{(\sqrt{n+1}-\sqrt{n})(\sqrt{n+1}+\sqrt{n})}{\sqrt{n+1}+\sqrt{n}}$$

$$=\lim_{n\to\infty}\frac{n+1-n}{\sqrt{n+1}+\sqrt{n}}=\lim_{n\to\infty}\frac{1}{\sqrt{n+1}+\sqrt{n}}=0$$

例 2－29　求 $\lim\limits_{x\to 1}\left(\dfrac{2}{1-x^2}-\dfrac{1}{1-x}\right)$。

解　此题相减的两项都是趋于无穷大的，因此需要通分后再计算。

$$\lim_{x\to1}\left(\frac{2}{1-x^2}-\frac{1}{1-x}\right)=\lim_{x\to1}\frac{2-(1+x)}{(1+x)(1-x)}=\lim_{x\to1}\frac{1-x}{(1+x)(1-x)}$$
$$=\lim_{x\to1}\frac{1}{1+x}=\frac{1}{2}$$

习题 2 - 4

1. 计算下列极限：

(1) $\lim\limits_{x\to2}(3x^2-2x+1)$；　(2) $\lim\limits_{x\to-3}(x^2+5x+7)$；

(3) $\lim\limits_{x\to2}\dfrac{4x+1}{x^2-3x+5}$；　(4) $\lim\limits_{x\to-1}\dfrac{x^2+x+2}{x+4}$；

(5) $\lim\limits_{x\to-1}\dfrac{x^2+3x+2}{x^2+5x+4}$；　(6) $\lim\limits_{x\to3}\dfrac{x^2-9}{x^2+2x-15}$；

(7) $\lim\limits_{x\to4}\dfrac{x^2+x+2}{x-4}$；　(8) $\lim\limits_{x\to2}\dfrac{x+1}{x^2-5x+6}$。

2. 计算下列极限：

(1) $\lim\limits_{x\to\infty}\dfrac{x+1}{x^2-x+6}$；　(2) $\lim\limits_{x\to\infty}\dfrac{2x^4+x^2-1}{x^3-3x+6}$；

(3) $\lim\limits_{x\to\infty}\dfrac{3x^2+x+1}{x^2-x+6}$；　(4) $\lim\limits_{x\to\infty}\dfrac{x^2+3x+2}{x+4}$；

(5) $\lim\limits_{x\to\infty}\dfrac{x^2-2}{x^3+x^2+1}$；　(6) $\lim\limits_{x\to\infty}\dfrac{5x^3+4x}{3x^3-2x^2+x-2}$。

3. 计算下列极限：

(1) $\lim\limits_{x\to2}\sin\dfrac{x-2}{x^2-4}$；　(2) $\lim\limits_{x\to\infty}\sqrt{\dfrac{2x^2-3x-2}{x^2+6x+1}}$；

(3) $\lim\limits_{x\to1}\dfrac{\sqrt{x+2}-\sqrt{3}}{x-1}$；　(4) $\lim\limits_{x\to0}\dfrac{x^2}{\sqrt{1+x^2}-1}$；

(5) $\lim\limits_{x\to+\infty}(\sqrt{x+5}-\sqrt{x})$；　(6) $\lim\limits_{x\to2}\dfrac{\sqrt{x+2}-2}{1-\sqrt{x-1}}$；

(7) $\lim\limits_{x\to2}\left(\dfrac{1}{x-2}-\dfrac{4}{x^2-4}\right)$；　(8) $\lim\limits_{x\to1}\left(\dfrac{3}{1-x^3}-\dfrac{1}{1-x}\right)$。

第五节　两个重要极限

本节介绍极限存在的两个准则，并给出两个重要极限。

一、准则Ⅰ和第一个重要极限 $\lim\limits_{x\to0}\dfrac{\sin x}{x}=1$

准则Ⅰ　设在变量 x 的某一变化过程中，对于函数 $f(x)$、$g(x)$、$h(x)$，有

$$g(x)\leqslant f(x)\leqslant h(x)$$

且 $\lim g(x)=\lim h(x)=A$，则 $\lim f(x)=A$。

这个准则对于数列的极限也是同样适用的。

利用准则Ⅰ，可以证明一个重要极限：

$$\lim_{x\to 0}\frac{\sin x}{x}=1$$

证 在如图 2-6 所示的单位圆中，设圆心角 $\angle AOB = x\left(0<x<\frac{\pi}{2}\right)$，过 A 点作圆的切线，与 OB 的延长线交于 D 点，再作 $BC\perp OA$，于是可得

$$\sin x = BC,\quad \tan x = AD$$

显然

$$\triangle AOB\text{ 的面积}<\text{扇形 }AOB\text{ 的面积}<\triangle AOD\text{ 的面积}$$

而

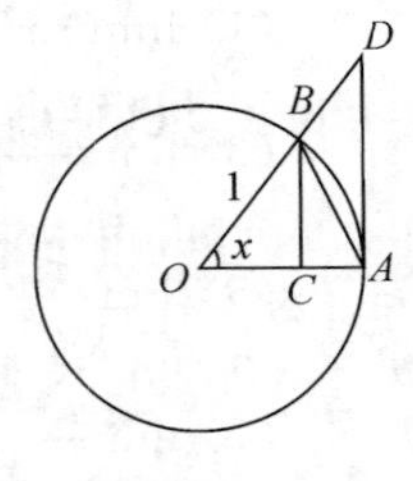

图 2-6

$$\triangle AOB\text{ 的面积}=\frac{1}{2}OA\cdot BC=\frac{1}{2}\sin x$$

$$\text{扇形 }AOB\text{ 的面积}=\frac{1}{2}OA^2\cdot x=\frac{1}{2}x$$

$$\triangle AOD\text{ 的面积}=\frac{1}{2}OA\cdot AD=\frac{1}{2}\tan x$$

从而有

$$\frac{1}{2}\sin x<\frac{1}{2}x<\frac{1}{2}\tan x\quad\left(0<x<\frac{\pi}{2}\right)$$

即

$$\sin x<x<\tan x\quad\left(0<x<\frac{\pi}{2}\right)$$

两边同时除以 $\sin x$，得

$$1<\frac{x}{\sin x}<\frac{1}{\cos x}$$

于是

$$\cos x<\frac{\sin x}{x}<1\quad\left(0<x<\frac{\pi}{2}\right)$$

由于 $\cos x$ 与 $\frac{\sin x}{x}$ 都是偶函数，则上式当 $-\frac{\pi}{2}<x<0$ 时也成立。

因为 $\lim\limits_{x\to 0}\cos x=1$，$\lim\limits_{x\to 0}1=1$，所以由准则Ⅰ知

$$\lim_{x\to 0}\frac{\sin x}{x}=1$$

对于第一个重要极限，其一般形式为

$$\lim_{\square\to 0}\frac{\sin\square}{\square}=1\quad\text{（方框}\square\text{代表同一变量）}$$

例 2-30 求 $\lim\limits_{x\to 0}\frac{\tan x}{x}$。

解 $\lim\limits_{x\to 0}\frac{\tan x}{x}=\lim\limits_{x\to 0}\left(\frac{\sin x}{x}\cdot\frac{1}{\cos x}\right)=\lim\limits_{x\to 0}\frac{\sin x}{x}\cdot\lim\limits_{x\to 0}\frac{1}{\cos x}=1$

例 2-31 求 $\lim\limits_{x\to 0}\frac{\sin ax}{x}\ (a\neq 0)$。

解　$\lim\limits_{x\to 0}\dfrac{\sin ax}{x}=\lim\limits_{x\to 0}\dfrac{a\sin ax}{ax}=a\lim\limits_{x\to 0}\dfrac{\sin ax}{ax}=a\cdot 1=a$

例 2-32　求 $\lim\limits_{x\to 2}\dfrac{\sin(x-2)}{x^2-4}$。

解　$\lim\limits_{x\to 2}\dfrac{\sin(x-2)}{x^2-4}=\lim\limits_{x\to 2}\dfrac{\sin(x-2)}{(x-2)(x+2)}=\lim\limits_{x\to 2}\dfrac{\sin(x-2)}{x-2}\cdot\lim\limits_{x\to 2}\dfrac{1}{x+2}=1\cdot\dfrac{1}{4}=\dfrac{1}{4}$

例 2-33　求 $\lim\limits_{x\to 0}\dfrac{1-\cos x}{x^2}$。

解　$\lim\limits_{x\to 0}\dfrac{1-\cos x}{x^2}=\lim\limits_{x\to 0}\dfrac{2\sin^2\dfrac{x}{2}}{x^2}=\dfrac{1}{2}\lim\limits_{x\to 0}\dfrac{\sin^2\dfrac{x}{2}}{\left(\dfrac{x}{2}\right)^2}=\dfrac{1}{2}\lim\limits_{x\to 0}\left(\dfrac{\sin\dfrac{x}{2}}{\dfrac{x}{2}}\right)^2=\dfrac{1}{2}\cdot 1^2=\dfrac{1}{2}$

例 2-34　求 $\lim\limits_{x\to 0}\dfrac{\arcsin x}{x}$。

解　利用变量代换，令 $x=\sin t$，则当 $x\to 0$ 时，$t\to 0$，且 $\arcsin x=t$，于是

$$\lim_{x\to 0}\frac{\arcsin x}{x}=\lim_{t\to 0}\frac{t}{\sin t}=1$$

类似地，可以得到

$$\lim_{x\to 0}\frac{\arctan x}{x}=1$$

由第一个重要极限，以及上面几个例子，我们得到了一些常用的等价无穷小：

$$\sin x\sim x(x\to 0),\quad \tan x\sim x(x\to 0)$$

$$\arcsin x\sim x(x\to 0),\quad \arctan x\sim x(x\to 0)$$

$$1-\cos x\sim\frac{x^2}{2}(x\to 0)$$

例 2-35　求 $\lim\limits_{x\to 0}\dfrac{\sin 3x}{\tan 5x}$。

解　由于当 $x\to 0$ 时，$\sin 3x\sim 3x$，$\tan 5x\sim 5x$，因此

$$\lim_{x\to 0}\frac{\sin 3x}{\tan 5x}=\lim_{x\to 0}\frac{3x}{5x}=\frac{3}{5}$$

例 2-36　求 $\lim\limits_{x\to 0}\dfrac{\sin x}{(x^2+3)\arctan x}$。

解　由于当 $x\to 0$ 时，$\sin x\sim x$，$\arctan x\sim x$，因此

$$\lim_{x\to 0}\frac{\sin x}{(x^2+3)\arctan x}=\lim_{x\to 0}\frac{x}{(x^2+3)x}=\lim_{x\to 0}\frac{1}{x^2+3}=\frac{1}{3}$$

二、准则Ⅱ和第二个重要极限 $\lim\limits_{x\to\infty}\left(1+\dfrac{1}{x}\right)^x=\mathrm{e}$

如果数列 $\{x_n\}$ 满足 $x_1\leqslant x_2\leqslant x_3\leqslant\cdots\leqslant x_n\leqslant x_{n+1}\leqslant\cdots$，则称数列 $\{x_n\}$ 是单调增加数列；如果数列 $\{x_n\}$ 满足 $x_1\geqslant x_2\geqslant x_3\geqslant\cdots\geqslant x_n\geqslant x_{n+1}\geqslant\cdots$，则称数列 $\{x_n\}$ 是单调减少数列。单调增加数列和单调减少数列统称为单调数列。

准则Ⅱ　如果无穷数列 $\{x_n\}$ 单调且有界，则数列必收敛。

前面曾经讲过，收敛数列必有界，但有界数列不一定收敛，现在由准则Ⅱ说明：如果数

列有界并且是单调的，就一定收敛。

利用准则Ⅱ，可以证明另一个重要极限：

$$\lim_{x\to\infty}\left(1+\frac{1}{x}\right)^{x}=\mathrm{e}$$

考虑数列的情形，设 $x_n=\left(1+\frac{1}{n}\right)^{n}$，由表 2-1 可以看出，$x_n$ 是单调增加的，且越来越接近某一常数。

表 2-1

n	1	2	10	100	1000	10 000	100 000	…
$x_n=\left(1+\frac{1}{n}\right)^{n}$	2	2.25	2.593 74	2.704 81	2.716 92	2.718 14	2.718 27	…

可以证明无穷数列 $\{x_n\}$ 是单调增加且有界的(小于 3)，所以 $\lim\limits_{n\to\infty}\left(1+\frac{1}{n}\right)^{n}$ 是存在的，这个极限是无理数，通常用记号 e 来表示，即

$$\lim_{n\to\infty}\left(1+\frac{1}{n}\right)^{n}=\mathrm{e}$$

无理数 e 的值为 2.718 281 828 459 045 235 36…，以 e 为底的对数称为自然对数。

可以证明，当 x 趋近于 $+\infty$ 或 $-\infty$ 时，函数 $\left(1+\frac{1}{x}\right)^{x}$ 的极限存在且等于 e，所以

$$\lim_{x\to\infty}\left(1+\frac{1}{x}\right)^{x}=\mathrm{e}$$

利用变量代换，令 $z=\frac{1}{x}$，则当 $x\to\infty$ 时，$z\to 0$，于是可得

$$\lim_{z\to 0}(1+z)^{\frac{1}{z}}=\mathrm{e}$$

对于第二个重要极限，其一般形式为

$$\lim_{\triangle\to 0}(1+\triangle)^{\frac{1}{\triangle}}=\mathrm{e}\quad(\text{三角}\triangle\text{代表同一变量})$$

例 2-37 求 $\lim\limits_{x\to\infty}\left(1-\frac{1}{x}\right)^{x}$。

解 $$\lim_{x\to\infty}\left(1-\frac{1}{x}\right)^{x}=\lim_{x\to\infty}\left(1+\frac{1}{-x}\right)^{-x\cdot(-1)}=\lim_{x\to\infty}\left[\left(1+\frac{1}{-x}\right)^{-x}\right]^{-1}$$

$$=\left[\lim_{x\to\infty}\left(1+\frac{1}{-x}\right)^{-x}\right]^{-1}=\mathrm{e}^{-1}$$

例 2-38 求 $\lim\limits_{x\to\infty}\left(1+\frac{3}{x}\right)^{4x}$。

解 $$\lim_{x\to\infty}\left(1+\frac{3}{x}\right)^{4x}=\lim_{x\to\infty}\left(1+\frac{3}{x}\right)^{\frac{x}{3}\cdot 12}=\lim_{x\to\infty}\left[\left(1+\frac{3}{x}\right)^{\frac{x}{3}}\right]^{12}$$

$$=\left[\lim_{x\to\infty}\left(1+\frac{3}{x}\right)^{\frac{x}{3}}\right]^{12}=\mathrm{e}^{12}$$

例 2-39 求 $\lim\limits_{x\to 0}(1-2x)^{\frac{1}{3x}}$。

解　$\lim\limits_{x\to 0}(1-2x)^{\frac{1}{3x}}=\lim\limits_{x\to 0}(1-2x)^{\frac{1}{-2x}\times\frac{-2}{3}}=\lim\limits_{x\to 0}\left[(1-2x)^{\frac{1}{-2x}}\right]^{-\frac{2}{3}}$

$$=\left[\lim_{x\to 0}(1-2x)^{\frac{1}{-2x}}\right]^{-\frac{2}{3}}=\mathrm{e}^{-\frac{2}{3}}$$

例 2-40　求 $\lim\limits_{x\to\infty}\left(\dfrac{x-1}{x+1}\right)^{x}$。

解　$\lim\limits_{x\to\infty}\left(\dfrac{x-1}{x+1}\right)^{x}=\lim\limits_{x\to\infty}\left(\dfrac{1-\frac{1}{x}}{1+\frac{1}{x}}\right)^{x}=\lim\limits_{x\to\infty}\dfrac{\left(1-\frac{1}{x}\right)^{x}}{\left(1+\frac{1}{x}\right)^{x}}$

$$=\frac{\lim\limits_{x\to\infty}\left(1-\frac{1}{x}\right)^{x}}{\lim\limits_{x\to\infty}\left(1+\frac{1}{x}\right)^{x}}=\frac{\mathrm{e}^{-1}}{\mathrm{e}}=\mathrm{e}^{-2}$$

例 2-41　求 $\lim\limits_{x\to 0}\dfrac{\ln(1+x)}{x}$。

解　$\lim\limits_{x\to 0}\dfrac{\ln(1+x)}{x}=\lim\limits_{x\to 0}\dfrac{1}{x}\ln(1+x)=\lim\limits_{x\to 0}\ln(1+x)^{\frac{1}{x}}$

$$=\ln\left[\lim_{x\to 0}(1+x)^{\frac{1}{x}}\right]=\ln\mathrm{e}=1$$

例 2-42　求 $\lim\limits_{x\to 0}\dfrac{\mathrm{e}^{x}-1}{x}$。

解　令 $u=\mathrm{e}^{x}-1$，即 $x=\ln(1+u)$，则当 $x\to 0$ 时，$u\to 0$，于是

$$\lim_{x\to 0}\frac{\mathrm{e}^{x}-1}{x}=\lim_{u\to 0}\frac{u}{\ln(1+u)}=1$$

由上面两例，我们又得到了常用的等价无穷小：

$$\ln(1+x)\sim x(x\to 0),\qquad \mathrm{e}^{x}-1\sim x(x\to 0)$$

三、幂指函数的极限

形如 $f(x)^{g(x)}$（其中 $f(x)>0$）的函数称为幂指函数。第二个重要极限 $\lim\limits_{x\to\infty}\left(1+\dfrac{1}{x}\right)^{x}$ 就是幂指函数的极限。

幂指函数的极限的一般计算方法如下：

在自变量的同一变化过程中，如果 $\lim f(x)=A>0$，$\lim g(x)=B$，则

$$\lim f(x)^{g(x)}=A^{B}=\left[\lim f(x)\right]^{\lim g(x)}$$

例 2-43　求 $\lim\limits_{x\to\infty}\left(\dfrac{3+x}{2+x}\right)^{2x}$。

解　$\lim\limits_{x\to\infty}\left(\dfrac{3+x}{2+x}\right)^{2x}=\lim\limits_{x\to\infty}\left(1+\dfrac{1}{2+x}\right)^{(x+2)\cdot\frac{2x}{x+2}}$

$$=\lim_{x\to\infty}\left[\left(1+\frac{1}{2+x}\right)^{x+2}\right]^{\frac{2x}{x+2}}$$

$$=\left[\lim_{x\to\infty}\left(1+\frac{1}{2+x}\right)^{x+2}\right]^{\lim\limits_{x\to\infty}\frac{2x}{x+2}}=\mathrm{e}^{2}$$

例 2-44　求 $\lim\limits_{x\to\infty}\left(\dfrac{2x-1}{2x+3}\right)^{5x}$。

解 $\lim\limits_{x\to\infty}\left(\dfrac{2x-1}{2x+3}\right)^{5x}=\lim\limits_{x\to\infty}\left(1-\dfrac{4}{2x+3}\right)^{\frac{2x+3}{-4}\cdot\frac{-20x}{2x+3}}=\lim\limits_{x\to\infty}\left[\left(1-\dfrac{4}{2x+3}\right)^{\frac{2x+3}{-4}}\right]^{\frac{-20x}{2x+3}}$

$$=\left[\lim_{x\to\infty}\left(1-\frac{4}{2x+3}\right)^{\frac{2x+3}{-4}}\right]^{\lim\limits_{x\to\infty}\frac{-20x}{2x+3}}=\mathrm{e}^{-10}$$

例 2-45 求 $\lim\limits_{x\to 0}(1+x)^{\frac{2}{\sin x}}$。

解 $\lim\limits_{x\to 0}(1+x)^{\frac{2}{\sin x}}=\lim\limits_{x\to 0}(1+x)^{\frac{1}{x}\cdot\frac{2x}{\sin x}}=\lim\limits_{x\to 0}\left[(1+x)^{\frac{1}{x}}\right]^{\frac{2x}{\sin x}}$

$$=\left[\lim_{x\to 0}(1+x)^{\frac{1}{x}}\right]^{\lim\limits_{x\to 0}\frac{2x}{\sin x}}=\mathrm{e}^{2}$$

习题 2-5

1. 计算下列极限：

(1) $\lim\limits_{x\to 0}\dfrac{\sin 4x}{6x}$；　(2) $\lim\limits_{x\to 0}\dfrac{\sin 3x}{\sin 2x}$；

(3) $\lim\limits_{x\to 0}\dfrac{\tan 2x}{\sin 5x}$；　(4) $\lim\limits_{x\to\infty}x\sin\dfrac{2}{x}$；

(5) $\lim\limits_{x\to 0}\dfrac{\tan x-\sin x}{x}$；　(6) $\lim\limits_{x\to 0}\dfrac{3\arcsin x}{2x}$；

(7) $\lim\limits_{x\to 3}\dfrac{\sin(x^2-9)}{x-3}$；　(8) $\lim\limits_{x\to 1}\dfrac{\tan(x-1)}{x^2-1}$；

(9) $\lim\limits_{x\to 0}\dfrac{1-\cos x}{x\sin x}$；　(10) $\lim\limits_{x\to 0}\dfrac{\tan x-\sin x}{\sin^3 x}$。

2. 计算下列极限：

(1) $\lim\limits_{x\to\infty}\left(1-\dfrac{2}{x}\right)^{5x}$；　(2) $\lim\limits_{x\to\infty}\left(1+\dfrac{3}{x}\right)^{2x}$；

(3) $\lim\limits_{x\to 0}(1+2x)^{\frac{3}{x}}$；　(4) $\lim\limits_{x\to 0}\left(\dfrac{3-x}{3}\right)^{\frac{2}{x}}$；

(5) $\lim\limits_{t\to 0}\left(1-\dfrac{2t}{3}\right)^{\frac{3}{t}}$；　(6) $\lim\limits_{x\to 0}\left(1-\dfrac{x}{3}\right)^{\frac{4}{x}}$；

(7) $\lim\limits_{x\to\infty}\left(\dfrac{x-2}{x+1}\right)^{x}$；　(8) $\lim\limits_{x\to\infty}\left(1+\dfrac{5}{x}\right)^{2x-1}$；

(9) $\lim\limits_{x\to\infty}\left(\dfrac{2x+3}{2x+1}\right)^{x-1}$；　(10) $\lim\limits_{x\to 0}(1+\tan x)^{1-2\cot x}$。

第六节　函数的连续性

一、函数连续性的概念

自然界中有许多现象都是连续变化的，如气温的变化、行星的运动、植物的生长等，都是连续变化的。这种现象反映在数学上就是函数的连续性。高等数学中所讨论的主要是连续变化的量。

我们先引入改变量的概念。设变量 u 从初值 u_1 改变到终值 u_2，终值与初值的差 u_2-u_1

就称为变量 u 的改变量(也称增量)，记作

$$\Delta u = u_2 - u_1$$

注意：Δu 是一个整体记号，是变量 u 的改变量，它可以是正的，也可以是负的。但自变量的改变量不能为零。

下面讨论函数的连续性。

定义 2-13　设函数 $y = f(x)$ 在点 x_0 的某一邻域内有定义，如果当自变量的增量 $\Delta x = x - x_0$ 趋于零时，对应函数的增量 $\Delta y = f(x_0 + \Delta x) - f(x_0)$ 也趋于零，即

$$\lim_{\Delta x \to 0} \Delta y = 0 \quad 或 \quad \lim_{\Delta x \to 0} [f(x_0 + \Delta x) - f(x_0)] = 0$$

则称函数 $y = f(x)$ 在点 x_0 处连续。

如果记 $x = x_0 + \Delta x$，则 $f(x_0 + \Delta x) = f(x)$，而 $\Delta x \to 0$ 等价于 $x \to x_0$，$\Delta y \to 0$ (即 $f(x) - f(x_0) \to 0$) 等价于 $f(x) \to f(x_0)$，因此，函数 $y = f(x)$ 在点 x_0 处连续的定义也可叙述如下：

定义 2-14　设函数 $y = f(x)$ 在点 x_0 的某一邻域内有定义，如果函数 $f(x)$ 当 $x \to x_0$ 时的极限存在，且等于它在点 x_0 处的函数值，即

$$\lim_{x \to x_0} f(x) = f(x_0)$$

则称函数 $y = f(x)$ 在点 x_0 处连续。

由定义 2-14 可知，函数 $f(x)$ 在点 x_0 处连续则 $f(x)$ 在点 x_0 处必有极限，但 $f(x)$ 在点 x_0 处有极限时不一定在点 x_0 处连续，甚至 $f(x)$ 在点 x_0 处可能没有定义。

相应于函数左、右极限的概念，给出函数左、右连续的概念。

如果函数 $f(x)$ 在点 x_0 处及其左(右)侧附近有定义，且满足

$$\lim_{x \to x_0^-} f(x) = f(x_0) \qquad (\lim_{x \to x_0^+} f(x) = f(x_0))$$

则称函数 $y = f(x)$ 在点 x_0 处左(右)连续。

显然可见，函数在一点处连续的充要条件为函数在该点既是左连续的，又是右连续的。

在区间上每一点都连续的函数，称为该区间上的连续函数，或者说函数在该区间上连续。如果区间包括端点，则函数在左端点连续是指右连续，在右端点连续是指左连续。

连续函数的图像是一条连续不断的曲线。

在前面我们曾指出，基本初等函数 $f(x)$ 在其定义域内的任何一点 x_0 处都满足

$$\lim_{x \to x_0} f(x) = f(x_0)$$

现在此结论可以表述为：基本初等函数在其定义域内的每点处都是连续的。也就是说，基本初等函数在其定义域内是连续的。

定义 2-15　如果函数 $f(x)$ 在点 x_0 处不连续，则称函数 $f(x)$ 在点 x_0 处间断。相应的点 x_0 称为函数 $f(x)$ 的间断点。

由函数在某点连续的概念可知，设函数 $f(x)$ 在点 x_0 的某邻域内(至多除了点 x_0 本身)有定义，如果 $f(x)$ 在点 x_0 处有下列情形之一，则点 x_0 是 $f(x)$的一个间断点。

(1) 在点 x_0 处 $f(x)$ 没有定义，即 $f(x_0)$ 不存在；

(2) $\lim\limits_{x \to x_0} f(x)$ 不存在；

(3) 在点 x_0 处 $f(x)$ 有定义，且 $\lim\limits_{x \to x_0} f(x)$ 存在，但是 $\lim\limits_{x \to x_0} f(x) \neq f(x_0)$。

通常把 $f(x)$ 在点 x_0 处的左、右极限都存在的间断点称为第一类间断点，除第一类间断点以外的间断点称为第二类间断点。

二、初等函数的连续性

根据连续函数的定义及极限的四则运算，容易得出以下结论：

定理 2-7 设函数 $f(x)$ 与 $g(x)$ 在点 x_0 处连续，则

(1) $f(x) \pm g(x)$ 在点 x_0 处连续；

(2) $f(x) \cdot g(x)$ 在点 x_0 处连续；

(3) 当 $g(x_0) \neq 0$ 时，$\dfrac{f(x)}{g(x)}$ 在点 x_0 处连续。

另外，根据连续函数的定义及复合函数求极限的法则，也可得到以下结论：

定理 2-8 设函数 $u = \varphi(x)$ 在点 $x = x_0$ 处连续，且 $\varphi(x_0) = u_0$，而函数 $y = f(u)$ 在点 $u = u_0$ 处连续，则复合函数 $y = f[\varphi(x)]$ 在点 $x = x_0$ 处也连续。

最后，我们指出：单调增加(减少)的连续函数的反函数也是单调增加(减少)且连续的。

前面我们已经指出，基本初等函数在其定义域内都是连续的，现在又给出了连续函数的四则运算及复合函数的连续性，因此可以得到重要结论：一切初等函数在其定义区间内都是连续的。

有了初等函数的连续性，当我们求初等函数在其定义域内某点的极限时，只需求函数在该点的函数值即可。

例 2-46 设

$$f(x) = \begin{cases} 3 - \cos x, & x < 0 \\ a\mathrm{e}^{2x}, & x \geqslant 0 \end{cases}$$

是连续函数，求实数 a 的值。

解 由于函数 $3 - \cos x$ 在 $(-\infty, 0)$ 上连续，$a\mathrm{e}^{2x}$ 在 $(0, +\infty)$ 上连续，因此只需考察函数 $f(x)$ 在分段点 $x = 0$ 处的连续性。

由于

$$\lim_{x \to 0^-} f(x) = \lim_{x \to 0^-} (3 - \cos x) = 2$$

而

$$\lim_{x \to 0^+} f(x) = \lim_{x \to 0^+} a\mathrm{e}^{2x} = a，且\ f(0) = a$$

因此，如果 $f(x)$ 在点 $x = 0$ 处连续，只需 $\lim\limits_{x \to 0^-} f(x) = \lim\limits_{x \to 0^+} f(x)$，即 $a = 2$。

三、闭区间上连续函数的性质

闭区间上的连续函数有一些重要性质，包括有界性定理、最大值和最小值定理、零点定理、介值定理等。

定理 2-9(有界性定理) 若函数 $f(x)$ 在闭区间 $[a, b]$ 上连续，则它在 $[a, b]$ 上一定有界。

定理 2-10(最大值和最小值定理) 若函数 $f(x)$ 在闭区间 $[a, b]$ 上连续，则它在 $[a, b]$ 上一定有最大值和最小值。

如果 x_0 使 $f(x_0)=0$，我们就称 x_0 是函数 $f(x)$ 的零点。

定理 2-11（零点定理）　若函数 $f(x)$ 在闭区间 $[a, b]$ 上连续，且 $f(a)$ 与 $f(b)$ 异号，则在开区间 (a, b) 内至少有函数 $f(x)$ 的一个零点。

定理 2-11 也可表述为：如果函数 $f(x)$ 在闭区间 $[a, b]$ 上连续，且 $f(a)\cdot f(b)<0$，则至少存在一点 $\xi(a<\xi<b)$，使得

$$f(\xi)=0 \quad (a<\xi<b)$$

从几何上看，定理 2-11 表示：如果连续的曲线 $y=f(x)$ 的两个端点位于 x 轴的不同侧，则曲线与 x 轴至少有一个交点（见图 2-7）。

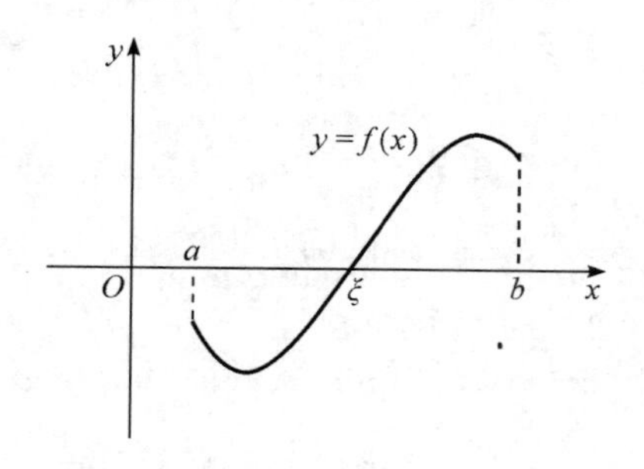

图 2-7

由于定理 2-11 经常用于判断方程 $f(x)=0$ 在某个区间内是否有根，因而也称之为根的存在性定理。

例 2-47　试证方程 $x^5-4x^2+1=0$ 在开区间 $(0, 1)$ 内至少有一个根。

证　函数 $f(x)=x^5-4x^2+1$ 在闭区间 $[0, 1]$ 上连续，又

$$f(0)=1>0, \qquad f(1)=-2<0$$

由零点定理知，在开区间 $(0, 1)$ 内至少有一点 ξ，使得 $f(\xi)=0$，即 $\xi^5-4\xi^2+1=0$，所以方程 $x^5-4x^2+1=0$ 在开区间 $(0, 1)$ 内至少有一个根。

定理 2-12（介值定理）　若函数 $f(x)$ 在闭区间 $[a, b]$ 上连续，且 $f(a)\neq f(b)$，则对介于 $f(a)$ 与 $f(b)$ 之间的任意实数 C，在开区间 (a, b) 内至少存在一点 ξ，使得

$$f(\xi)=C \quad (a<\xi<b)$$

其几何意义是：在 $[a, b]$ 上的连续曲线 $y=f(x)$ 与水平直线 $y=C$（C 介于 $f(a)$ 与 $f(b)$ 之间）至少有一个交点（见图 2-8）。

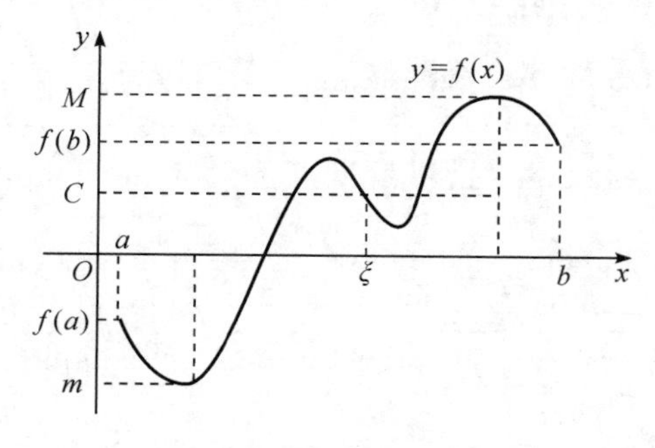

图 2-8

推论 在闭区间上连续的函数必取得介于最大值 M 与最小值 m 之间的任何值。

习题 2-6

1. 判断下列函数在 $x=0$ 处是否连续，并说明理由：

(1) $f(x)=\begin{cases} x^2\sin\dfrac{1}{x}, & x\neq 0 \\ 0, & x=0 \end{cases}$；　(2) $f(x)=\begin{cases} \dfrac{\sin x}{|x|}, & x\neq 0 \\ 1, & x=0 \end{cases}$；

(3) $f(x)=\begin{cases} 1-\cos x, & x<0 \\ x+1, & x\geqslant 0 \end{cases}$；　(4) $f(x)=\begin{cases} 1+\cos x, & x\leqslant 0 \\ \dfrac{\ln(1+2x)}{x}, & x>0 \end{cases}$。

2. 设 $f(x)=\begin{cases} \dfrac{2}{x}\sin x, & x<0 \\ k, & x=0 \\ x\sin\dfrac{1}{x}+2, & x>0 \end{cases}$，试确定 k 的值，使 $f(x)$ 在定义域内连续。

3. 设 $f(x)=\begin{cases} ax^2+bx, & x<1 \\ 3, & x=1 \\ 2a-bx, & x>1 \end{cases}$，求 a 和 b 的值，使 $f(x)$ 在 $x=1$ 处连续。

4. 求证：

(1) 方程 $x^3-x-1=0$ 在区间 $(1,2)$ 内至少有一个实根；

(2) 方程 $e^x=3x$ 至少存在一个小于 1 的正根。

第三章　导数与微分

数学中研究导数、微分及其应用的部分称为微分学，研究不定积分、定积分及其应用的部分称为积分学。微积分学是微分学与积分学的统称，是高等数学的核心内容，也是现代数学许多分支的基础。导数与微分构成了微分学的总体，本章将利用极限的方法讨论导数与微分这两个概念并给出它们的计算方法。

第一节　导数的概念

从研究常量到研究变量，从研究规则的几何体到研究不规则的几何体，是人类对自然界认识的一大飞跃。在这两个阶段中，不但研究的对象不同，而且研究的方法也不同。初等数学主要采用形式逻辑的方法，静止地、孤立地研究问题；而高等数学则以运动的、变化的观点去研究问题。导数是微积分的重要部分，是从生产技术和自然科学的需要中产生的。下面我们以两个问题为例，引入导数的概念，同时也介绍高等数学的基本思想方法。

一、两个引例

1. 切线问题

设曲线 L 为函数 $y=f(x)$ 的图像，其上一点 A 的坐标为 $(x_0,\ f(x_0))$。在曲线上点 A 附近另取一点 B，它的坐标是 $(x_0+\Delta x,\ f(x_0+\Delta x))$。直线 AB 是曲线的割线，它的倾斜角记作 β（见图 3－1）。由图 3－1 中的 Rt$\triangle ACB$，可知割线 AB 的斜率为

$$\tan\beta=\frac{CB}{AC}=\frac{\Delta y}{\Delta x}=\frac{f(x_0+\Delta x)-f(x_0)}{\Delta x}$$

在数量上，它表示当自变量从 x_0 变到 $x_0+\Delta x$ 时函数 $f(x)$ 关于变量 x 的平均变化率（增长率或减小率）。

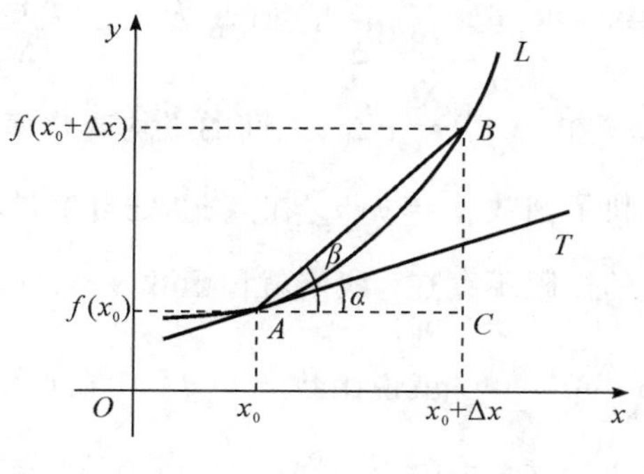

图 3－1

现在让点 B 沿着曲线 L 趋向于点 A，此时 $\Delta x\to 0$，过点 A 的割线 AB 如果也能趋向于一个极限位置——直线 AT，我们就称 L 在点 A 处存在切线 AT。记 AT 的倾斜角为 α，则 α

为 β 的极限。若 $\alpha \neq 90°$，则切线 AT 的斜率 k 为

$$k = \tan\alpha = \lim_{\Delta x \to 0} \tan\beta = \lim_{\Delta x \to 0} \frac{\Delta y}{\Delta x} = \lim_{\Delta x \to 0} \frac{f(x_0 + \Delta x) - f(x_0)}{\Delta x}$$

在数量上，它表示函数 $f(x)$ 在 x_0 处的变化率。

2. 瞬时速度问题

设一物体作变速直线运动，在 $[0, t]$ 这段时间内所经过的路程为 s，则 $s = s(t)$ 是时间 t 的函数，求该物体在时刻 t_0 的瞬时速度 $v(t_0)$。

首先考虑物体在时刻 t_0 附近很短一段时间内的运动。

设物体在从 t_0 到 $t_0 + \Delta t$ 这段时间间隔内路程从 $s(t_0)$ 变到 $s(t_0 + \Delta t)$，其改变量为 $\Delta s = s(t_0 + \Delta t) - s(t_0)$，在这段时间内的平均速度为 $\bar{v}(t) = \dfrac{\Delta s}{\Delta t}$，当时间间隔很小时，可以认为物体在 $[t_0, t_0 + \Delta t]$ 时间内近似地作匀速运动。因此，可以将 $\bar{v}(t)$ 作为 $v(t_0)$ 的近似值，而且 Δt 越小，其近似程度越高。

当时间间隔 $\Delta t \to 0$ 时，我们把平均速度的极限称为时刻 t_0 的瞬时速度，即

$$v(t_0) = \lim_{\Delta t \to 0} \frac{\Delta s}{\Delta t} = \lim_{\Delta t \to 0} \frac{s(t_0 + \Delta t) - s(t_0)}{\Delta t}$$

上述两个引例，虽然实际意义完全不同，但从数学结构上看，却具有完全相同的形式。在自然科学和工程技术领域内，还有许多其他的量，如电流强度、线密度等都具有这种形式。从抽象的数量关系来看，其实质都是当自变量的改变量趋于零时函数的改变量与自变量的改变量之比的极限。我们把这种特定的极限称为函数的导数。

二、导数的定义

1. 函数在一点处可导的概念

定义 3-1 设函数 $y = f(x)$ 在 x_0 的某个邻域内有定义，对应于自变量 x 在点 x_0 处有改变量 Δx，函数 $y = f(x)$ 相应的改变量为 $\Delta y = f(x_0 + \Delta x) - f(x_0)$，若当 $\Delta x \to 0$ 时 Δy 与 Δx 之比的极限存在，则称函数 $y = f(x)$ 在点 x_0 处可导，并称这个极限为函数 $y = f(x)$ 在点 x_0 处的导数，记作 $f'(x_0)$，$y'|_{x=x_0}$，$\left.\dfrac{\mathrm{d}y}{\mathrm{d}x}\right|_{x=x_0}$ 或 $\left.\dfrac{\mathrm{d}f(x)}{\mathrm{d}x}\right|_{x=x_0}$，即

$$f'(x_0) = y'|_{x=x_0} = \lim_{\Delta x \to 0} \frac{\Delta y}{\Delta x} = \lim_{\Delta x \to 0} \frac{f(x_0 + \Delta x) - f(x_0)}{\Delta x} \tag{3-1}$$

比值 $\dfrac{\Delta y}{\Delta x}$ 表示函数 $y = f(x)$ 在 x_0 到 $x_0 + \Delta x$ 之间的平均变化率；导数 $y'|_{x=x_0}$ 则表示函数在点 x_0 处的变化率，它反映了函数 $y = f(x)$ 在点 x_0 处自变量随因变量变化的快慢。

如果当 $\Delta x \to 0$ 时 $\dfrac{\Delta y}{\Delta x}$ 的极限不存在，我们就称函数 $y = f(x)$ 在点 x_0 处不可导或导数不存在。特别地，如果 $\lim\limits_{\Delta x \to 0} \dfrac{\Delta y}{\Delta x} = \infty$，就说函数 $y = f(x)$ 在点 x_0 处的导数为无穷大。

在定义 3-1 中，若设 $x = x_0 + \Delta x$，则式(3-1)可写成

$$f'(x_0) = \lim_{x \to x_0} \frac{f(x) - f(x_0)}{x - x_0} \tag{3-2}$$

由此可见，前面两个引例说明，曲线 $y = f(x)$ 在点 $(x_0, f(x_0))$ 处切线的斜率就是函

数 $f(x)$ 在点 x_0 处的导数，即 $k = f'(x_0)$；而直线运动 $s = s(t)$ 在时刻 t_0 的瞬时速度就是函数 $s(t)$ 在 t_0 的导数，即 $v(t_0) = s'(t_0)$。

根据导数的定义，求函数 $y = f(x)$ 在点 x_0 处的导数 $f'(x_0)$ 的步骤如下：

第一步，求函数的改变量 $\Delta y = f(x_0 + \Delta x) - f(x_0)$；

第二步，求比值 $\dfrac{\Delta y}{\Delta x} = \dfrac{f(x_0 + \Delta x) - f(x_0)}{\Delta x}$；

第三步，求极限 $f'(x_0) = \lim\limits_{\Delta x \to 0} \dfrac{\Delta y}{\Delta x}$。

例 3-1　求 $y = x^2$ 在点 $x = 2$ 处的导数。

解　$\Delta y = f(2 + \Delta x) - f(2) = (2 + \Delta x)^2 - 2^2 = 4\Delta x + (\Delta x)^2$，则

$$\frac{\Delta y}{\Delta x} = \frac{4\Delta x + (\Delta x)^2}{\Delta x} = 4 + \Delta x$$

于是 $\lim\limits_{\Delta x \to 0} \dfrac{\Delta y}{\Delta x} = \lim\limits_{\Delta x \to 0}(4 + \Delta x) = 4$，所以 $y'|_{x=2} = 4$。

例 3-2　求函数 $f(x) = \begin{cases} \sin x, & x < 0 \\ x, & x \geqslant 0 \end{cases}$ 在点 $x = 0$ 处的导数。

解　当 $\Delta x < 0$ 时，$\Delta y = f(0 + \Delta x) - f(0) = \sin\Delta x - 0 = \sin\Delta x$，于是

$$\lim_{\Delta x \to 0^-} \frac{\Delta y}{\Delta x} = \lim_{\Delta x \to 0^-} \frac{\sin\Delta x}{\Delta x} = 1$$

而当 $\Delta x > 0$ 时，$\Delta y = f(0 + \Delta x) - f(0) = \Delta x - 0 = \Delta x$，于是

$$\lim_{\Delta x \to 0^+} \frac{\Delta y}{\Delta x} = \lim_{\Delta x \to 0^+} \frac{\Delta x}{\Delta x} = 1$$

因此

$$f'(0) = \lim_{\Delta x \to 0} \frac{\Delta y}{\Delta x} = 1$$

定义 3-2　函数 $y = f(x)$ 在点 x_0 处的左导数记为 $f'_-(x_0)$，且

$$f'_-(x_0) = \lim_{\Delta x \to 0^-} \frac{f(x_0 + \Delta x) - f(x_0)}{\Delta x}$$

同样地，右导数为

$$f'_+(x_0) = \lim_{\Delta x \to 0^+} \frac{f(x_0 + \Delta x) - f(x_0)}{\Delta x}$$

定理 3-1　函数在一点处导数存在的充要条件为左、右导数存在且相等，即

$$f'(x_0) = A \Leftrightarrow f'_-(x_0) = f'_+(x_0) = A$$

2. 导函数的概念

如果函数 $y = f(x)$ 在开区间 I 内的每一点都可导，则称函数 $y = f(x)$ 在开区间 I 内可导。这时，对开区间 I 内每一个确定的值 x 都对应一个 $f(x)$ 的确定的导数值，这样就构成一个新函数，称之为 $f(x)$ 的导函数，简称导数，记作 $f'(x)$，y'，$\dfrac{\mathrm{d}y}{\mathrm{d}x}$ 或 $\dfrac{\mathrm{d}f(x)}{\mathrm{d}x}$，即

$$f'(x) = \lim_{\Delta x \to 0} \frac{\Delta y}{\Delta x} = \lim_{\Delta x \to 0} \frac{f(x + \Delta x) - f(x)}{\Delta x} \tag{3-3}$$

注意：

(1) $f'(x)$ 是 x 的函数，而 $f'(x_0)$ 是一个数值；

(2) $f(x)$ 在点 x_0 处的导数 $f'(x_0)$ 就是导函数 $f'(x)$ 在点 x_0 处的函数值。

例 3-3 求 $y=C$(C 为常数)的导数。

解 因为 $\Delta y = C - C = 0$，所以

$$y' = \lim_{\Delta x \to 0} \frac{\Delta y}{\Delta x} = 0$$

即 $(C)'=0$（常数的导数恒等于零）。

例 3-4 求 $y=\ln x$ 的导数。

解 由于 $\dfrac{\Delta y}{\Delta x} = \dfrac{\ln(x+\Delta x)-\ln x}{\Delta x} = \dfrac{1}{\Delta x}\ln\left(\dfrac{x+\Delta x}{x}\right)$，因此

$$\begin{aligned} f'(x) &= \lim_{\Delta x \to 0} \frac{\Delta y}{\Delta x} = \lim_{\Delta x \to 0} \ln\left(1+\frac{\Delta x}{x}\right)^{\frac{1}{\Delta x}} \\ &= \ln\left[\lim_{\Delta x \to 0}\left(1+\frac{\Delta x}{x}\right)^{\frac{x}{\Delta x}}\right]^{\frac{1}{x}} = \frac{1}{x}\ln \mathrm{e} = \frac{1}{x} \end{aligned}$$

即

$$(\ln x)' = \frac{1}{x}$$

例 3-5 求 $y=x^n(n\in \mathbf{N})$ 的导数。

解 设函数 $f(x)=x^n$，根据导数定义，再利用二项展开式，可得

$$\begin{aligned} f'(x) &= \lim_{\Delta x \to 0} \frac{f(x+\Delta x)-f(x)}{\Delta x} = \lim_{\Delta x \to 0} \frac{(x+\Delta x)^n - x^n}{\Delta x} \\ &= \lim_{\Delta x \to 0} \frac{\mathrm{C}_n^1 x^{n-1}\Delta x + \mathrm{C}_n^2 x^{n-2}(\Delta x)^2 + \cdots + (\Delta x)^n}{\Delta x} = nx^{n-1} \end{aligned}$$

即

$$(x^n)' = nx^{n-1}$$

一般地，对于幂函数 $y=x^k(k\in \mathbf{R})$，有

$$(x^k)' = kx^{k-1}$$

这就是幂函数的求导公式，利用它可以很方便地求出幂函数的导数。

例 3-6 求下面函数的导数：

(1) $y=x^2$； (2) $y=\sqrt{x}$； (3) $y=\dfrac{1}{x}$； (4) $y=\dfrac{1}{x^2}$。

解 (1) $y'=2x^{2-1}=2x$

(2) 因为 $y=\sqrt{x}=x^{\frac{1}{2}}$，所以

$$y' = \frac{1}{2}x^{\frac{1}{2}-1} = \frac{1}{2}x^{-\frac{1}{2}} = \frac{1}{2\sqrt{x}}$$

(3) 因为 $y=\dfrac{1}{x}=x^{-1}$，所以

$$y' = -1\cdot x^{-1-1} = -x^{-2} = -\frac{1}{x^2}$$

(4) 因为 $y=\dfrac{1}{x^2}=x^{-2}$，所以

$$y' = -2x^{-2-1} = -2x^{-3} = -\frac{2}{x^3}$$

可以记住这些常用幂函数的导数，直接应用。

三、导数的几何意义

由引例的切线问题及导数的定义可知，如果函数 $f(x)$ 在点 x_0 处可导，则曲线 $y = f(x)$ 在点 $(x_0, f(x_0))$ 处有不垂直于 x 轴的切线，其斜率为 $f'(x_0)$，这就是导数的几何意义。

根据导数的几何意义及直线的点斜式方程，容易求出曲线 $y = f(x)$ 在点 $(x_0, f(x_0))$ 处的切线方程为

$$y - f(x_0) = f'(x_0)(x - x_0) \tag{3-4}$$

而过点 $(x_0, f(x_0))$ 处的法线方程为

$$y - f(x_0) = -\frac{1}{f'(x_0)}(x - x_0) \tag{3-5}$$

显然，如果 $f'(x_0) = 0$，则曲线 $y = f(x)$ 在点 $(x_0, f(x_0))$ 处具有水平切线 $y = f(x_0)$，而法线为 $x = x_0$；如果 $f(x)$ 在点 x_0 处的导数为无穷大，则曲线 $y = f(x)$ 在点 $(x_0, f(x_0))$ 处具有垂直于 x 轴的切线 $x = x_0$，而法线为 $y = f(x_0)$。

例 3-7 求曲线 $y = x^4$ 在点 $(2, 16)$ 处的切线和法线方程。

解 因为 $y' = 4x^3$，则 $y'|_{x=2} = 4x^3|_{x=2} = 4 \times 2^3 = 32$，所以所求切线方程为

$$y - 16 = 32(x - 2)$$

即

$$32x - y - 48 = 0$$

法线方程为

$$y - 16 = -\frac{1}{32}(x - 2)$$

即

$$x + 32y - 514 = 0$$

四、函数的可导性与连续性的关系

我们知道，初等函数在其有定义的区间上是连续的，那么函数的连续性与可导性之间有什么联系呢？

如果函数 $y = f(x)$ 在点 x_0 处可导，则有 $f'(x_0) = \lim\limits_{\Delta x \to 0} \dfrac{\Delta y}{\Delta x}$，根据具有极限的函数与无穷小的关系可得

$$\frac{\Delta y}{\Delta x} = f'(x_0) + \alpha \quad (\lim_{\Delta x \to 0} \alpha = 0)$$

或

$$\Delta y = f'(x_0)\Delta x + \alpha \Delta x \quad (\lim_{\Delta x \to 0} \alpha = 0)$$

所以

$$\lim_{\Delta x \to 0} \Delta y = \lim_{\Delta x \to 0} (f'(x_0)\Delta x + \alpha \Delta x) = 0$$

这表明函数 $y = f(x)$ 在点 x_0 处连续。

定理 3-2 如果函数 $f(x)$ 在点 x_0 处可导，则函数 $f(x)$ 在点 x_0 处连续。

但是，$y=f(x)$ 在点 x_0 处连续时却不一定在该点处可导。

例 3-8 函数 $y=|x|$ 在 $x=0$ 处是连续的但却不可导(见图 3-2)。因为

$$f'_{-}(0)=\lim_{\Delta x\to 0^-}\frac{\Delta y}{\Delta x}=\lim_{\Delta x\to 0^-}\frac{-\Delta x}{\Delta x}=-1,\quad f'_{+}(0)=\lim_{\Delta x\to 0^+}\frac{\Delta y}{\Delta x}=\lim_{\Delta x\to 0^+}\frac{\Delta x}{\Delta x}=1$$

所以 $y=|x|$ 在 $x=0$ 处不可导。

例 3-9 函数 $y=\sqrt[3]{x}$ 在 $x=0$ 处连续但却不可导(见图 3-3)。因为曲线 $y=\sqrt[3]{x}$ 在原点 O 具有垂直于 x 轴的切线 $x=0$，也就是说，函数 $y=\sqrt[3]{x}$ 在 $x=0$ 处的导数为无穷大。

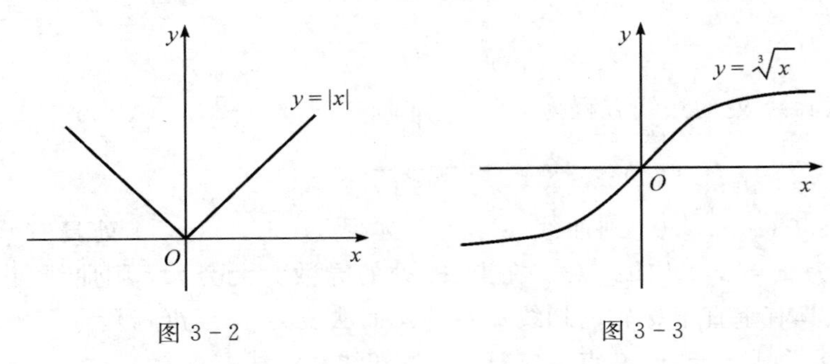

图 3-2　　图 3-3

例 3-10 设函数 $f(x)=\begin{cases}x^2, & x\geqslant 0\\ x+1, & x<0\end{cases}$，讨论函数在 $x=0$ 处的连续性和可导性。

解 因为 $\lim\limits_{x\to 0^-}f(x)=\lim\limits_{x\to 0^-}(x+1)=1\neq f(0)$，所以 $f(x)$ 在 $x=0$ 处不连续，于是 $f(x)$ 在 $x=0$ 处也不可导。

习题 3-1

1. 求下列函数的导数：

(1) $y=x^5$；　(2) $y=\sqrt[3]{x}$；　(3) $y=x\sqrt{x}$；

(4) $y=\dfrac{1}{x^3}$；　(5) $y=\dfrac{1}{\sqrt{x}}$；　(6) $y=\dfrac{1}{x\sqrt{x}}$。

2. 求曲线 $y=x^3$ 在点 (2, 8) 处的切线方程和法线方程。

3. 求曲线 $y=\dfrac{1}{x}$ 在点 (1, 1) 处的切线方程和法线方程。

4. 求曲线 $y=\ln x$ 在点 (1, 0) 处的切线方程和法线方程。

5. 讨论下列函数在 $x=0$ 处是否可导：

(1) $f(x)=|\sin x|$；　(2) $f(x)=\begin{cases}x^2\sin\dfrac{1}{x}, & x\neq 0\\ 0, & x=0\end{cases}$。

第二节　函数的求导法则

前面利用导数定义求出了常数、自然对数和幂函数的导数公式，但对于一般的函数，用定义求导数，其运算往往比较复杂，有时甚至是不可行的。为了能够迅速、准确地求出初等函数的导数，本节将介绍基本初等函数的导数公式，函数和、差、积、商的求导法则及复

合函数的求导法则。

一、基本导数公式

为了应用方便，这里直接写出基本初等函数的导数公式。

(1) $(C)'=0$；

(2) $(x^k)'=kx^{k-1}$(k 为常数)；

(3) $(a^x)'=a^x\ln a$ ($a>0$ 且 $a\neq 1$)；

(4) $(\mathrm{e}^x)'=\mathrm{e}^x$；

(5) $(\log_a x)'=\dfrac{1}{x\ln a}$ ($a>0$ 且 $a\neq 1$)；

(6) $(\ln x)'=\dfrac{1}{x}$；

(7) $(\sin x)'=\cos x$；

(8) $(\cos x)'=-\sin x$；

(9) $(\tan x)'=\sec^2 x$；

(10) $(\cot x)'=-\csc^2 x$；

(11) $(\sec x)'=\sec x\tan x$；

(12) $(\csc x)'=-\csc x\cot x$；

(13) $(\arcsin x)'=\dfrac{1}{\sqrt{1-x^2}}$ ($|x|<1$)；

(14) $(\arccos x)'=-\dfrac{1}{\sqrt{1-x^2}}$ ($|x|<1$)；

(15) $(\arctan x)'=\dfrac{1}{1+x^2}$；

(16) $(\text{arccot}\, x)'=-\dfrac{1}{1+x^2}$。

二、函数和、差、积、商的求导法则

定理 3-3　设函数 $u(x)$ 和 $v(x)$ 均在点 x 处可导，则它们的和、差、积、商(分母不为 0 时)也均在点 x 处可导，且有

$$[u(x)\pm v(x)]'=u'(x)\pm v'(x) \tag{3-6}$$

$$[u(x)v(x)]'=u'(x)v(x)+u(x)v'(x) \tag{3-7}$$

$$\left[\frac{u(x)}{v(x)}\right]'=\frac{u'(x)v(x)-u(x)v'(x)}{v^2(x)}\quad (v(x)\neq 0) \tag{3-8}$$

式(3-6)和式(3-7)可以推广到有限个函数的情况，如

$$(uvw)'=u'vw+uv'w+uvw'$$

并且在式(3-7)中令 $v(x)$ 为常数 C 时，可得

$$(Cu)'=Cu'$$

在式(3-8)中令 $u(x)$ 为常数 C 时，可得

$$\left(\frac{C}{v}\right)'=-\frac{Cv'}{v^2}\quad (v(x)\neq 0)$$

而若上式的常数 $C=1$ 时，则有

$$\left(\frac{1}{v}\right)'=-\frac{v'}{v^2}\quad (v(x)\neq 0)$$

例 3-11 设 $y=x^3-\frac{2}{x^3}+4$，求 y'。

解 $y'=\left(x^3-\frac{2}{x^3}+4\right)'=(x^3)'-2(x^{-3})'+(4)'$

$=3x^2-2\times(-3)x^{-4}+0=3x^2+\frac{6}{x^4}$

例 3-12 设 $f(x)=2x^2-3x+\sin\frac{\pi}{9}+\ln 3$，求 $f'(x)$，$f'(1)$ 。

解 $f'(x)=\left(2x^2-3x+\sin\frac{\pi}{9}+\ln 3\right)'$

$=2(x^2)'-3(x)'+\left(\sin\frac{\pi}{9}\right)'+(\ln 3)'=4x-3$

$f'(1)=4\times 1-3=1$

例 3-13 设 $y=4\sin x-3\ln x+5\sqrt{x}$，求 y'。

解 $y'=(4\sin x-3\ln x+5\sqrt{x})'=4(\sin x)'-3(\ln x)'+5(\sqrt{x})'$

$=4\cos x-\frac{3}{x}+\frac{5}{2\sqrt{x}}$

例 3-14 设 $y=x^5-5^x+\log_5 x-\cos x$，求 y'。

解 $y'=(x^5-5^x+\log_5 x-\cos x)'=(x^5)'-(5^x)'+(\log_5 x)'-(\cos x)'$

$=5x^4-5^x\ln 5+\frac{1}{x\ln 5}+\sin x$

例 3-15 设 $y=\arctan x+\frac{1}{x}$，求 y'。

解 $y'=\left(\arctan x+\frac{1}{x}\right)'=(\arctan x)'+\left(\frac{1}{x}\right)'$

$=\frac{1}{1+x^2}-\frac{1}{x^2}=-\frac{1}{x^2(1+x^2)}$

例 3-16 设 $f(x)=x^3\sin x$，求 $f'(x)$。

解 $f'(x)=(x^3\sin x)'=(x^3)'\sin x+x^3(\sin x)'$

$=3x^2\sin x+x^3\cos x$

例 3-17 设 $y=(3x+2)\mathrm{e}^x$，求 y'。

解 $y'=[(3x+2)\mathrm{e}^x]'=(3x+2)'\mathrm{e}^x+(3x+2)(\mathrm{e}^x)'$

$=3\mathrm{e}^x+(3x+2)\mathrm{e}^x=(3x+5)\mathrm{e}^x$

例 3-18 设 $y=x^2\ln x$，求 y'。

解 $y'=(x^2\ln x)'=(x^2)'\ln x+x^2(\ln x)'$

$=2x\ln x+x^2\cdot\frac{1}{x}=2x\ln x+x$

例 3-19 设 $y=2^x\sec x-\arcsin x$，求 y'。

解 $y' = (2^x\sec x - \arcsin x)' = (2^x)'\sec x + 2^x(\sec x)' - (\arcsin x)'$

$$= 2^x\ln 2 \cdot \sec x + 2^x\sec x\tan x - \frac{1}{\sqrt{1-x^2}}$$

例 3-20 设 $y = \mathrm{e}^x\tan x\ln x$，求 y'。

解 $y' = (\mathrm{e}^x\tan x\ln x)' = (\mathrm{e}^x)'\tan x\ln x + \mathrm{e}^x(\tan x)'\ln x + \mathrm{e}^x\tan x(\ln x)'$

$$= \mathrm{e}^x\tan x\ln x + \mathrm{e}^x\sec^2 x\ln x + \mathrm{e}^x\tan x \cdot \frac{1}{x}$$

例 3-21 设 $y = \dfrac{\mathrm{e}^x}{x+1}$，求 y'。

解 $y' = \left(\dfrac{\mathrm{e}^x}{x+1}\right)' = \dfrac{(\mathrm{e}^x)'(x+1) - \mathrm{e}^x(x+1)'}{(x+1)^2} = \dfrac{\mathrm{e}^x(x+1) - \mathrm{e}^x}{(x+1)^2} = \dfrac{x\mathrm{e}^x}{(x+1)^2}$

例 3-22 设 $y = \dfrac{\sin x}{x^2-2}$，求 y'。

解 $y' = \left(\dfrac{\sin x}{x^2-2}\right)' = \dfrac{(\sin x)'(x^2-2) - \sin x(x^2-2)'}{(x^2-2)^2}$

$$= \frac{\cos x \cdot (x^2-2) - \sin x \cdot 2x}{(x^2-2)^2} = \frac{(x^2-2)\cos x - 2x\sin x}{(x^2-2)^2}$$

例 3-23 设 $y = \dfrac{3x-x^3}{\ln x}$，求 y'。

解 $y' = \left(\dfrac{3x-x^3}{\ln x}\right)' = \dfrac{(3x-x^3)'\ln x - (3x-x^3)(\ln x)'}{(\ln x)^2}$

$$= \frac{(3-3x^2)\ln x - (3x-x^3) \cdot \dfrac{1}{x}}{\ln^2 x}$$

$$= \frac{(3-3x^2)\ln x - 3 + x^2}{\ln^2 x}$$

例 3-24 设 $y = \dfrac{3}{x^2-\mathrm{e}^x}$，求 y'。

解 $y' = \left(\dfrac{3}{x^2-\mathrm{e}^x}\right)' = -\dfrac{3(x^2-\mathrm{e}^x)'}{(x^2-\mathrm{e}^x)^2} = -\dfrac{6x-3\mathrm{e}^x}{(x^2-\mathrm{e}^x)^2}$

例 3-25 设 $y = \dfrac{1}{x-\cos x}$，求 y'。

解 $y' = \left(\dfrac{1}{x-\cos x}\right)' = -\dfrac{(x-\cos x)'}{(x-\cos x)^2} = -\dfrac{1+\sin x}{(x-\cos x)^2}$

三、复合函数的求导法则

定理 3-4 设函数 $u = \varphi(x)$ 在点 x 处可导，函数 $y = f(u)$ 在对应点 $u = \varphi(x)$ 处可导，则复合函数 $y = f[\varphi(x)]$ 在点 x 处可导，且有

$$y'_x = y'_u \cdot u'_x = f'(u)\varphi'(x) \quad 或 \quad \frac{\mathrm{d}y}{\mathrm{d}x} = \frac{\mathrm{d}y}{\mathrm{d}u} \cdot \frac{\mathrm{d}u}{\mathrm{d}x} \tag{3-9}$$

复合函数的求导法则说明：y 对 x 的导数等于 y 对中间变量 u 的导数与中间变量 u 对自变量 x 的导数的乘积。这个法则称为链式法则。

此法则也可以推广到多个函数复合的情况。如 $y=f(u)$，$u=\varphi(v)$，$v=\psi(x)$ 均可导，则它们的复合函数 $y=f\{\varphi[\psi(x)]\}$ 也可导，且

$$\frac{\mathrm{d}y}{\mathrm{d}x}=\frac{\mathrm{d}y}{\mathrm{d}u}\cdot\frac{\mathrm{d}u}{\mathrm{d}v}\cdot\frac{\mathrm{d}v}{\mathrm{d}x}=f'(u)\varphi'(v)\psi'(x)$$

例 3-26 求 $y=\sin 2x$ 的导数。

解 令 $y=\sin u$，$u=2x$，则

$$y'_x=y'_u\cdot u'_x=(\sin u)'\cdot(2x)'=\cos u\cdot 2=2\cos 2x$$

例 3-27 求 $y=\mathrm{e}^{x^4}$ 的导数。

解 令 $y=\mathrm{e}^u$，$u=x^4$，则

$$y'_x=y'_u\cdot u'_x=(\mathrm{e}^u)'\cdot(x^4)'=\mathrm{e}^u\cdot 4x^3=4x^3\mathrm{e}^{x^4}$$

例 3-28 求 $y=\ln\sin x^2$ 的导数。

解 令 $y=\ln u$，$u=\sin v$，$v=x^2$，则

$$y'_x=y'_u\cdot u'_v\cdot v'_x=(\ln u)'\cdot(\sin v)'\cdot(x^2)'$$

$$=\frac{1}{u}\cdot\cos v\cdot 2x=\frac{2x\cos x^2}{\sin x^2}=2x\cot x^2$$

应用熟练后，可以不写出中间变量，而直接写出函数对中间变量的求导结果，重要的是要清楚每一步是哪个变量对哪个变量求导。

例 3-29 设 $y=\ln\cos x$，求 y'。

解 $y'=(\ln\cos x)'=\dfrac{1}{\cos x}\cdot(\cos x)'=\dfrac{1}{\cos x}\cdot(-\sin x)=-\tan x$

例 3-30 设 $y=\sqrt{3-x^2}$，求 y'。

解 $y'=(\sqrt{3-x^2})'=\dfrac{1}{2\sqrt{3-x^2}}\cdot(3-x^2)'=\dfrac{1}{2\sqrt{3-x^2}}\cdot(-2x)=-\dfrac{x}{\sqrt{3-x^2}}$

例 3-31 设 $y=(4x-5)^3$，求 y'。

解 $y'=[(4x-5)^3]'=3(4x-5)^2\cdot(4x-5)'=3(4x-5)^2\cdot 4=12(4x-5)^2$

例 3-32 设 $y=\sec^2 x$，求 y'。

解 $y'=(\sec^2 x)'=2\sec x\cdot(\sec x)'=2\sec x\cdot\sec x\tan x=2\sec^2 x\tan x$

例 3-33 设 $y=\arctan\sqrt{x}$，求 y'。

解 $y'=(\arctan\sqrt{x})'=\dfrac{1}{1+(\sqrt{x})^2}\cdot(\sqrt{x})'=\dfrac{1}{1+x}\cdot\dfrac{1}{2\sqrt{x}}=\dfrac{1}{2\sqrt{x}(1+x)}$

例 3-34 设 $y=\sin^2(4x-3)$，求 y'。

解 $y'=[\sin^2(4x-3)]'=2\sin(4x-3)\cdot[\sin(4x-3)]'$

$=2\sin(4x-3)\cdot\cos(4x-3)\cdot(4x-3)'=4\sin(8x-6)$

例 3-35 设 $y=\ln|x|\ (x\neq 0)$，求 y'。

解 当 $x>0$ 时，$y=\ln x$，则

$$y'=\frac{1}{x}$$

当 $x<0$ 时，$y=\ln|x|=\ln(-x)$，则

$$y'=[\ln(-x)]'=\frac{1}{-x}\cdot(-x)'=\frac{1}{-x}\cdot(-1)=\frac{1}{x}$$

所以

$$y'=(\ln|x|)'=\frac{1}{x}$$

利用基本导数公式，以及函数和、差、积、商的求导法则与复合函数的求导法则，就可以求出各种初等函数的导数。

例 3-36 设 $y=\ln(x+\sqrt{1+x^2})$，求 y'。

解 $$y'=(\ln(x+\sqrt{1+x^2}))'=\frac{1}{x+\sqrt{1+x^2}}\cdot(x+\sqrt{1+x^2})'$$

$$=\frac{1}{x+\sqrt{1+x^2}}\cdot((x)'+(\sqrt{1+x^2})')$$

$$=\frac{1}{x+\sqrt{1+x^2}}\cdot\left(1+\frac{1}{2\sqrt{1+x^2}}\cdot(1+x^2)'\right)$$

$$=\frac{1}{x+\sqrt{1+x^2}}\cdot\left(1+\frac{2x}{2\sqrt{1+x^2}}\right)=\frac{1}{\sqrt{1+x^2}}$$

例 3-37 设 $y=\frac{\tan 3x}{e^x}$，求 y'。

解 $$y'=\left(\frac{\tan 3x}{e^x}\right)'=\frac{(\tan 3x)'\cdot e^x-\tan 3x\cdot(e^x)'}{(e^x)^2}$$

$$=\frac{\sec^2 3x\cdot(3x)'\cdot e^x-\tan 3x\cdot e^x}{(e^x)^2}=\frac{3\sec^2 3x-\tan 3x}{e^x}$$

习题 3-2

1. 求下列函数的导数：

(1) $y=3x^2-\frac{2}{x^2}+5$；

(2) $y=2\sin x-3\csc x+\frac{1}{x}$；

(3) $y=2\sqrt{x}-3\ln x$；

(4) $y=x^2+\cot x$；

(5) $y=\tan x-2e^x$；

(6) $y=x^{10}+10^x$；

(7) $y=\arctan x-\frac{1}{\sqrt{x}}$；

(8) $y=\arcsin x+\arccos x$。

2. 求下列函数的导数：

(1) $y=e^x\tan x$；

(2) $y=x^2(2+\sqrt{x})$；

(3) $y=(2x-1)\cos x$；

(4) $y=x^3\cot x$；

(5) $y=x\sin x-2\sec x$；

(6) $y=e^x(x^2+3x+1)$；

(7) $y=2x\ln x$；

(8) $y=(1+x^2)\arctan x$。

3. 求下列函数的导数：

(1) $y=\frac{x-1}{x+1}$；

(2) $y=\frac{x^5}{x^3-2}$；

(3) $y=\frac{\ln x}{x^2-3}$；

(4) $y=\frac{3x}{e^x-x}$；

(5) $y=\frac{6}{1+\cos x}$；

(6) $y=\frac{1}{\tan x-x}$；

(7) $y=\dfrac{1}{1+\sqrt{x}}+\dfrac{1}{1-\sqrt{x}}$；

(8) $y=\dfrac{x}{\sin x}+\dfrac{\sin x}{x}$。

4. 求下列函数的导数：

(1) $y=(3x+1)^5$；

(2) $y=\mathrm{e}^{-x^2}$；

(3) $y=\ln\sin x$；

(4) $y=\sqrt{1-x^3}$；

(5) $y=\cos(3-2\sqrt{x})$；

(6) $y=\csc^4 x$；

(7) $y=\mathrm{e}^{\tan x}$；

(8) $y=\ln\ln x$；

(9) $y=\cos\dfrac{2x}{1+x^2}$；

(10) $y=\sin\mathrm{e}^{x^2}$；

(11) $y=\ln(\sqrt{1+x^2}-x)$；

(12) $y=\arctan x^2$；

(13) $y=\arcsin\dfrac{1}{x}$；

(14) $y=2^{\sin x}+\sin(2^x)$；

(15) $y=x\arccos x-\sqrt{1-x^2}$；

(16) $y=\mathrm{e}^{\operatorname{arccot}\sqrt{x}}$。

5. 求下列函数在给定点处的导数值：

(1) $y=3x^2+x\cos x$，求 $y'|_{x=0}$ 和 $y'|_{x=\frac{\pi}{2}}$；

(2) $y=2\cos x\sin x$，求 $y'|_{x=\frac{\pi}{6}}$ 和 $y'|_{x=\frac{\pi}{4}}$；

(3) $f(t)=\dfrac{1-\sqrt{t}}{1+\sqrt{t}}$，求 $f'(4)$；

(4) $f(x)=\ln(1+x^2)$，求 $f'(1)$。

第三节　高阶导数

一般地，函数 $y=f(x)$ 的导数 $y'=f'(x)$ 仍是 x 的函数，$y'=f'(x)$ 再对 x 求导，即导数的导数，称为 y 或 $f(x)$ 对 x 的二阶导数，记作 y''，$f''(x)$，$\dfrac{\mathrm{d}^2 y}{\mathrm{d}x^2}$ 或 $\dfrac{\mathrm{d}^2 f(x)}{\mathrm{d}x^2}$，即

$$y''=(y')'\quad\text{或}\quad\frac{\mathrm{d}^2 y}{\mathrm{d}x^2}=\frac{\mathrm{d}}{\mathrm{d}x}\left(\frac{\mathrm{d}y}{\mathrm{d}x}\right)$$

类似地，二阶导数 y'' 的导数，称为 y 对 x 的三阶导数，记作 y'''，$f'''(x)$，$\dfrac{\mathrm{d}^3 y}{\mathrm{d}x^3}$ 或 $\dfrac{\mathrm{d}^3 f(x)}{\mathrm{d}x^3}$。这样可以定义 y 对 x 的四阶导数、五阶导数……直到 y 对 x 的 n 阶导数，记作 $y^{(n)}$，$f^{(n)}(x)$，$\dfrac{\mathrm{d}^n y}{\mathrm{d}x^n}$ 或 $\dfrac{\mathrm{d}^n f(x)}{\mathrm{d}x^n}$，它就是 y 对 x 的 $n-1$ 阶导数的导数，即

$$y^{(n)}=[y^{(n-1)}]'\quad\text{或}\quad\frac{\mathrm{d}^n y}{\mathrm{d}x^n}=\frac{\mathrm{d}}{\mathrm{d}x}\left(\frac{\mathrm{d}^{n-1} y}{\mathrm{d}x^{n-1}}\right)$$

相应地，我们前面所说的导数 y' 也称为 y 对 x 的一阶导数。二阶及二阶以上的导数统称为高阶导数。

由此可见，求高阶导数就是多次接连地求导数，所以只需应用前面学过的求导方法就能计算高阶导数。

例 3-38　求函数 $y=3x^3+2x^2-4x+1$ 的四阶导数。

解　由于 $y' = 9x^2 + 4x - 4$，$y'' = 18x + 4$，$y''' = 18$，因此 $y^{(4)} = 0$。

例 3-39　求函数 $y = a^x$ 的 n 阶导数。

解　由于

$$y' = (a^x)' = a^x \ln a$$

$$y'' = (a^x \ln a)' = a^x (\ln a)^2$$

$$y''' = [a^x (\ln a)^2]' = a^x (\ln a)^3$$

$$\vdots$$

因此归纳可得

$$y^{(n)} = a^x (\ln a)^n$$

特别地，$(e^x)^{(n)} = e^x$。

例 3-40　求函数 $y = \sin x$ 的 n 阶导数。

解　由于

$$y' = \cos x = \sin\left(x + \frac{\pi}{2}\right)$$

$$y'' = -\sin x = \sin\left(x + 2 \cdot \frac{\pi}{2}\right)$$

$$y''' = -\cos x = \sin\left(x + 3 \cdot \frac{\pi}{2}\right)$$

$$y^{(4)} = \sin x = \sin\left(x + 4 \cdot \frac{\pi}{2}\right)$$

$$\vdots$$

因此归纳可得

$$y^{(n)} = (\sin x)^{(n)} = \sin\left(x + \frac{n\pi}{2}\right)$$

同理可证

$$(\cos x)^{(n)} = \cos\left(x + \frac{n\pi}{2}\right)$$

例 3-41　设 $y = \ln(x+1)$，求 y'''。

解　由于

$$y' = [\ln(x+1)]' = \frac{1}{x+1}$$

$$y'' = \left(\frac{1}{x+1}\right)' = -\frac{1}{(x+1)^2}$$

因此

$$y''' = \left(-\frac{1}{(x+1)^2}\right)' = -\left(-\frac{[(x+1)^2]'}{(x+1)^4}\right) = \frac{2(x+1)}{(x+1)^4} = \frac{2}{(x+1)^3}$$

例 3-42　设 $y = \cot x$，求 y''。

解　由于 $y' = -\csc^2 x$，因此

$$y'' = (-\csc^2 x)' = -2\csc x \cdot (\csc x)' = -2\csc x \cdot (-\csc x \cot x) = 2\csc^2 x \cot x$$

例 3-43　设 $y = x\sin x$，求 y''。

解　由于 $y' = (x)'\sin x + x(\sin x)' = \sin x + x\cos x$，因此

$$y'' = (\sin x)' + (x\cos x)' = \cos x + \cos x - x\sin x = 2\cos x - x\sin x$$

例 3－44　设 $y = (2x+5)^3$，求 y''。

解　由于 $y' = 3(2x+5)^2(2x+5)' = 6(2x+5)^2$，因此

$$y'' = [6(2x+5)^2]' = 12(2x+5)(2x+5)' = 24(2x+5)$$

习题 3－3

1. 求下列函数的 n 阶导数：

(1) $y = x^n + x^{n-1} + x^{n-2} + \cdots + x + 1$；　(2) $y = \ln x$。

2. 求下列函数的二阶导数：

(1) $y = \tan x$；　(2) $y = x\ln x$；

(3) $y = x\cos x$；　(4) $y = x^5 + 5^x$；

(5) $y = \sin^2 x$；　(6) $y = xe^x$；

(7) $y = \ln(1-x^2)$；　(8) $y = (3x-1)^4$；

(9) $y = (1+x^2)\arctan x$；　(10) $y = \arcsin x$。

第四节　隐函数和由参数方程所确定的函数的导数

一、隐函数的导数

如果变量 x 与 y 之间的对应规律是把 y 直接表示成 x 的解析式，即熟知的 $y = f(x)$ 的形式，则称函数 $y = f(x)$ 为显函数。

如果能从方程 $F(x, y) = 0$ 确定 y 为 x 的函数 $y = f(x)$，则称 $y = f(x)$ 为由方程 $F(x, y) = 0$ 所确定的隐函数。

有些隐函数不容易显化为显函数，所以我们要找出一种能直接由方程求出它所确定的隐函数的导数的方法。下面通过具体例子来说明这种方法。

例 3－45　求由方程 $x^2 + y^2 = 1$ 所确定的隐函数的导数。

解　在等式的两边同时对 x 求导，注意现在方程中的 y 是 x 的函数，所以 y^2 是 x 的复合函数，由复合函数求导法则可得

$$2x + 2y \cdot y' = 0$$

从而解得

$$y' = -\frac{x}{y}$$

例 3－46　求由方程 $e^x - 3xy + e^y = 0$ 所确定的隐函数的导数。

解　方程两边同时对 x 求导，得

$$e^x - 3\left(y + x\frac{dy}{dx}\right) + e^y\frac{dy}{dx} = 0$$

从而解得

$$\frac{dy}{dx} = \frac{e^x - 3y}{3x - e^y}$$

例 3－47　求由方程 $y = \sin(x+y)$ 所确定的隐函数的导数。

解　方程两边同时对 x 求导，得

$$y' = \cos(x+y)\cdot(1+y')$$

从而解得

$$y' = \frac{\cos(x+y)}{1-\cos(x+y)}$$

例 3-48　求曲线 $x^2+xy+y^2=4$ 在点 $(2, -2)$ 处的切线方程。

解　方程两边同时对 x 求导，得

$$2x+y+xy'+2yy'=0$$

从而解得

$$y' = -\frac{2x+y}{x+2y}$$

而切线斜率为 $k = y'|_{(2,-2)} = 1$，于是所求切线方程为

$$y-(-2) = x-2$$

即

$$x-y-4=0$$

例 3-49　证明椭圆 $\frac{x^2}{a^2}+\frac{y^2}{b^2}=1$ 在点 $M(x_0, y_0)$ 处的切线方程为 $\frac{x_0 x}{a^2}+\frac{y_0 y}{b^2}=1$。

证　方程两边同时对 x 求导，得

$$\frac{2x}{a^2}+\frac{2y}{b^2}y'=0$$

从而解得

$$y' = -\frac{b^2 x}{a^2 y}$$

则椭圆在点 $M(x_0, y_0)$ 处的切线斜率为

$$k = y'|_{(x_0, y_0)} = -\frac{b^2 x_0}{a^2 y_0}$$

于是切线方程为

$$y-y_0 = -\frac{b^2 x_0}{a^2 y_0}(x-x_0)$$

即

$$\frac{x_0 x}{a^2}+\frac{y_0 y}{b^2}=1$$

对于有些函数来说，利用对数求导法来求导数比较简单，看下面的例子。

例 3-50　求 $y=x^x$ 的导数。

解　两边取对数，得

$$\ln y = x\ln x$$

两边同时对 x 求导，得

$$\frac{y'}{y} = \ln x + x\cdot\frac{1}{x} = \ln x + 1$$

即

$$y' = y(\ln x+1)$$

因此

$$y' = x^x(\ln x + 1)$$

对数求导法是通过两边取对数把显函数变成隐函数，再用隐函数的求导法求出导数。这种方法适用于求幂指函数 $u(x)^{v(x)}$ 的导数，以及简化一些由多个函数的积、商、乘幂构成的函数的求导。

例 3-51 利用对数求导法求 $y = (\sin x)^x$ 的导数。

解 两边取对数，得

$$\ln y = x \ln \sin x$$

两边同时对 x 求导，得

$$\frac{y'}{y} = \ln \sin x + x \cdot \frac{\cos x}{\sin x} = \ln \sin x + x \cot x$$

即

$$y' = y(\ln \sin x + x \cot x)$$

因此

$$y' = (\sin x)^x(\ln \sin x + x\cot x)$$

对于幂指函数的求导，也可以采用换底求导的方法，即

$$y' = (u^v)' = (e^{v\ln u})' = e^{v\ln u}(v\ln u)' = u^v\left(v'\ln u + \frac{vu'}{u}\right)$$

例 3-52 设 $y = (3x^2+1)^{\frac{5}{2}}\sqrt[3]{\dfrac{x-1}{x-3}}$，求 y'。

解 两边取对数，得

$$\ln y = \ln (3x^2+1)^{\frac{5}{2}} + \ln \left(\frac{x-1}{x-3}\right)^{\frac{1}{3}}$$

即

$$\ln y = \frac{5}{2}\ln(3x^2+1) + \frac{1}{3}[\ln(x-1) - \ln(x-3)]$$

两边同时对 x 求导，得

$$\frac{y'}{y} = \frac{5}{2} \cdot \frac{6x}{3x^2+1} + \frac{1}{3}\left(\frac{1}{x-1} - \frac{1}{x-3}\right)$$

即

$$y' = y\left[\frac{15x}{3x^2+1} + \frac{1}{3}\left(\frac{1}{x-1} - \frac{1}{x-3}\right)\right]$$

因此

$$y' = (3x^2+1)^{\frac{5}{2}}\sqrt[3]{\frac{x-1}{x-3}}\left[\frac{15x}{3x^2+1} + \frac{1}{3}\left(\frac{1}{x-1} - \frac{1}{x-3}\right)\right]$$

二、由参数方程所确定的函数的导数

若参数方程

$$\begin{cases} x = \varphi(t) \\ y = \psi(t) \end{cases}$$

确定 x 与 y 间的函数关系，则此函数称为由参数方程所确定的函数。

当 $x=\varphi(t)$，$y=\psi(t)$ 都可导，且 $\varphi'(t)\neq 0$ 时，则由此参数方程所确定的函数的导数为

$$\frac{\mathrm{d}y}{\mathrm{d}x}=\frac{\frac{\mathrm{d}y}{\mathrm{d}t}}{\frac{\mathrm{d}x}{\mathrm{d}t}}=\frac{\psi'(t)}{\varphi'(t)}=\frac{y'_t}{x'_t}$$

例 3-53 计算由参数方程 $\begin{cases}x=1+t^2\\ y=\cos t\end{cases}$ 所确定的函数的导数。

解 $\dfrac{\mathrm{d}y}{\mathrm{d}x}=\dfrac{y'_t}{x'_t}=\dfrac{(\cos t)'}{(1+t^2)'}=\dfrac{-\sin t}{2t}$

例 3-54 计算由参数方程 $\begin{cases}x=1+\sin t\\ y=t\cos t\end{cases}$ 所确定的函数的导数。

解 $\dfrac{\mathrm{d}y}{\mathrm{d}x}=\dfrac{y'_t}{x'_t}=\dfrac{(t\cos t)'}{(1+\sin t)'}=\dfrac{\cos t-t\sin t}{\cos t}=1-t\tan t$

例 3-55 计算由参数方程 $\begin{cases}x=\ln(1+t^2)+1\\ y=2\arctan t-(1+t)^2\end{cases}$ 所确定的函数的导数。

解
$$\frac{\mathrm{d}y}{\mathrm{d}x}=\frac{y'_t}{x'_t}=\frac{[2\arctan t-(1+t)^2]'}{[\ln(1+t^2)+1]'}$$
$$=\frac{\frac{2}{1+t^2}-2(1+t)}{\frac{2t}{1+t^2}}=\frac{1-(1+t)(1+t^2)}{t}=-(1+t+t^2)$$

例 3-56 摆线的参数方程为 $\begin{cases}x=\theta-\sin\theta\\ y=1-\cos\theta\end{cases}$，求 $\theta=\dfrac{\pi}{2}$ 时的切线方程。

解 $\theta=\dfrac{\pi}{2}$ 时摆线上的点坐标为 $\left(\dfrac{\pi}{2}-1,\ 1\right)$，而

$$\frac{\mathrm{d}y}{\mathrm{d}x}=\frac{y'_\theta}{x'_\theta}=\frac{(1-\cos\theta)'}{(\theta-\sin\theta)'}=\frac{\sin\theta}{1-\cos\theta}$$

则切线的斜率为

$$k=\left.\frac{\mathrm{d}y}{\mathrm{d}x}\right|_{\theta=\frac{\pi}{2}}=\frac{\sin\frac{\pi}{2}}{1-\cos\frac{\pi}{2}}=1$$

于是所求切线方程为

$$y-1=x-\left(\frac{\pi}{2}-1\right)$$

即

$$x-y-\frac{\pi}{2}+2=0$$

习题 3-4

1. 求由下列方程所确定的隐函数的导数：

(1) $y^2-2xy+9=0$；　　(2) $y^5+2y-x-3x^7=0$；

(3) $y=\tan(x+y)$；　　(4) $xy=\mathrm{e}^{x+y}$；

(5) $xy-\ln y=2$；　　(6) $\mathrm{e}^y-\sin y+\cos x=1$；

(7) $y=1-x\mathrm{e}^y$；　　(8) $y=\arctan(x^2+y)$。

2. 求椭圆 $\frac{x^2}{4}+y^2=1$ 在点 $\left(1,\frac{\sqrt{3}}{2}\right)$ 处的切线方程。

3. 求曲线 $3y^2=x^2(x+1)$ 在点 (2, 2) 处的切线方程。

4. 求星形线 $x^{\frac{2}{3}}+y^{\frac{2}{3}}=1$ 在点 $\left(\frac{\sqrt{2}}{4},\frac{\sqrt{2}}{4}\right)$ 处的切线方程。

5. 利用对数求导法求下列函数的导数：

(1) $y=x^{\sin x}$；　　(2) $x^y=y^x$；

(3) $y=\left(\frac{x}{1+x}\right)^x$；　　(4) $y=x\cdot\sqrt{\frac{1-x}{1+x}}$；

(5) $y=\frac{(2-x)^2\sqrt{x+1}}{(2x-1)^3}$；　　(6) $y=\sqrt[3]{\frac{x-5}{\sqrt[5]{x^2+2}}}$。

6. 求由下列参数方程所确定的函数的导数：

(1) $\begin{cases}x=3t\\y=2t-5t^2\end{cases}$；　　(2) $\begin{cases}x=\frac{1}{1+t}\\y=\frac{t}{1+t}\end{cases}$；

(3) $\begin{cases}x=3\mathrm{e}^{-t}\\y=2\mathrm{e}^{t}\end{cases}$；　　(4) $\begin{cases}x=\theta(1-\sin\theta)\\y=\theta\cos\theta\end{cases}$；

(5) $\begin{cases}x=at^2\\y=bt^3\end{cases}$；　　(6) $\begin{cases}x=\ln(1+t^2)\\y=t-\arctan t\end{cases}$。

7. 求曲线 $\begin{cases}x=\sin t\\y=\cos 2t\end{cases}$ 在 $t=\frac{\pi}{4}$ 时的切线方程。

8. 求椭圆 $\begin{cases}x=3\cos t\\y=2\sin t\end{cases}$ 在 $t=\frac{\pi}{3}$ 时的切线方程。

第五节　函数的微分

本节介绍微分学中另一个基本概念——微分。在对许多实际问题的讨论中，可以通过对微小的局部状态的讨论找寻一般规律，这就需要找出各变量的微小增量间的关系，微分则提供了表达这种微增量关系的一种简便实用的方法。

微分概念是在解决直与曲的矛盾中产生的，在微小局部可以用直线去近似替代曲线，它的直接应用就是函数的线性化。微分具有双重意义：它表示一个微小的量，同时又表示一种与求导密切相关的运算。微分是微分学转向积分学的一个关键概念。

一、微分的概念

先看下例。考虑边长为 x 的正方形，其面积为 y，则

$$y = x^2$$

若边长由 x_0 变化到 $x_0 + \Delta x$，面积相应的改变量为

$$\Delta y = (x_0 + \Delta x)^2 - x_0^2 = 2x_0 \Delta x + (\Delta x)^2$$

如图 3-4 所示。

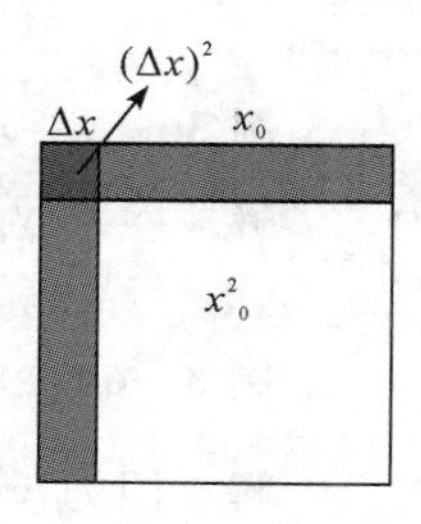

图 3-4

当 $|\Delta x|$ 很小时，$2x_0\Delta x$ 是 Δy 的主要部分，$(\Delta x)^2$ 要比 Δx 小很多，而 $2x_0\Delta x$ 是 Δx 的 $2x_0$ 倍，即是 Δx 的线性函数，所以称为 Δy 的线性主部。当 $\Delta x \to 0$ 时，$(\Delta x)^2 = o(\Delta x)$，因此计算 Δy 时可以把 $(\Delta x)^2$ 忽略不计，即

$$\Delta y \approx 2x_0 \Delta x$$

一般地，有下面的定义：

定义 3-3 设函数 $y = f(x)$ 在某区间内有定义，x_0 及 $x_0 + \Delta x$ 在该区间内，如果当 $\Delta x \to 0$ 时函数的改变量 $\Delta y = f(x_0 + \Delta x) - f(x_0)$ 可以表示为

$$\Delta y = A\Delta x + o(\Delta x)$$

其中 A 是仅依赖于 x_0 而与 Δx 无关的常数，$o(\Delta x)$ 是比 Δx 高阶的无穷小，则称函数 $y = f(x)$ 在点 x_0 处可微，并称 $A\Delta x$ 为函数 $y = f(x)$ 在点 x_0 处相应于自变量的增量 Δx 的微分，记作 $\mathrm{d}y|_{x=x_0}$，即

$$\mathrm{d}y|_{x=x_0} = A\Delta x$$

所以，函数在一点处的微分就是函数在该点的改变量的线性主部。

定理 3-5 函数 $f(x)$ 在点 x_0 处可微的充要条件是函数 $f(x)$ 在点 x_0 处可导，且有

$$\mathrm{d}y|_{x=x_0} = f'(x_0)\Delta x \tag{3-10}$$

由此可知，当 $f'(x_0) \neq 0$，且 $|\Delta x|$ 很小时，有

$$\Delta y \approx \mathrm{d}y$$

这就把计算比较复杂的函数的增量 Δy 近似表示成了一个计算比较简单的量 $\mathrm{d}y$，它的近似程度是比较好的。

当 $f(x) = x$ 时，$f'(x) = 1$，所以

$$\mathrm{d}f(x) = \mathrm{d}x = 1 \cdot \Delta x = \Delta x$$

即自变量的微分就是自变量的增量。$f(x)$ 在点 x_0 处的微分也可写为

$$\mathrm{d}y|_{x=x_0} = f'(x_0)\mathrm{d}x$$

如果函数 $y = f(x)$ 在某区间内每一点处都可微，则称函数在该区间内是可微函数。函数在区间内任一点 x 处的微分为

$$\mathrm{d}y = y'\mathrm{d}x \quad 或 \quad \mathrm{d}y = f'(x)\mathrm{d}x \tag{3-11}$$

由此可知，导数 $f'(x) = \dfrac{\mathrm{d}y}{\mathrm{d}x}$ 可以看作函数的微分与自变量的微分的商，所以导数也称为“微商”。

例 3-57 求函数 $y = \dfrac{1}{x}$ 的微分。

解 因为 $y' = -\dfrac{1}{x^2}$，所以

$$\mathrm{d}y = y'\mathrm{d}x = -\frac{1}{x^2}\mathrm{d}x$$

例 3-58 求函数 $y=\cot x$ 的微分。

解 因为 $y'=-\csc^2 x$，所以

$$dy=y'dx=-\csc^2 x dx$$

例 3-59 求函数 $y=x^2\sin x$ 的微分。

解 因为 $y'=(x^2)'\sin x+x^2(\sin x)'=2x\sin x+x^2\cos x$，所以

$$dy=y'dx=(2x\sin x+x^2\cos x)dx$$

例 3-60 求函数 $y=\ln(1+e^x)$ 的微分。

解 因为 $y'=\dfrac{1}{1+e^x}\cdot(1+e^x)'=\dfrac{e^x}{1+e^x}$，所以

$$dy=y'dx=\frac{e^x}{1+e^x}dx$$

二、微分的几何意义

设函数 $y=f(x)$ 的图像如图 3-5 所示，点 $M(x_0, y_0)$，$N(x_0+\Delta x, y_0+\Delta y)$ 在曲线上，过 M、N 分别作 x 轴、y 轴的平行线，相交于点 Q，则有向线段 $MQ=\Delta x$，$QN=\Delta y$。

过点 M 再作曲线的切线 MT，设其倾斜角为 α，MT 交 QN 于点 P，则有向线段

$$QP=MQ\cdot\tan\alpha=f'(x_0)\Delta x=dy$$

因此函数 $y=f(x)$ 在点 x_0 处的微分 dy，在几何上表示函数图像在点 $M(x_0, y_0)$ 处切线的纵坐标的相应增量。

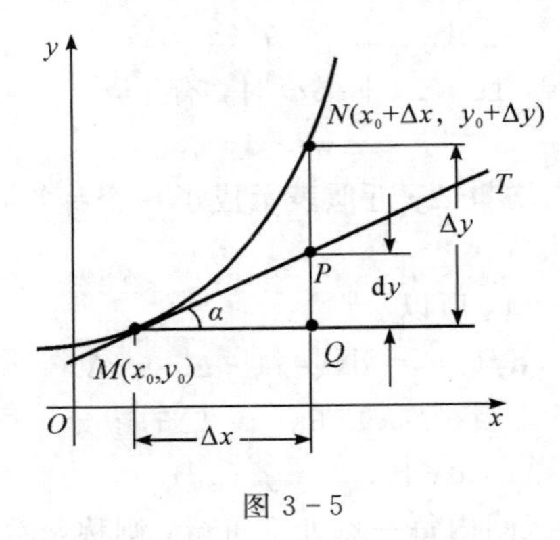

图 3-5

由图 3-5 还可以看出：

(1) 线段 PN 的长表示用 dy 来近似代替 Δy 所产生的误差，当 $|\Delta x|=|dx|$ 很小时，它比 $|dy|$ 要小得多；

(2) 近似式 $\Delta y\approx dy$ 表示当 $\Delta x\to 0$ 时，可以以 QP 近似代替 QN，即以图像在 M 处的切线来近似代替曲线本身，亦即在一点的附近可以用“直”代“曲”。

三、微分的基本公式与运算法则

1. 微分的基本公式

由基本导数公式和微分与导数的关系，可得如下基本微分公式。

(1) $d(C)=0$；

(2) $\mathrm{d}(x^k) = kx^{k-1}\mathrm{d}x$（$k$ 为常数）；

(3) $\mathrm{d}(a^x) = a^x \ln a \mathrm{d}x$（$a > 0$ 且 $a \neq 1$）；

(4) $\mathrm{d}(\mathrm{e}^x) = \mathrm{e}^x \mathrm{d}x$；

(5) $\mathrm{d}(\log_a x) = \dfrac{1}{x\ln a}\mathrm{d}x$（$a > 0$ 且 $a \neq 1$）；

(6) $\mathrm{d}(\ln x) = \dfrac{1}{x}\mathrm{d}x$；

(7) $\mathrm{d}(\sin x) = \cos x \mathrm{d}x$；

(8) $\mathrm{d}(\cos x) = -\sin x \mathrm{d}x$；

(9) $\mathrm{d}(\tan x) = \sec^2 x \mathrm{d}x$；

(10) $\mathrm{d}(\cot x) = -\csc^2 x \mathrm{d}x$；

(11) $\mathrm{d}(\sec x) = \sec x \tan x \mathrm{d}x$；

(12) $\mathrm{d}(\csc x) = -\csc x \cot x \mathrm{d}x$；

(13) $\mathrm{d}(\arcsin x) = \dfrac{1}{\sqrt{1-x^2}}\mathrm{d}x$（$|x| < 1$）；

(14) $\mathrm{d}(\arccos x) = -\dfrac{1}{\sqrt{1-x^2}}\mathrm{d}x$（$|x| < 1$）；

(15) $\mathrm{d}(\arctan x) = \dfrac{1}{1+x^2}\mathrm{d}x$；

(16) $\mathrm{d}(\mathrm{arccot}\, x) = -\dfrac{1}{1+x^2}\mathrm{d}x$。

2. 函数和、差、积、商的微分法则

由函数的求导法则可以得到相应的微分法则。

设 $u = u(x)$，$v = v(x)$，则函数和、差、积、商的微分法则如下：

$$\mathrm{d}(u \pm v) = \mathrm{d}u \pm \mathrm{d}v$$

$$\mathrm{d}(uv) = v\mathrm{d}u + u\mathrm{d}v$$

$$\mathrm{d}\left(\frac{u}{v}\right) = \frac{v\mathrm{d}u - u\mathrm{d}v}{v^2} \qquad (v \neq 0)$$

3. 复合函数的微分法则

复合函数的求导法则在求导中有着十分重要的应用，我们从中可以得到复合函数的微分法则。

设 $y = f(u)$，$u = \varphi(x)$，则对于复合函数 $y = f[\varphi(x)]$，有

$$\frac{\mathrm{d}y}{\mathrm{d}x} = \frac{\mathrm{d}y}{\mathrm{d}u} \cdot \frac{\mathrm{d}u}{\mathrm{d}x} = f'(u)\varphi'(x)$$

所以

$$\mathrm{d}y = y'\mathrm{d}x = f'(u)\varphi'(x)\mathrm{d}x$$

而对于函数 $u = \varphi(x)$，其微分

$$\mathrm{d}u = \varphi'(x)\mathrm{d}x$$

于是，复合函数的微分法则也可以写成

$$\mathrm{d}y = f'(u)\mathrm{d}u$$

注意：最后得到的结果与 u 是自变量时的形式相同，这就说明无论 u 是自变量还是中

间变量，函数 $y=f(u)$ 的微分 $\mathrm{d}y$ 都可以写为 $f'(u)\mathrm{d}u$ 的形式。这个性质称为一阶微分形式不变性。

这样，如果 $y=f(u)$，$u=\varphi(x)$，则

$$\mathrm{d}y=f'(u)\mathrm{d}u=f'(u)\varphi'(x)\mathrm{d}x \tag{3-12}$$

例 3-61 求函数 $y=\sin(3x^2+2)$ 的微分。

解 方法一：$\mathrm{d}y=[\sin(3x^2+2)]'\mathrm{d}x$

$$=\cos(3x^2+2)\cdot(3x^2+2)'\mathrm{d}x=6x\cos(3x^2+2)\mathrm{d}x$$

方法二：$\mathrm{d}y=\cos(3x^2+2)\mathrm{d}(3x^2+2)=6x\cos(3x^2+2)\mathrm{d}x$

例 3-62 求函数 $y=\mathrm{e}^{\sqrt{x}}$ 的微分。

解 方法一：$\mathrm{d}y=(\mathrm{e}^{\sqrt{x}})'\mathrm{d}x=\mathrm{e}^{\sqrt{x}}\cdot(\sqrt{x})'\mathrm{d}x=\dfrac{\mathrm{e}^{\sqrt{x}}}{2\sqrt{x}}\mathrm{d}x$

方法二：$\mathrm{d}y=\mathrm{e}^{\sqrt{x}}\mathrm{d}(\sqrt{x})=\mathrm{e}^{\sqrt{x}}\cdot\dfrac{1}{2\sqrt{x}}\mathrm{d}x$

例 3-63 求函数 $y=\ln\sin 2x$ 的微分。

解 方法一：$\mathrm{d}y=(\ln\sin 2x)'\mathrm{d}x=\dfrac{1}{\sin 2x}\cdot(\sin 2x)'\mathrm{d}x$

$$=\frac{1}{\sin 2x}\cdot\cos 2x\cdot(2x)'\mathrm{d}x=2\cot 2x\mathrm{d}x$$

方法二：$\mathrm{d}y=\dfrac{1}{\sin 2x}\mathrm{d}(\sin 2x)=\dfrac{\cos 2x}{\sin 2x}\mathrm{d}(2x)=2\cot 2x\mathrm{d}x$

四、微分在近似计算上的应用

由前面微分的概念，我们知道微分的思想是一个线性近似的观念，利用几何的语言就是在函数曲线的局部，用直线代替曲线，而线性函数总是比较容易进行数值计算的，因此就可以把线性函数的数值计算结果作为本来函数的数值近似值，这就是运用微分方法进行近似计算的基本思想。

当函数 $y=f(x)$ 在点 x_0 处的导数 $f'(x_0)\neq 0$，且 $|\Delta x|$ 很小时，有近似公式

$$\Delta y\approx \mathrm{d}y=f'(x_0)\Delta x$$

即

$$\Delta y=f(x_0+\Delta x)-f(x_0)\approx f'(x_0)\Delta x \tag{3-13}$$

或

$$f(x_0+\Delta x)\approx f(x_0)+f'(x_0)\Delta x \tag{3-14}$$

如果令式(3-14)中的 $x_0+\Delta x=x$，即 $\Delta x=x-x_0$，则有

$$f(x)\approx f(x_0)+f'(x_0)(x-x_0) \tag{3-15}$$

例 3-64 求 $\sin 31^\circ$ 的近似值。

解 $30^\circ=\dfrac{\pi}{6}$，$1^\circ=\dfrac{\pi}{180}$，对函数 $y=\sin x$，在点 $x_0=\dfrac{\pi}{6}$，$\Delta x=\dfrac{\pi}{180}$ 处应用近似公式(3-14)，得

$$\sin 31^\circ\approx\sin\frac{\pi}{6}+(\sin x)'\Big|_{x=\frac{\pi}{6}}\cdot\frac{\pi}{180}$$

$$= \sin\frac{\pi}{6} + \cos\frac{\pi}{6}\cdot\frac{\pi}{180} = \frac{1}{2} + \frac{\sqrt{3}}{2}\cdot\frac{\pi}{180} \approx 0.5151$$

在式(3-15)中，令 $x_0 = 0$，得

$$f(x) \approx f(0) + f'(0)x \quad (|x| \text{很小}) \tag{3-16}$$

应用式(3-16)可得到工程上常用的一些近似公式($|x|$ 很小)：

(1) $\sqrt[n]{1+x} \approx 1 + \frac{x}{n}$；

(2) $\sin x \approx x$；

(3) $\tan x \approx x$；

(4) $e^x \approx 1 + x$；

(5) $\ln(1+x) \approx x$。

例 3-65　计算 $\sqrt{1.05}$ 的近似值。

解　由公式 $\sqrt[n]{1+x} \approx 1 + \frac{x}{n}$，得

$$\sqrt{1.05} \approx 1 + \frac{0.05}{2} = 1.025$$

例 3-66　计算 $\sqrt[5]{31}$ 的近似值。

解　由于

$$\sqrt[5]{31} = \sqrt[5]{32-1} = \sqrt[5]{32\left(1-\frac{1}{32}\right)} = \sqrt[5]{32}\cdot\sqrt[5]{\left(1-\frac{1}{32}\right)}$$

因此可取 $x = -\frac{1}{32}$，$n = 5$，然后将其代入近似公式 $\sqrt[n]{1+x} \approx 1 + \frac{x}{n}$，得

$$\sqrt[5]{31} = \sqrt[5]{32}\cdot\sqrt[5]{\left(1-\frac{1}{32}\right)} \approx 2\times\left[1 + \frac{1}{5}\times\left(-\frac{1}{32}\right)\right] = 2 - \frac{1}{80} = 1.9875$$

这是 $\sqrt[n]{A(1+x)}$ 的形式，其中 $\sqrt[n]{A}$ 容易求出且 $|x|$ 很小，这时就需要采用类似上面的方法来求解。

习题 3-5

1. 求下列函数的微分：

(1) $y = \sqrt{x}$；　(2) $y = (\tan x - \ln x)$；

(3) $y = x\sin x$；　(4) $y = \frac{x^2-1}{1+e^x}$；

(5) $y = \ln(1-x)$；　(6) $y = \cos(3x-2)$；

(7) $y = \sqrt{1-x^2}$；　(8) $y = x^2 e^{2x}$。

2. 计算下列各式的近似值：

(1) $\sin 44°$；　(2) $\cos 31°$；　(3) $\sqrt{1.012}$；

(4) $\sqrt[3]{0.994}$；　(5) $\sqrt[6]{65}$；　(6) $\sqrt[3]{131}$。

第四章　中值定理及导数的应用

第三章中，我们利用点导数讨论函数的连续性和求曲线的切线，但点导数只能反映函数在一点的局部特征，而我们往往要了解函数的整体性态，这就需要研究导函数的性质。本章首先介绍微分中值定理，它不仅是研究函数性质的有力工具，而且在后续课程中有着非常重要的作用；然后介绍洛必达法则及应用导数来研究函数及曲线的某些性态。

第一节　中值定理

函数在一点的导数通常理解为在这一点变化的变化率，那么它与函数在一个区间上的整体变化情况是否有联系呢？答案是肯定的，这些联系通过下面的中值定理表达出来。

中值定理是利用导数研究函数整体变化的桥梁，是导数应用的理论基础。应用中值定理处理问题的一个基本前提是：所讨论的函数必须是可导的。

一、罗尔定理

定理 4-1（罗尔定理）　若函数 $f(x)$ 满足下列条件：

(1) 在闭区间 $[a, b]$ 上连续；

(2) 在开区间 (a, b) 内可导；

(3) $f(a) = f(b)$，

则在开区间 (a, b) 内至少存在一点 ξ，使得 $f'(\xi) = 0$。

几何意义　如果连续曲线的两个端点 A 与 B 是等高的（即纵坐标相等），且除端点外处处有不垂直于 x 轴的切线，则在曲线上至少存在一点 C，使得曲线在该点的切线是水平直线（见图 4-1）。

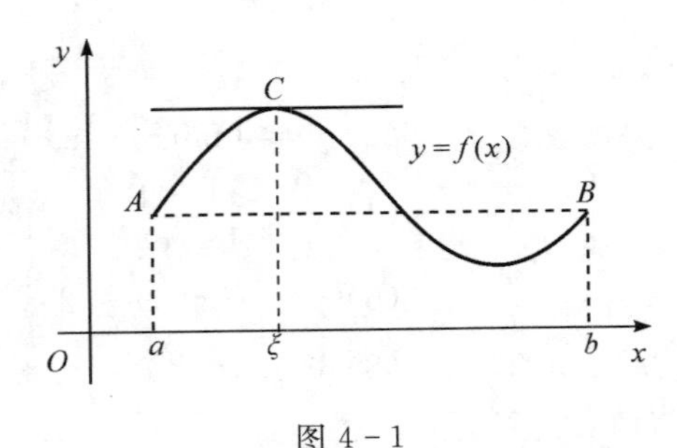

图 4-1

例 4-1　验证下列函数在给定区间上是否满足罗尔定理：

(1) $f(x) = x^2 + 1, [-1, 1]$；　　(2) $f(x) = x^{\frac{2}{3}}, [-8, 8]$。

解　(1) 函数 $f(x) = x^2 + 1$ 在 $[-1, 1]$ 上连续，在开区间 $(-1, 1)$ 内可导，且 $f(-1) = 2 = f(1)$，因此满足罗尔定理。

（2）函数 $f(x)=x^{\frac{2}{3}}$ 在 $[-8, 8]$ 上连续，且 $f(-8)=4=f(8)$，而当 $x\neq 0$ 时，$f'(x)=\frac{2}{3}x^{-\frac{1}{3}}$，即当 $x=0$ 时 $f'(x)$ 不存在，因此不满足罗尔定理。

容易看出该函数在开区间 $(-8, 8)$ 内不存在使得导数为零的点。

二、拉格朗日中值定理

罗尔定理中的条件 $f(a)=f(b)$ 很特殊，一般不易满足，如果去掉这一条件，可以得到微分学中十分重要的拉格朗日中值定理。

定理 4-2（拉格朗日中值定理） 若函数 $f(x)$ 满足下列条件：

（1）在闭区间 $[a, b]$ 上连续；

（2）在开区间 (a, b) 内可导，

则在开区间 (a, b) 内至少存在一点 ξ，使得

$$f'(\xi)=\frac{f(b)-f(a)}{b-a}$$

或

$$f(b)-f(a)=f'(\xi)(b-a)$$

上述两式都称为拉格朗日中值公式。

几何意义 如果连续曲线除两个端点 A 与 B 外处处有不垂直于 x 轴的切线，则在曲线上至少存在一点 C，使得曲线在该点的切线平行于两个端点的连线 AB（见图 4-2）。

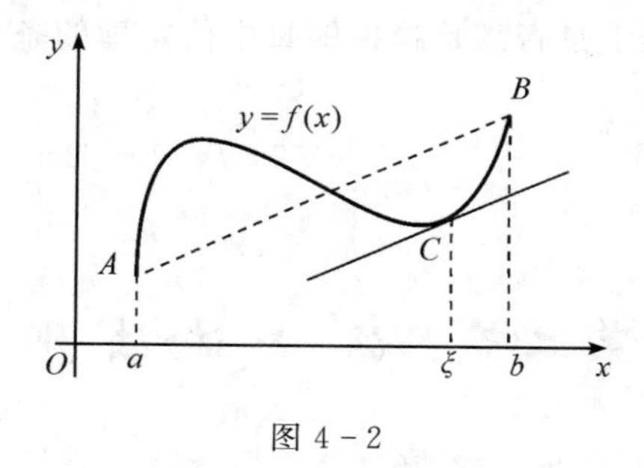

图 4-2

例 4-2 函数 $f(x)=3x^2+2x-1$ 在区间 $[0, 4]$ 上是否满足拉格朗日中值定理的条件？如果满足，找出使定理结论成立的 ξ 值。

解 函数 $f(x)=3x^2+2x-1$ 在闭区间 $[0, 4]$ 上连续，在开区间 $(0, 4)$ 内可导，因此满足拉格朗日中值定理，即存在一点 $\xi\in(0, 4)$，使得

$$f'(\xi)=6\xi+2=\frac{f(4)-f(0)}{4-0}=14$$

解得 $\xi=2$。

作为拉格朗日中值定理的应用，我们可以得到如下推论：

推论 如果函数 $f(x)$ 在区间 I 上的导数恒为零，那么 $f(x)$ 在区间 I 上是一个常数。

证 在区间 I 上任取两点 x_1 和 x_2（$x_1<x_2$），应用拉格朗日中值定理，可得

$$f(x_2)-f(x_1)=f'(\xi)(x_2-x_1)\qquad (x_1<\xi<x_2)$$

由假定 $f'(\xi)=0$ 知 $f(x_2)-f(x_1)=0$，即 $f(x_1)=f(x_2)$。

因为 x_1 和 x_2 是 I 上任意两点，所以等式表明 $f(x)$ 在 I 上的函数值总是相等的，即

$f(x)$ 在区间 I 上是一个常数。

三、柯西中值定理

在函数的参数方程形式下应用拉格朗日中值定理，可以得到柯西中值定理。

定理 4-3（柯西中值定理） 若函数 $f(x)$ 和 $g(x)$ 满足下列条件：

(1) 在闭区间 $[a, b]$ 上连续；

(2) 在开区间 (a, b) 内可导，且对于任意的 $x \in (a, b)$ 有 $g'(x) \neq 0$，则在开区间 (a, b) 内至少存在一点 ξ，使得

$$\frac{f'(\xi)}{g'(\xi)} = \frac{f(b)-f(a)}{g(b)-g(a)}$$

上述的三个中值定理都只给出了 ξ 的存在性，而没有给出其准确数值，但这并不影响定理的应用。

习题 4-1

1. 下列哪些函数在给定区间上满足罗尔定理？

(1) $f(x) = x^2, [-2, 2]$；　　(2) $f(x) = 2x+5, [-1, 1]$；

(3) $f(x) = \frac{1}{x}, [-2, 0]$；　　(4) $f(x) = \sin x, \left[-\frac{3\pi}{2}, \frac{\pi}{2}\right]$；

(5) $f(x) = |x|, [-2, 2]$。

2. 下列函数在给定区间上是否满足拉格朗日中值定理的条件？如果满足，找出使定理结论成立的 ξ 值。

(1) $f(x) = \ln x, [1, \mathrm{e}]$；　　(2) $f(x) = 2x^2 - x + 1, [-1, 3]$；

(3) $f(x) = 4x^3, [0, 1]$。

第二节　洛必达法则

若当 $x \to a$（或 $x \to \infty$）时，函数 $f(x)$ 与 $g(x)$ 都趋于零或都趋于无穷大，则 $\lim\limits_{\substack{x\to a\\(x\to\infty)}} \frac{f(x)}{g(x)}$ 可能存在、也可能不存在，通常把这种极限称为未定式，简记为 $\frac{0}{0}$ 型或 $\frac{\infty}{\infty}$ 型。

在第二章中，我们曾讨论过其中几种特定的类型，下面介绍一种求这类极限的简便且重要的方法。

一、洛必达法则 Ⅰ $\left(\frac{0}{0}\text{ 型}\right)$

定理 4-4 设

(1) 当 $x \to a$（或 $x \to \infty$）时，函数 $f(x)$ 与 $g(x)$ 都趋于零，即

$$\lim_{\substack{x\to a\\(x\to\infty)}} f(x) = \lim_{\substack{x\to a\\(x\to\infty)}} g(x) = 0$$

(2) 在点 a 的附近（或当 $|x| > N$ 时），$f'(x)$ 与 $g'(x)$ 都存在且 $g'(x) \neq 0$；

(3) $\lim\limits_{\substack{x\to a\\(x\to\infty)}} \frac{f'(x)}{g'(x)}$ 存在（或为无穷大），

则

$$\lim_{\substack{x\to a\\(x\to\infty)}}\frac{f(x)}{g(x)}=\lim_{\substack{x\to a\\(x\to\infty)}}\frac{f'(x)}{g'(x)}$$

这种在一定条件下，通过分子、分母分别求导再求极限来确定未定式的值的方法称为洛必达(L' Hospital) 法则。

如果 $\lim\limits_{\substack{x\to a\\(x\to\infty)}}\frac{f'(x)}{g'(x)}$ 仍为 $\frac{0}{0}$ 型未定式，且 $f'(x)$ 与 $g'(x)$ 满足洛必达法则中的条件，则可继续使用该法则，即

$$\lim_{\substack{x\to a\\(x\to\infty)}}\frac{f(x)}{g(x)}=\lim_{\substack{x\to a\\(x\to\infty)}}\frac{f'(x)}{g'(x)}=\lim_{\substack{x\to a\\(x\to\infty)}}\frac{f''(x)}{g''(x)}$$

且可以以此类推。

例 4－3　求 $\lim\limits_{x\to1}\frac{x^5-1}{x-1}$。

解　$\lim\limits_{x\to1}\frac{x^5-1}{x-1}=\lim\limits_{x\to1}\frac{(x^5-1)'}{(x-1)'}=\lim\limits_{x\to1}\frac{5x^4}{1}=5$

例 4－4　$\lim\limits_{x\to\pi}\frac{\sin x}{\pi^2-x^2}$。

解　$\lim\limits_{x\to\pi}\frac{\sin x}{\pi^2-x^2}=\lim\limits_{x\to\pi}\frac{(\sin x)'}{(\pi^2-x^2)'}=\lim\limits_{x\to\pi}\frac{\cos x}{-2x}=\frac{1}{2\pi}$

例 4－5　求 $\lim\limits_{x\to1}\frac{x^3-3x+2}{x^3-x^2-x+1}$。

解　$\lim\limits_{x\to1}\frac{x^3-3x+2}{x^3-x^2-x+1}=\lim\limits_{x\to1}\frac{3x^2-3}{3x^2-2x-1}=\lim\limits_{x\to1}\frac{6x}{6x-2}=\frac{3}{2}$

例 4－6　求 $\lim\limits_{x\to-\infty}\frac{\frac{\pi}{2}+\arctan x}{\frac{1}{x}}$。

解　$\lim\limits_{x\to-\infty}\frac{\frac{\pi}{2}+\arctan x}{\frac{1}{x}}=\lim\limits_{x\to-\infty}\frac{\frac{1}{1+x^2}}{-\frac{1}{x^2}}=\lim\limits_{x\to-\infty}\frac{-x^2}{1+x^2}=-1$

在反复应用洛必达法则的过程中，要注意所求极限是不是未定式，如例 4－5 中 $\lim\limits_{x\to1}\frac{6x}{6x-2}$ 已不是未定式，故不可再使用该法则。

例 4－7　求 $\lim\limits_{x\to0}\frac{x-\sin x}{x\sin^2 x}$。

解　当 $x\to0$ 时，$\sin x\sim x$，$1-\cos x\sim\frac{x^2}{2}$，可以先利用等价无穷小替换原则再使用洛必达法则，即

$$\lim_{x\to0}\frac{x-\sin x}{x\sin^2 x}=\lim_{x\to0}\frac{x-\sin x}{x^3}=\lim_{x\to0}\frac{1-\cos x}{3x^2}=\lim_{x\to0}\frac{\frac{x^2}{2}}{3x^2}=\frac{1}{6}$$

由例 4－7 可见，应用洛必达法则时，结合等价无穷小替换原则一起使用可以简化

计算。

二、洛必达法则Ⅱ$\left(\dfrac{\infty}{\infty}\text{型}\right)$

对于$\dfrac{\infty}{\infty}$型未定式也有相应的洛必达法则。

定理 4-5 设

(1) 当 $x \to a$（或 $x \to \infty$）时，函数 $f(x)$ 与 $g(x)$ 都趋于无穷大，即

$$\lim_{\substack{x\to a\\(x\to\infty)}} f(x) = \lim_{\substack{x\to a\\(x\to\infty)}} g(x) = \infty$$

(2) 在点 a 的附近(或当 $|x| > N$ 时)，$f'(x)$ 与 $g'(x)$ 都存在且 $g'(x) \neq 0$；

(3) $\lim\limits_{\substack{x\to a\\(x\to\infty)}} \dfrac{f'(x)}{g'(x)}$ 存在(或为无穷大)，

则

$$\lim_{\substack{x\to a\\(x\to\infty)}} \frac{f(x)}{g(x)} = \lim_{\substack{x\to a\\(x\to\infty)}} \frac{f'(x)}{g'(x)}$$

例 4-8 求 $\lim\limits_{x\to+\infty} \dfrac{\ln x}{x^3}$。

解 $\lim\limits_{x\to+\infty} \dfrac{\ln x}{x^3} = \lim\limits_{x\to+\infty} \dfrac{\frac{1}{x}}{3x^2} = \lim\limits_{x\to+\infty} \dfrac{1}{3x^3} = 0$

例 4-9 求 $\lim\limits_{x\to+\infty} \dfrac{e^x}{\ln(1+x^2)}$。

解 $\lim\limits_{x\to+\infty} \dfrac{e^x}{\ln(1+x^2)} = \lim\limits_{x\to+\infty} \dfrac{e^x}{\frac{2x}{1+x^2}} = \lim\limits_{x\to+\infty} \dfrac{(1+x^2)e^x}{2x}$

$$= \lim_{x\to+\infty} \frac{2xe^x + (1+x^2)e^x}{2} = \infty$$

例 4-10 求 $\lim\limits_{x\to+\infty} \dfrac{e^x}{x^n}$（$n$ 为正整数）。

解 $\lim\limits_{x\to+\infty} \dfrac{e^x}{x^n} = \lim\limits_{x\to+\infty} \dfrac{e^x}{nx^{n-1}} = \cdots = \lim\limits_{x\to+\infty} \dfrac{e^x}{n!} = \infty$

三、其他类型的未定式

未定式除前面讨论的两种基本类型外，还有 $0\cdot\infty$ 型、$\infty-\infty$ 型、1^∞ 型、∞^0 型、0^0 型等类型，它们都可以先化为$\dfrac{0}{0}$型或$\dfrac{\infty}{\infty}$型两种基本类型后，再运用洛必达法则来计算。下面举例说明。

例 4-11 求 $\lim\limits_{x\to 0^+} x^2\ln x$。

解 $\lim\limits_{x\to 0^+} x^2\ln x = \lim\limits_{x\to 0^+} \dfrac{\ln x}{x^{-2}} = \lim\limits_{x\to 0^+} \dfrac{\frac{1}{x}}{-2x^{-3}} = \lim\limits_{x\to 0^+} \dfrac{x^2}{-2} = 0$

例 4-12 求 $\lim\limits_{x\to 0}\left(\dfrac{1}{\sin x} - \dfrac{1}{x}\right)$。

解 $\lim\limits_{x\to0}\left(\dfrac{1}{\sin x}-\dfrac{1}{x}\right)=\lim\limits_{x\to0}\dfrac{x-\sin x}{x\sin x}=\lim\limits_{x\to0}\dfrac{x-\sin x}{x^2}$

$$=\lim_{x\to0}\frac{1-\cos x}{2x}=\lim_{x\to0}\frac{\frac{x^2}{2}}{2x}=0$$

例 4-13　求 $\lim\limits_{x\to0}(x+\mathrm{e}^x)^{\frac{1}{x}}$。

解　因为

$$\lim_{x\to0}(x+\mathrm{e}^x)^{\frac{1}{x}}=\lim_{x\to0}\mathrm{e}^{\ln(x+\mathrm{e}^x)^{\frac{1}{x}}}=\lim_{x\to0}\mathrm{e}^{\frac{1}{x}\ln(x+\mathrm{e}^x)}=\lim_{x\to0}\mathrm{e}^{\frac{\ln(x+\mathrm{e}^x)}{x}}=\mathrm{e}^{\lim\limits_{x\to0}\frac{\ln(x+\mathrm{e}^x)}{x}}$$

而 $\lim\limits_{x\to0}\dfrac{\ln(x+\mathrm{e}^x)}{x}=\lim\limits_{x\to0}\dfrac{1+\mathrm{e}^x}{x+\mathrm{e}^x}=2$，所以

$$\lim_{x\to0}(x+\mathrm{e}^x)^{\frac{1}{x}}=\mathrm{e}^2$$

例 4-14　求 $\lim\limits_{x\to0^+}x^x$。

解　因为 $\lim\limits_{x\to0^+}x^x=\lim\limits_{x\to0^+}\mathrm{e}^{x\ln x}=\mathrm{e}^{\lim\limits_{x\to0^+}x\ln x}$，而

$$\lim_{x\to0^+}x\ln x=\lim_{x\to0^+}\frac{\ln x}{x^{-1}}=\lim_{x\to0^+}\frac{\frac{1}{x}}{-x^{-2}}=\lim_{x\to0^+}(-x)=0$$

所以

$$\lim_{x\to0^+}x^x=\mathrm{e}^0=1$$

需要注意的是，洛必达法则只在 $\lim\limits_{\substack{x\to a\\(x\to\infty)}}\dfrac{f'(x)}{g'(x)}$ 存在(或为无穷大)时适用，如果 $\lim\limits_{\substack{x\to a\\(x\to\infty)}}\dfrac{f'(x)}{g'(x)}$ 不存在，$\lim\limits_{\substack{x\to a\\(x\to\infty)}}\dfrac{f(x)}{g(x)}$ 仍然可能存在，此时该法则失效。例如，

$$\lim_{x\to\infty}\left(1-\frac{\sin x}{x}\right)=\lim_{x\to\infty}\frac{x-\sin x}{x}=\lim_{x\to\infty}\frac{1-\cos x}{1}$$

虽然极限 $\lim\limits_{x\to\infty}\dfrac{1-\cos x}{1}$ 不存在，但是

$$\lim_{x\to\infty}\left(1-\frac{\sin x}{x}\right)=1-\lim_{x\to\infty}\frac{\sin x}{x}=1-0=1$$

习题 4-2

1. 用洛必达法则求下列极限：

(1) $\lim\limits_{x\to2}\dfrac{x^4-16}{x-2}$；　(2) $\lim\limits_{x\to-1}\dfrac{x^3+2x^2-1}{x^3+1}$；　(3) $\lim\limits_{x\to\mathrm{e}}\dfrac{\ln x-1}{x-\mathrm{e}}$；

(4) $\lim\limits_{x\to0}\dfrac{\mathrm{e}^x-1}{x^2-x}$；　(5) $\lim\limits_{x\to0}\dfrac{\ln(1+x)}{x^2}$；　(6) $\lim\limits_{x\to0}\dfrac{x-\sin x}{x^3}$；

(7) $\lim\limits_{x\to0}\dfrac{\mathrm{e}^x+\mathrm{e}^{-x}-2}{x^2}$；　(8) $\lim\limits_{x\to0}\dfrac{2x-\sin 2x}{x\sin x^2}$。

2. 用洛必达法则求下列极限：

(1) $\lim\limits_{x\to+\infty}\dfrac{2x-e^{-x}}{x^2}$；　(2) $\lim\limits_{x\to\frac{\pi}{2}}\dfrac{\tan x}{\tan 3x}$；　(3) $\lim\limits_{x\to+\infty}\dfrac{x^4}{e^{2x}}$；　(4) $\lim\limits_{x\to+\infty}\dfrac{\ln x}{\sqrt{x}}$。

3. 用洛必达法则求下列极限：

(1) $\lim\limits_{x\to0^+}xe^{\frac{1}{x}}$；　(2) $\lim\limits_{x\to0^+}x^3\ln 2x$；　(3) $\lim\limits_{x\to0}\left(\dfrac{1}{x}-\dfrac{1}{e^x-1}\right)$；

(4) $\lim\limits_{x\to1}\left(\dfrac{2}{x^2-1}-\dfrac{1}{x-1}\right)$；　(5) $\lim\limits_{x\to1}\left(\dfrac{1}{1-x}-\dfrac{3}{1-x^3}\right)$；　(6) $\lim\limits_{x\to0^+}x^{\sin x}$。

第三节　函数的单调性、极值

函数是描述客观世界变化规律的重要数学模型，研究函数时，了解函数的增与减、增减的快与慢以及函数的最大值或最小值等性质是非常重要的。通过研究函数的这些性质，我们可以对函数的变化规律有一个基本的了解。下面我们运用导数研究函数的性质，从中体会导数在研究函数中的作用。

一、函数单调性的判定

第一章中已经介绍了函数单调性的概念，但是直接利用定义来判定单调性很不方便，下面我们利用导数来对函数单调性进行研究。

由图 4-3 可知，单调上升的函数如图(a)、(b)所示，曲线上各点处切线倾角均为锐角，从而各点处函数的导数均为正值；相对而言，单调下降的函数如图(c)、(d)所示，曲线上各点处切线倾角均为钝角，从而各点处函数的导数均为负值。由此可见，函数的单调性与导数的符号密切相关。

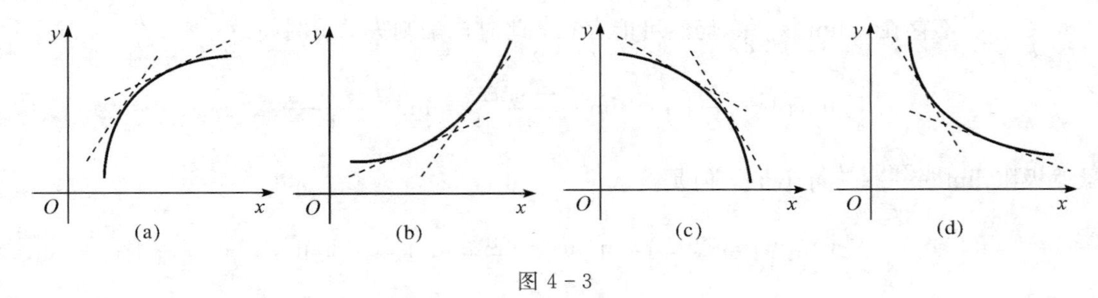

图 4-3

利用拉格朗日中值定理我们可以证明，该结论反之亦然。

定理 4-6　设函数 $y=f(x)$ 在区间 (a,b) 内可导，则

(1) 函数 $y=f(x)$ 在区间(a, b)上单调增加的充要条件是在区间(a, b)上 $f'(x)\geqslant 0$（等号仅在有限个点处成立）；

(2) 函数 $y=f(x)$ 在区间(a, b)上单调减少的充要条件是在区间(a, b)上 $f'(x)\leqslant 0$（等号仅在有限个点处成立）。

例 4-15　判定函数 $y=x-\cos x$ 在$(0, 2\pi)$上的单调性。

解　因为在 $(0, 2\pi)$ 上，$y'=(x-\cos x)'=1+\sin x\geqslant 0$，且等号仅在 $x=\dfrac{3\pi}{2}$ 处成立，所以函数 $y=x-\cos x$ 在$(0, 2\pi)$上单调增加。

例 4-16　讨论函数 $y=3x-x^3$ 的单调性。

解　函数 $y=3x-x^3$ 的定义域为 $(-\infty,+\infty)$，导数为

$$y'=(3x-x^3)'=3-3x^2=3(1+x)(1-x)$$

当 $x\in(-\infty,-1)\cup(1,+\infty)$ 时，$y'<0$，所以函数在 $(-\infty,-1)\cup(1,+\infty)$ 上单调减少；

当 $x\in(-1,1)$ 时，$y'>0$，所以函数在 $(-1,1)$ 上单调增加。

我们也可以更简捷地将上述讨论过程及结论用表格的形式来表示，见表 4-1。

表 4-1

x	$(-\infty,-1)$	$(-1,1)$	$(1,+\infty)$
y'	$-$	$+$	$-$
y	↘	↗	↘

可见，函数 $y=3x-x^3$ 在其定义域 $(-\infty,+\infty)$ 内不是单调的，但是在其部分区间上具有单调性，我们把区间 $(-1,1)$ 称为该函数的单调增区间，把区间 $(-\infty,-1)$ 和 $(1,+\infty)$ 称为该函数的单调减区间，二者统称为单调区间。

我们注意到，在例 4-16 中点 $x=1$ 和 $x=-1$ 是该函数单调区间的分界点，此时该点处函数的导数等于 0。

定义 4-1　使得 $f'(x)=0$ 的点称为函数 $f(x)$ 的驻点。

显然，$x=1$ 和 $x=-1$ 是函数 $y=3x-x^3$ 的驻点。

例 4-17　讨论函数 $y=x^3$ 的单调性。

解　令 $y'=3x^2=0$，得驻点 $x=0$。

由于在定义域 $(-\infty,+\infty)$ 内 $y'\geqslant 0$，且仅在 $x=0$ 处 $y'=0$，因此函数 $y=x^3$ 在 $(-\infty,+\infty)$ 内单调增加。

例 4-17 中函数的驻点并不是单调区间的分界点。对于可导函数来说，单调区间的分界点一定是函数的驻点，而驻点不一定是单调区间的分界点。

例 4-18　讨论函数 $y=x^{\frac{2}{3}}$ 的单调性。

解　函数 $y=x^{\frac{2}{3}}$ 的定义域为 $(-\infty,+\infty)$。当 $x\neq 0$ 时，$y'=\dfrac{2}{3}x^{-\frac{1}{3}}$；当 $x=0$ 时，y' 不存在。用 $x=0$ 划分定义域 $(-\infty,+\infty)$，列表讨论如下：

x	$(-\infty,0)$	$(0,+\infty)$
y'	$-$	$+$
y	↘	↗

可见，$x=0$ 是函数 $y=x^{\frac{2}{3}}$ 单调区间的分界点，此时函数的导数 y' 不存在。

例 4-19　讨论函数 $y=x^{\frac{1}{3}}$ 的单调性。

解　函数 $y=x^{\frac{1}{3}}$ 的定义域为 $(-\infty,+\infty)$。当 $x\neq 0$ 时，$y'=\dfrac{1}{3}x^{-\frac{2}{3}}$；当 $x=0$ 时，y' 不存在。但是由于 $y'>0$，因此函数 $y=x^{\frac{1}{3}}$ 在 $(-\infty,+\infty)$ 内单调增加。

在例 4-19 中，函数的不可导点不是单调区间的分界点。

综上两例可以看出，对于只在个别点处不可导的函数来说，单调区间的分界点一定是

函数的不可导点；而函数的不可导点不一定是函数单调区间的分界点。

总之，函数单调区间的分界点一定是该函数的驻点或不可导点，反之不然。

二、函数的极值

我们知道，在函数单调区间的分界点的两侧附近函数的单调性是不同的，此时在分界点处，函数值就会成为一个局部范围内的最大值或最小值。

定义 4-2 设函数 $y=f(x)$ 在区间 I 上有定义，点 x_0 的某去心邻域 $\mathring{U}(x_0, \delta)\subset I$，若对于任意点 $x\in\mathring{U}(x_0, \delta)$，均有 $f(x)<f(x_0)$（或 $f(x)>f(x_0)$），则称 $f(x_0)$ 是函数 $f(x)$ 的一个极大值（或极小值），称点 x_0 是函数 $f(x)$ 的一个极大值点（或极小值点）。

极大值和极小值统称为极值；极大值点、极小值点统称为极值点。

设函数 $y=f(x)$ $(x\in[a, b])$，如图 4-4 所示，显然函数 $f(x)$ 有两个极大值 $f(x_3)$ 和 $f(x_5)$，有两个极小值 $f(x_1)$ 和 $f(x_4)$。

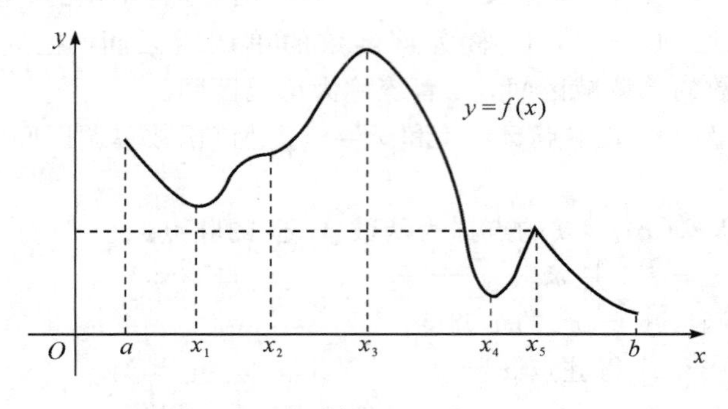

图 4-4

极值是一个局部性的概念。极值不一定是其定义区间上的最值，极值之间没有必然的大小关系，如图 4-4 中，极小值 $f(x_1)$ 比极大值 $f(x_5)$ 还要大。

由于函数的极值产生于单调区间的分界点处，因此可得函数取得极值的必要条件和充分条件。

定理 4-7（极值存在的必要条件） 设函数 $f(x)$ 在点 x_0 处取得极值，那么点 x_0 一定是函数的驻点或不可导点。

我们通常把驻点、不可导点称为函数的可能极值点。

定理 4-8（极值存在的第一充分条件） 设函数 $f(x)$ 在点 x_0 附近可导，且在点 x_0 处满足 $f'(x_0)=0$ 或 $f'(x_0)$ 不存在。

(1) 若在 x_0 左侧附近点 x 的导数 $f'(x)>0$，在 x_0 右侧附近点 x 的导数 $f'(x)<0$，则函数 $f(x)$ 在点 x_0 处取得极大值 $f(x_0)$；

(2) 若在 x_0 左侧附近点 x 的导数 $f'(x)<0$，在 x_0 右侧附近点 x 的导数 $f'(x)>0$，则函数 $f(x)$ 在点 x_0 处取得极小值 $f(x_0)$；

(3) 若在 x_0 左、右两侧附近点 x 的导数 $f'(x)$ 符号一致，则函数 $f(x)$ 在点 x_0 处没有极值。

例 4-20 讨论函数 $y=\dfrac{1}{5}x^5-\dfrac{1}{3}x^3$ 的单调性并求极值。

解　所给函数的定义域为 $(-\infty,+\infty)$。令 $y'=x^4-x^2=x^2(x^2-1)=0$，得驻点

$$x_1=-1,\quad x_2=0,\quad x_3=1$$

用这三个驻点划分定义域 $(-\infty,+\infty)$，列表讨论如下：

x	$(-\infty,-1)$	-1	$(-1,0)$	0	$(0,1)$	1	$(1,+\infty)$
y'	$+$	0	$-$	0	$-$	0	$+$
y	↗	极大值 $\frac{2}{15}$	↘	非极值 0	↘	极小值 $-\frac{2}{15}$	↗

例 4－21　求函数 $f(x)=(x-1)x^{\frac{2}{3}}$ 的极值。

解　所给函数的定义域为 $(-\infty,+\infty)$。令 $f'(x)=\dfrac{5x-2}{3\cdot\sqrt[3]{x}}=0\,(x\neq 0)$，得驻点 $x=\dfrac{2}{5}$；在 $x=0$ 处 $f'(x)$ 不存在。

用点 $x=0$ 和 $x=\dfrac{2}{5}$ 划分定义域 $(-\infty,+\infty)$，列表讨论如下：

x	$(-\infty,0)$	0	$\left(0,\frac{2}{5}\right)$	$\frac{2}{5}$	$\left(\frac{2}{5},+\infty\right)$
$f'(x)$	$+$	不存在	$-$	0	$+$
$f(x)$	↗	极大值 0	↘	极小值 $-\frac{3}{5}\sqrt[3]{\frac{4}{25}}$	↗

如果函数在驻点处的二阶导数存在，我们还可以用下述定理来判断极值。

定理 4－9（**极值存在的第二充分条件**）　设函数 $f(x)$ 在点 x_0 处使得 $f'(x_0)=0$，且 $f''(x_0)$ 存在，则

(1) 当 $f''(x_0)<0$ 时，函数 $f(x)$ 在点 x_0 处取得极大值；

(2) 当 $f''(x_0)>0$ 时，函数 $f(x)$ 在点 x_0 处取得极小值；

(3) 当 $f''(x_0)=0$ 时，无法判断。

例 4－22　求函数 $f(x)=x^3-3x^2-9x+1$ 的极值。

解　令 $f'(x)=3x^2-6x-9=3(x+1)(x-3)=0$，得 $x_1=-1$，$x_2=3$。又

$$f''(x)=6x-6=6(x-1)$$

由 $f''(-1)=-12<0$ 知，$f(x)$ 在 $x=-1$ 处取得极大值，$f(-1)=6$；

由 $f''(3)=12>0$ 知，$f(x)$ 在 $x=3$ 处取得极小值，$f(3)=-26$。

三、函数的最大值与最小值

极值反映的是函数在某一点附近的局部性质，而不是函数在整个定义域内的性质。也就是说，如果 x_0 是函数 $y=f(x)$ 的极大(小)值点，那么在点 x_0 附近找不到比 $f(x_0)$ 更大(小)的值。但是，在解决实际问题或研究函数的性质时，我们更关心函数在某个区间上，哪个值最大，哪个值最小。如果 x_0 是函数的最大(小)值点，那么 $f(x_0)$ 不小(大)于函数 $y=$

$f(x)$ 在相应区间上的所有函数值。假设函数 $y=f(x)$ 如图 4-4 所示，显而易见在 $[a, b]$ 上 $f(x_3)$ 就是最大值，$f(b)$ 就是最小值。

由闭区间上连续函数的性质可知，连续函数 $y=f(x)$ 在 $[a, b]$ 上一定有最大值和最小值，下面的讨论均有该条件成立。

一般地，函数 $f(x)$ 的最值只在极值点处或端点处取得，因此只需比较这些点处的函数值即可，其中最大的是 $f(x)$ 的最大值，最小的是 $f(x)$ 的最小值。求函数 $f(x)$ 在 $[a, b]$ 上的最大值与最小值的步骤如下：

(1) 求 $f(x)$ 在 (a, b) 内的驻点和不可导点；

(2) 将 $f(x)$ 的各驻点和不可导点的函数值与端点处的函数值 $f(a)$、$f(b)$ 进行比较，其中最大的一个是最大值，最小的一个是最小值，得出函数 $f(x)$ 在 $[a, b]$ 上的最值。

例 4-23 求函数 $f(x)=x^3-3x^2-9x+1$，$x\in[-2, 4]$ 的最值。

解 由例 4-22 可知 $f(x)$ 的驻点为 $x_1=-1$，$x_2=3$。比较 $f(-2)=-1$，$f(-1)=6$，$f(3)=-26$，$f(4)=-19$ 可得：该函数的最大值为 $f(-1)=6$，最小值为 $f(3)=-26$。

函数“最值”与“极值”的区别和联系：

(1)“最值”是整体概念，是比较整个定义域内的函数值得出的，具有绝对性；而“极值”是局部概念，是比较极值点附近的函数值得出的，具有相对性。

(2) 函数在其定义区间上的最大值、最小值最多各有一个，而函数的极值可能不止一个，也可能没有。

(3) 极值只能在定义域内部取得，而最值可以在区间的端点处取得。

生活中经常遇到求利润最大、用料最省、效率最高等问题，这些问题通常称为优化问题。此类问题在数学上往往可归结为求某一函数(通常称为目标函数)的最大值或最小值问题。

导数是求函数最大(小)值的有力工具，我们可以利用导数解决一些生活中的优化问题。解决优化问题的核心是建立目标函数，再通过研究相应函数的性质提出优化方案，使问题得以解决。在大量的实际问题的解决过程中，我们发现一般情况下函数均只有一个驻点，而该驻点处的函数值就是所求的最值。

例 4-24 将一块边长为 a 的正方形板材四角各截去一个相同的小正方形，折起四边后做一个无盖的方盒，问：截多少可使方盒的容积最大？

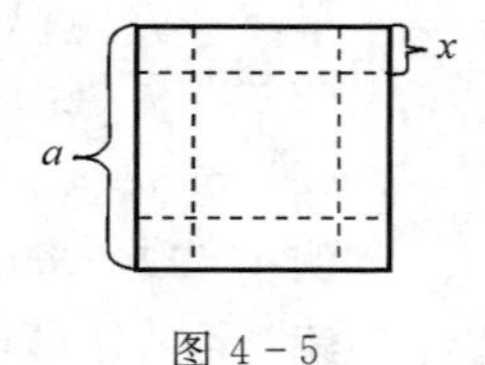

图 4-5

解 设截去的正方形边长为 x（见图 4-5），则盒子的容积为

$$V=(a-2x)^2\cdot x,\ x\in\left(0, \frac{a}{2}\right)$$

令 $V'=(a-2x)(a-6x)=0$，得

$$x=\frac{a}{6},\quad x=\frac{a}{2}\ (\text{舍去})$$

由实际意义可知该问题的最大值存在，由于驻点唯一，因此，当 $x=\frac{a}{6}$ 时，容积取得最大值。

例 4-25 现欲围建一个面积为 150 平方米的矩形场地，正面所用材料每米造价 40 元，其余三面所用材料每米造价 20 元，问：场地的长、宽各是多少时，才能使所用材料费用最少？

解 设矩形场地的正面长为 x 米，另外一边长为 y 米，则由题意知矩形场地的面积为

$xy = 150$，即 $y = \frac{150}{x}$，所用材料费用为

$$f(x) = 40x + 20(2y + x) = 60\left(x + \frac{100}{x}\right), \quad x \in (0, +\infty)$$

从而

$$f'(x) = 60\left(1 - \frac{100}{x^2}\right)$$

令 $f'(x) = 0$，可得驻点

$$x = 10, \quad x = -10\ (舍去)$$

因此，当场地的正面长为 10 米、另外一边长为 15 米时，所用材料费用最少。

例 4－26　某房地产公司有 50 套公寓要出租，当租金定为每月 1800 元时，公寓会全部租出去。当租金每月增加 100 元时，就有一套公寓租不出去，而租出去的房子每月需花费 200 元的整修维护费。试问：房租定为多少可获得最大收入？

解　设房租为每月 x 元，租出去的房子有 $50 - \left(\frac{x - 1800}{100}\right)$ 套，则每月总收入为

$$R(x) = (x - 200)\left(50 - \frac{x - 1800}{100}\right) = (x - 200)\left(68 - \frac{x}{100}\right) \quad (x > 0)$$

从而

$$R'(x) = \left(68 - \frac{x}{100}\right) + (x - 200)\left(-\frac{1}{100}\right) = 70 - \frac{x}{50}$$

令 $R'(x) = 0$，解得

$$x = 3500$$

故每月每套租金为 3500 元时收入最高，最大收入为 $R(3500) = 108\,900$（元）。

习题 4－3

1. 讨论下列函数的单调性：

(1) $y = 2x^3 - 3x^2$；　　(2) $y = e^x - x - 1$；　　(3) $y = 2x + \frac{8}{x}$；

(4) $y = 3x^4 - 4x^3 + 5$；　　(5) $y = \frac{x^2}{1 + x}$。

2. 求下列函数的极值：

(1) $f(x) = x^4 - 2x^2$；　　(2) $f(x) = x^3 - 3x^2 + 4$；

(3) $f(x) = \frac{x^3}{(x - 1)^2}$；　　(4) $y = x - \ln(1 + x)$。

3. 求下列函数的最值：

(1) $f(x) = 2x^3 - 3x^2$，$x \in [-1, 4]$；

(2) $f(x) = \ln(x^2 + 1)$，$x \in [-1, 2]$；

(3) $f(x) = 2x^3 + 3x^2 - 12x + 14$，$x \in [-3, 4]$。

4. 要建造一个容积为 16π 立方米的圆柱形蓄水池，已知侧面造价为 a 元，池底造价为侧面造价的两倍。问：应该如何选择蓄水池的底半径 r 和高 h，才能使总造价最低？

5. 某公司要靠墙围建一个矩形堆料场。

(1) 如果要求面积为 512 平方米，至少要砌墙多少米？

(2) 如果现有的砖可砌墙 68 米，问所建的堆料场面积最大为多少？

6. 如图所示，海岛城市 A 离海岸 120 千米，海滨城市 B 离 C 点 160 千米。已知汽车速度是轮船速度的 2 倍，要使 A、B 两个城市之间运输时间最少，转运码头 D 建在何处最佳？

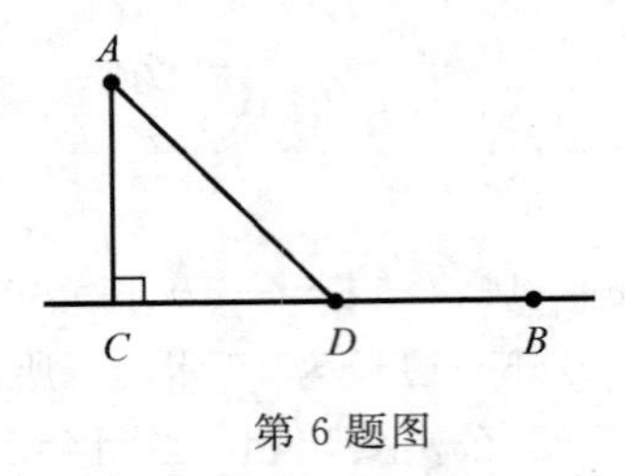

第 6 题图

7. 某产品按质量分为 10 个档次，生产第一档(最低档)的利润是每件 8 元，每提高一个档次，利润每件增加 2 元，但在单位时间内产量减少 3 件。在单位时间内，第一档的产品可生产 60 件。问：在单位时间内，生产第几档的产品的总利润最大？最大为多少元？

第四节　曲线的凹凸性与拐点

当我们确定了函数的单调性后，是否就完全明确了函数的变化规律呢？如图 4－6 中两条曲线弧 $\overset{\frown}{ACB}$ 及 $\overset{\frown}{ADB}$，其单调性相同，但弯曲方向却并不相同。在数学上我们用曲线的凹凸性来加以描述。

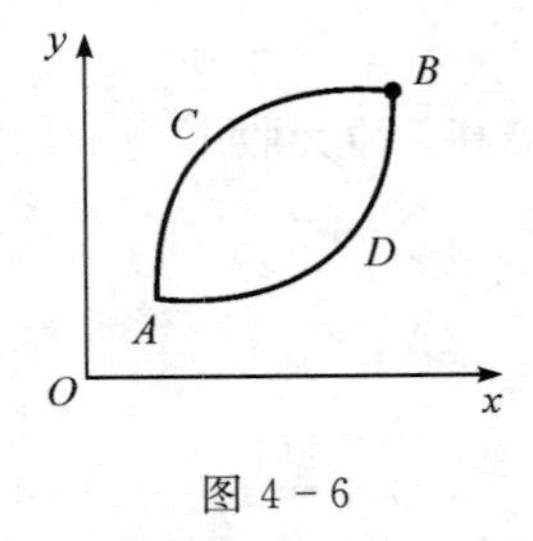

图 4－6

设函数 $y=f(x)$ 在区间 I 上有定义，除端点以外，各点均有切线，若曲线弧位于任一切线的上方，则称曲线 $y=f(x)$ 在区间 I 上是凹的(或凹弧，简记为$\cup$)，见图 4－7(a)；若曲线弧位于任一切线的下方，则称曲线 $y=f(x)$ 在区间 I 上是凸的(或凸弧，简记为$\cap$)，见图 4－7(b)。

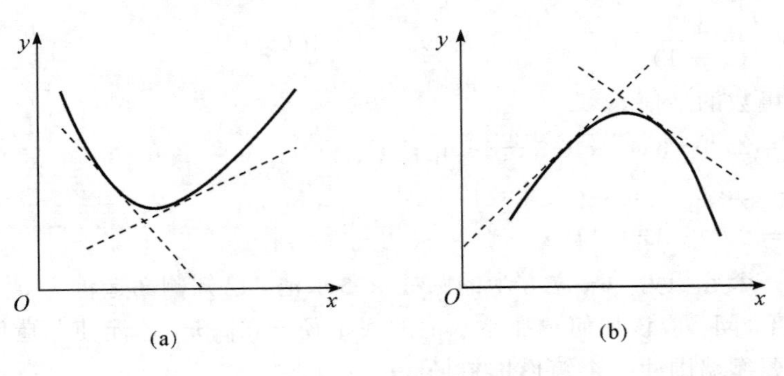

图 4－7

由图 4 - 7 可以看出，凹弧上各点处的切线斜率随 x 的增大而增大，即 $f'(x)$ 单调增加；而凸弧上各点处的切线斜率随 x 的增大而减小，即 $f'(x)$ 单调减少。我们可以证明反过来也成立，再利用第三节单调性的判别法便可得到下述判定曲线凹凸性的定理。

定理 4 - 10　设函数 $y = f(x)$ 在区间(a, b)上有定义且具有二阶导数，那么

(1) 曲线 $y = f(x)$ 在区间(a, b)上是凹弧的充要条件是 $f''(x) > 0$；

(2) 曲线 $y = f(x)$ 在区间(a, b)上是凸弧的充要条件是 $f''(x) < 0$。

例 4 - 27　判定曲线 $y = x^3$ 的凹凸性。

解　$y' = 3x^2$，$y'' = 6x$，由于 x 的取值不同，y'' 的符号不同，列表讨论如下：

x	$(-\infty, 0)$	$(0, +\infty)$
y''	$-$	$+$
y	$\cap$	$\cup$

可见，曲线 $y = x^3$ 在部分区间上是凹弧，在部分区间上是凸弧，二者的分界点是点 $(0, 0)$，在该点处自变量的值使得 $y'' = 0$。

定义 4 - 3　曲线上凹弧与凸弧的分界点称为曲线的拐点。

例 4 - 28　判定曲线 $y = x^4$ 的凹凸性及拐点。

解　$y' = 4x^3$，$y'' = 12x^2$，由于 $y'' \geqslant 0$，故曲线 $y = x^4$ 是凹弧，无拐点。

由此可见，若 y'' 存在，则在拐点处自变量的值使得 $y'' = 0$；反之不然，或者说使得 $y'' = 0$ 的点有可能对应着曲线的拐点。

例 4 - 29　确定曲线 $y = x^{\frac{1}{3}}$ 的拐点。

解　函数 $y = x^{\frac{1}{3}}$ 的定义域为 $(-\infty, +\infty)$。当 $x \neq 0$ 时，$y' = \frac{1}{3}x^{-\frac{2}{3}}$，$y'' = -\frac{2}{9}x^{-\frac{5}{3}}$，列表讨论如下：

x	$(-\infty, 0)$	$(0, +\infty)$
y''	$+$	$-$
y	$\cup$	$\cap$

由表可知点 $(0, 0)$ 就是曲线 $y = x^{\frac{1}{3}}$ 的拐点，而在该点处，y'' 不存在。

例 4 - 30　确定曲线 $y = x^{\frac{2}{3}}$ 的拐点。

解　函数 $y = x^{\frac{2}{3}}$ 的定义域为 $(-\infty, +\infty)$。当 $x \neq 0$ 时，$y' = \frac{2}{3}x^{-\frac{1}{3}}$，$y'' = -\frac{2}{9}x^{-\frac{4}{3}}$，因为 $y'' = -\frac{2}{9}x^{-\frac{4}{3}} < 0$，故曲线 $y = x^{\frac{2}{3}}$ 是凸弧，无拐点。

综上，曲线的拐点产生于横坐标使 $y'' = 0$ 或 y'' 不存在的点，但这两种点是不是对应曲线的拐点，还要视该点两侧曲线的凹凸性而定，凹凸性不同时，才对应着曲线的拐点。

例 4 - 31　判断曲线 $y = x^4 - 4x^3 + 6$ 的凹凸性并求拐点。

解 函数 $y=x^4-4x^3+6$ 的定义域为 $(-\infty,+\infty)$，又

$$y'=4x^3-12x^2,\quad y''=12x^2-24x=12x(x-2)$$

令 $y''=0$，可得 $x_1=0$，$x_2=2$。用 $x_1=0$ 和 $x_2=2$ 将定义域分成三个区间，列表讨论如下：

x	$(-\infty,0)$	0	$(0,2)$	2	$(2,+\infty)$
y''	+	0	−	0	+
y	$\cup$	拐点 $(0,6)$	$\cap$	拐点 $(2,-10)$	$\cup$

例 4-32 判断曲线 $y=(x-1)\sqrt[3]{x^2}$ 的凹凸性并求拐点。

解 函数 $y=(x-1)\sqrt[3]{x^2}$ 的定义域为 $(-\infty,+\infty)$。当 $x\neq 0$ 时，

$$y'=\frac{5}{3}x^{\frac{2}{3}}-\frac{2}{3}x^{-\frac{1}{3}},\quad y''=\frac{10}{9}x^{-\frac{1}{3}}+\frac{2}{9}x^{-\frac{4}{3}}=\frac{2(5x+1)}{9x\sqrt[3]{x}}$$

令 $y''=0$，可得 $x=-\frac{1}{5}$。因为 $x=0$ 时二阶导数不存在，所以用 $x=-\frac{1}{5}$ 和 $x=0$ 将定义域分成三个区间，列表讨论如下：

x	$\left(-\infty,-\frac{1}{5}\right)$	$-\frac{1}{5}$	$\left(-\frac{1}{5},0\right)$	0	$(0,+\infty)$
y''	−	0	+	不存在	+
y	$\cap$	拐点 $\left(-\frac{1}{5},-\frac{6}{5}\sqrt[3]{\frac{1}{25}}\right)$	$\cup$	无拐点	$\cup$

习题 4-4

判定下列函数的凹凸性并求拐点：

(1) $y=x^4-6x^2+5$；　(2) $y=\ln(1+x^2)$；　(3) $y=\frac{x}{1+x^2}$。

第五节　函数图形的描绘

用描点法作函数图形时，利用前两节方法，找到关键的若干个点（如极值点、拐点等），根据各部分区间上的曲线性态（如单调性、凹凸性），就可以比较准确地把函数图形描述出来。

作图的一般步骤如下：

(1) 确定函数定义域及奇偶性、周期性等基本特性；

(2) 由一阶导数确定函数的单调性、极值点，由二阶导数确定曲线的凹凸性、拐点；

(3) 确定曲线的渐近线及变化趋势，根据需要，可补充若干个点；

(4) 用光滑曲线将(2)、(3)中的点连接起来。

例 4-33　作出函数 $y=x^3-x^2-x+1$ 的图形。

解　由 $y'=3x^2-2x-1=0$，得 $x=-\frac{1}{3}$，$x=1$；由 $y''=6x-2=0$，得 $x=\frac{1}{3}$。列表讨论如下：

x	$\left(-\infty,-\frac{1}{3}\right)$	$-\frac{1}{3}$	$\left(-\frac{1}{3},\frac{1}{3}\right)$	$\frac{1}{3}$	$\left(\frac{1}{3},1\right)$	1	$(1,+\infty)$
y'	+	0	−	−	−	0	+
y''	−	−	−	0	+	+	+
y	↗∩	极大值 $\frac{32}{27}$	↘∩	拐点 $\left(\frac{1}{3},\frac{16}{27}\right)$	↘∪	极小值 0	↗∪

另补充描点：$(-1,0)$，$\left(\frac{3}{2},\frac{5}{8}\right)$。

依照表中讨论结果，用光滑曲线将极值对应的点、拐点及补充点连接起来，作出函数图形，如图 4-8 所示。

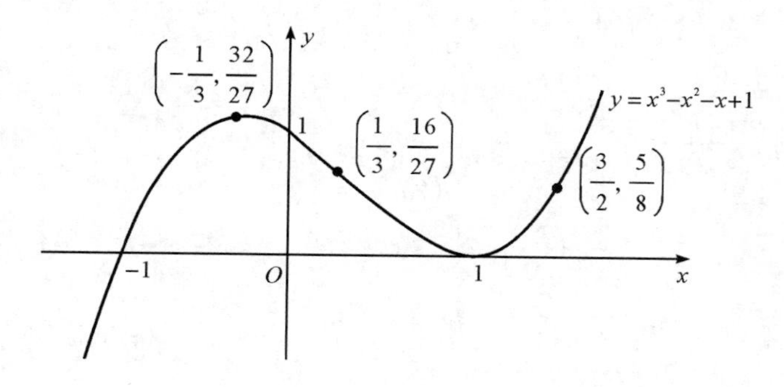

图 4-8

例 4-34　作出函数 $y=\frac{x}{(x+1)^2}+1$ 的图形。

解　由 $y'=\frac{1-x}{(x+1)^3}=0$，得 $x=1$；由 $y''=\frac{2(x-2)}{(x+1)^4}=0$，得 $x=2$。列表讨论如下：

x	$(-\infty,-1)$	$(-1,1)$	1	$(1,2)$	2	$(2,+\infty)$
y'	−	+	0	−	−	−
y''	−	−	−	−	0	+
y	↘∩	↗∩	极大值 $\frac{5}{4}$	↘∩	拐点 $\left(2,\frac{11}{9}\right)$	↘∪

且由 $\lim\limits_{x\to\infty}\left(\frac{x}{(x+1)^2}+1\right)=1$，得水平渐近线 $y=1$；由 $\lim\limits_{x\to-1}\left(\frac{x}{(x+1)^2}+1\right)=\infty$，得铅直渐近线 $x=-1$。

另补充描点：$(0,1)$，$\left(-\frac{1}{2},-1\right)$，$(-2,-1)$，$\left(-3,\frac{1}{4}\right)$。

函数图形如图 4-9 所示。

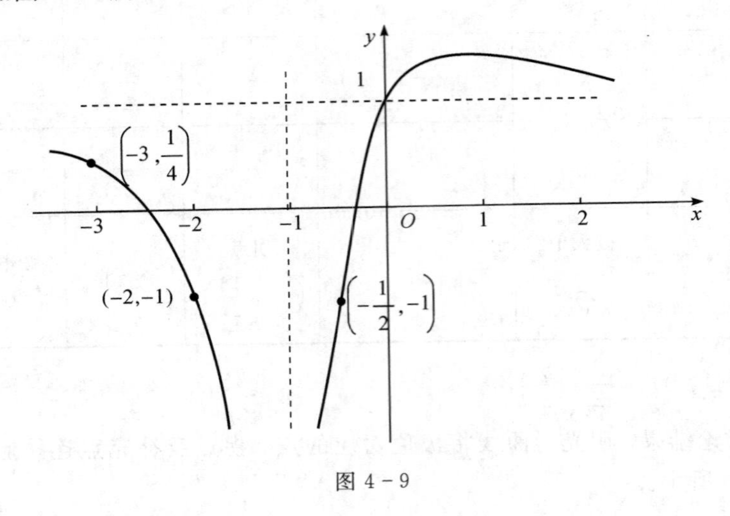

图 4-9

习题 4-5

作出下列函数的图形：

(1) $y=x^4-2x^3+1$；　　(2) $y=e^{-\frac{x^2}{2}}$。

第五章 不定积分

本章将讨论如何寻求一个可导函数，使得它的导数等于已知函数，即微分法的逆运算，这就是积分学的基本问题之一：求不定积分。我们先给出原函数和不定积分的概念，然后介绍它们的性质，进而讨论求不定积分的方法。

第一节 不定积分的概念和性质

一、原函数与不定积分的概念

定义 5-1 如果在区间 I 上，可导函数 $F(x)$ 的导数为 $f(x)$，即对于任意的 $x \in I$，都有

$$F'(x) = f(x) \quad 或 \quad \mathrm{d}F(x) = f(x)\mathrm{d}x$$

则称函数 $F(x)$ 为 $f(x)$ 在区间 I 上的原函数。

例如，在区间 $(-\infty, +\infty)$ 内 $(x^2)' = 2x$，所以 x^2 是 $2x$ 在 $(-\infty, +\infty)$ 内的原函数；$(\sin x)' = \cos x$，所以 $\sin x$ 是 $\cos x$ 在 $(-\infty, +\infty)$ 内的原函数；当 $x > 0$ 时，$(\ln x)' = \frac{1}{x}$，所以 $\ln x$ 是 $\frac{1}{x}$ 在 $(0, +\infty)$ 内的原函数。

一个函数具备什么条件，它的原函数一定存在呢？在此，我们直接给出如下结论：

定理 5-1（原函数存在定理） 如果函数 $f(x)$ 在区间 I 上连续，那么在区间 I 上存在可导函数 $F(x)$，使得对于任意的 $x \in I$，都有 $F'(x) = f(x)$。

简单地说就是：连续函数一定有原函数。

下面关于原函数还要说明两点：

第一，原函数的个数。设 $F(x)$ 是 $f(x)$ 在区间 I 上的一个原函数，那么对任意常数 C 都有 $[F(x)+C]' = f(x)$，即函数 $F(x)+C$ 也是 $f(x)$ 在区间 I 上的原函数。这说明，如果 $f(x)$ 有一个原函数，那么 $f(x)$ 就有无穷多个原函数。

第二，原函数之间的关系。设 $\Phi(x)$ 是 $f(x)$ 在区间 I 上的另一个原函数，则对于任意的 $x \in I$，有 $\Phi'(x) = f(x)$，于是

$$[\Phi(x) - F(x)]' = \Phi'(x) - F'(x) = f(x) - f(x) = 0$$

所以

$$\Phi(x) - F(x) = C_0 \quad (C_0 \text{ 为某个常数})$$

这表明 $\Phi(x)$ 与 $F(x)$ 只差一个常数。因此，当 C 为任意常数时，表达式 $F(x)+C$ 就可以表示 $f(x)$ 的任意一个原函数。

在此基础上，我们引入下述定义。

定义 5-2 在区间 I 上，函数 $f(x)$ 的带有任意常数项的原函数称为 $f(x)$ 在区间 I 上的不定积分，记作

$$\int f(x)\mathrm{d}x$$

其中记号 $\int$ 称为积分号，$f(x)$ 称为被积函数，$f(x)\mathrm{d}x$ 称为被积表达式，x 称为积分变量。

如果 $F(x)$ 是 $f(x)$ 在区间 I 上的一个原函数，即 $F'(x)=f(x)\ (x\in I)$，那么

$$\int f(x)\mathrm{d}x=F(x)+C$$

因此，不定积分 $\int f(x)\mathrm{d}x$ 可以表示 $f(x)$ 的任意一个原函数。

由不定积分的定义可知下述关系：

$$\left(\int f(x)\mathrm{d}x\right)'=f(x) \quad 或 \quad \mathrm{d}\left[\int f(x)\mathrm{d}x\right]=f(x)\mathrm{d}x$$

$$\int F'(x)\mathrm{d}x=F(x)+C \quad 或 \quad \int \mathrm{d}F(x)=F(x)+C$$

由此可见，微分运算（以记号 d 表示）与求不定积分的运算（简称积分运算，以记号 $\int$ 表示）是互逆的。当记号 $\int$ 与 d 连在一起时，或者抵消，或者抵消后差一个常数。

二、不定积分的几何意义

定义 5-3 设 $F(x)$ 是 $f(x)$ 的一个原函数，$y=F(x)$ 的图形称为 $f(x)$ 的积分曲线。

显然积分曲线不止一条，而且所有的积分曲线都可以由一条积分曲线沿 y 轴方向平移得到，因此不定积分 $\int f(x)\mathrm{d}x$ 的几何意义表示：任意一条积分曲线 $y=F(x)$ 沿着 y 轴从 $-\infty$ 到 $+\infty$ 连续地平行移动所产生的一族积分曲线。

例 5-1 设曲线通过点 (1, 2)，且其上任意一点处的切线斜率等于这点横坐标的 2 倍，求此曲线的方程。

解 设所求曲线方程为 $y=f(x)$，由题意知，曲线上任意一点 (x, y) 处的切线斜率为

$$f'(x)=2x$$

即 $f(x)$ 是 $2x$ 的一个原函数。

因为 $\int 2x\mathrm{d}x=x^2+C$，故必存在某个常数 C，使 $f(x)=x^2+C$。又因为所求曲线通过点 (1, 2)，故 $2=1+C$，即 $C=1$。于是所求曲线方程为

$$y=x^2+1$$

本例即是求函数 $2x$ 的通过点 (1, 2) 的那条积分曲线。

三、基本积分表

根据不定积分的定义，求函数 $f(x)$ 的不定积分，只需求出它的一个原函数，再加上任意常数 C 即可。

例如，因为 $\left(\frac{x^3}{3}\right)'=x^2$，所以 $\frac{x^3}{3}$ 是 x^2 的一个原函数，于是

$$\int x^2\mathrm{d}x=\frac{x^3}{3}+C$$

又如，当 $x>0$ 时，因为 $(\ln x)'=\dfrac{1}{x}$，所以 $\ln x$ 是 $\dfrac{1}{x}$ 在 $(0,+\infty)$ 内的原函数，于是在 $(0,+\infty)$ 内，有

$$\int\frac{1}{x}\mathrm{d}x=\ln x+C$$

当 $x<0$ 时，因为 $[\ln(-x)]'=\dfrac{1}{-x}\cdot(-1)=\dfrac{1}{x}$，所以 $\ln(-x)$ 是 $\dfrac{1}{x}$ 在 $(-\infty,0)$ 内的原函数，于是在 $(-\infty,0)$ 内，有

$$\int\frac{1}{x}\mathrm{d}x=\ln(-x)+C$$

综合以上结果，可得

$$\int\frac{1}{x}\mathrm{d}x=\ln|x|+C$$

由于积分是微分的逆运算，因此可以由每一个基本初等函数的导数公式相应得到一个不定积分公式。下面我们把这些基本的积分公式列成一个表，通常称为基本积分表。

(1) $\int k\mathrm{d}x=kx+C$ （k 是常数）；

(2) $\int x^k\mathrm{d}x=\dfrac{1}{k+1}x^{k+1}+C\ (k\neq-1)$；

(3) $\int\dfrac{1}{x}\mathrm{d}x=\ln|x|+C$；

(4) $\int\dfrac{1}{1+x^2}\mathrm{d}x=\arctan x+C$；

(5) $\int\dfrac{1}{\sqrt{1-x^2}}\mathrm{d}x=\arcsin x+C$；

(6) $\int\cos x\mathrm{d}x=\sin x+C$；

(7) $\int\sin x\mathrm{d}x=-\cos x+C$；

(8) $\int\dfrac{1}{\cos^2x}\mathrm{d}x=\int\sec^2x\mathrm{d}x=\tan x+C$；

(9) $\int\dfrac{1}{\sin^2x}\mathrm{d}x=\int\csc^2x\mathrm{d}x=-\cot x+C$；

(10) $\int\sec x\tan x\mathrm{d}x=\sec x+C$；

(11) $\int\csc x\cot x\mathrm{d}x=-\csc x+C$；

(12) $\int a^x\mathrm{d}x=\dfrac{1}{\ln a}a^x+C\ (a>0,\ a\neq1)$；

(13) $\int\mathrm{e}^x\mathrm{d}x=\mathrm{e}^x+C$。

以上所列基本积分公式是求不定积分的基础，必须熟记。

例 5-2　求 $\int\dfrac{1}{x^2}\mathrm{d}x$。

解 $\int \frac{1}{x^2}\mathrm{d}x = \int x^{-2}\mathrm{d}x = \frac{1}{-2+1}x^{-2+1} + C = -\frac{1}{x} + C$

例 5-3 求 $\int x^2\sqrt{x}\,\mathrm{d}x$。

解 $\int x^2\sqrt{x}\,\mathrm{d}x = \int x^{\frac{5}{2}}\mathrm{d}x = \frac{1}{\frac{5}{2}+1}x^{\frac{5}{2}+1} + C = \frac{2}{7}x^{\frac{7}{2}} + C$

例 5-4 求 $\int 2^x \mathrm{e}^x \mathrm{d}x$。

解 $\int 2^x \mathrm{e}^x \mathrm{d}x = \int (2\mathrm{e})^x \mathrm{d}x = \frac{(2\mathrm{e})^x}{\ln(2\mathrm{e})} + C = \frac{2^x \mathrm{e}^x}{1+\ln 2} + C$

四、不定积分的性质

根据不定积分的定义，可以得到它的如下两个性质：

性质 1 设函数 $f(x)$ 及 $g(x)$ 的原函数存在，则

$$\int [f(x) + g(x)]\mathrm{d}x = \int f(x)\mathrm{d}x + \int g(x)\mathrm{d}x$$

该性质可以推广到有限个函数的情形。

性质 2 设函数 $f(x)$ 的原函数存在，k 为非零常数，则

$$\int kf(x)\mathrm{d}x = k\int f(x)\mathrm{d}x$$

利用基本积分表和不定积分的性质，可以求出一些简单的不定积分。

例 5-5 求 $\int (x^2 - 5x)\mathrm{d}x$。

解 $\int (x^2 - 5x)\mathrm{d}x = \int x^2\mathrm{d}x - \int 5x\mathrm{d}x = \int x^2\mathrm{d}x - 5\int x\mathrm{d}x = \frac{1}{3}x^3 - \frac{5}{2}x^2 + C$

注意：

(1) 分项积分后，只需要总地写出一个任意常数 C 即可；

(2) 检验积分结果是否正确，只要对结果求导，看它的导数是否等于被积函数。

例 5-6 求 $\int (3\mathrm{e}^x + \sin x - 2)\mathrm{d}x$。

解 $\int (3\mathrm{e}^x + \sin x - 2)\mathrm{d}x = 3\int \mathrm{e}^x\mathrm{d}x + \int \sin x\mathrm{d}x - 2\int \mathrm{d}x = 3\mathrm{e}^x - \cos x - 2x + C$

例 5-7 求 $\int \left(\frac{1}{2\sqrt{x}} - \frac{3}{\sqrt{1-x^2}} + 2^x\right)\mathrm{d}x$。

解
$$\begin{aligned}\int \left(\frac{1}{2\sqrt{x}} - \frac{3}{\sqrt{1-x^2}} + 2^x\right)\mathrm{d}x &= \frac{1}{2}\int x^{-\frac{1}{2}}\mathrm{d}x - 3\int \frac{1}{\sqrt{1-x^2}}\mathrm{d}x + \int 2^x\mathrm{d}x \\ &= \frac{1}{2}\,\frac{x^{-\frac{1}{2}+1}}{-\frac{1}{2}+1} - 3\arcsin x + \frac{1}{\ln 2}2^x + C \\ &= \sqrt{x} - 3\arcsin x + \frac{1}{\ln 2}2^x + C\end{aligned}$$

有些不定积分，基本积分表中没有相应的类型，需要对被积函数作适当的变形，将其

化为表中的形式后，再逐项求积分。

例 5-8　求$\int(\sqrt[3]{x}-1)^2\mathrm{d}x$。

解　$$\int(\sqrt[3]{x}-1)^2\mathrm{d}x=\int(\sqrt[3]{x^2}-2\sqrt[3]{x}+1)\mathrm{d}x$$
$$=\int x^{\frac{2}{3}}\mathrm{d}x-2\int x^{\frac{1}{3}}\mathrm{d}x+\int\mathrm{d}x$$
$$=\frac{3}{5}x^{\frac{5}{3}}-\frac{3}{2}x^{\frac{4}{3}}+x+C$$

例 5-9　求$\int\frac{(x-1)^3}{x^2}\mathrm{d}x$。

解　$$\int\frac{(x-1)^3}{x^2}\mathrm{d}x=\int\frac{x^3-3x^2+3x-1}{x^2}\mathrm{d}x=\int\left(x-3+\frac{3}{x}-\frac{1}{x^2}\right)\mathrm{d}x$$
$$=\int x\mathrm{d}x-3\int\mathrm{d}x+3\int\frac{1}{x}\mathrm{d}x-\int\frac{1}{x^2}\mathrm{d}x$$
$$=\frac{1}{2}x^2-3x+3\ln|x|+\frac{1}{x}+C$$

例 5-10　求$\int\frac{x^2}{1+x^2}\mathrm{d}x$。

解　$$\int\frac{x^2}{1+x^2}\mathrm{d}x=\int\frac{x^2+1-1}{1+x^2}\mathrm{d}x=\int\left(1-\frac{1}{1+x^2}\right)\mathrm{d}x$$
$$=x-\arctan x+C$$

例 5-11　求$\int\frac{1}{\sin^2x\cdot\cos^2x}\mathrm{d}x$。

解　$$\int\frac{1}{\sin^2x\cdot\cos^2x}\mathrm{d}x=\int\frac{\sin^2x+\cos^2x}{\sin^2x\cdot\cos^2x}\mathrm{d}x=\int\left(\frac{1}{\cos^2x}+\frac{1}{\sin^2x}\right)\mathrm{d}x$$
$$=\tan x-\cot x+C$$

习题 5-1

1. 已知一曲线通过点(3，7)，且在任意一点处的切线斜率等于该点横坐标的平方，求此曲线的方程。

2. 求下列不定积分：

(1) $\int x^5\mathrm{d}x$；　(2) $\int\sqrt{x}\mathrm{d}x$；　(3) $\int\frac{1}{x^3}\mathrm{d}x$；

(4) $\int\frac{1}{x\sqrt{x}}\mathrm{d}x$；　(5) $\int\left(2\cos x-\frac{1}{1+x^2}\right)\mathrm{d}x$；　(6) $\int\left(\frac{1}{\sqrt{1-x^2}}-\frac{3}{x}\right)\mathrm{d}x$；

(7) $\int(1+3x-2x^2)\mathrm{d}x$；　(8) $\int\frac{1+x}{\sqrt{x}}\mathrm{d}x$；　(9) $\int\frac{(x+1)(x-2)}{x^2}\mathrm{d}x$；

(10) $\int\frac{\sqrt{1+x^2}}{\sqrt{1-x^4}}\mathrm{d}x$；　(11) $\int(3^x)^3\mathrm{d}x$。

3. 求下列不定积分：

(1) $\int \frac{\sin 2x}{\cos x}\mathrm{d}x$； (2) $\int \sin^2 \frac{x}{2}\mathrm{d}x$； (3) $\int \cos^2 \frac{x}{2}\mathrm{d}x$；

(4) $\int \frac{1}{1+\cos 2x}\mathrm{d}x$； (5) $\int \frac{\cos 2x}{\sin^2 x\cos^2 x}\mathrm{d}x$。

第二节　第一类换元积分法(凑微分法)

换元积分法是将复合函数求导法则反过来用于求不定积分，即通过适当的变量代换，将所求的不定积分化为基本积分表中所列的形式，再计算出积分的结果。根据被积函数的不同特征，按照变量代换的不同方式，通常将换元积分法分为两类，本节介绍第一类换元积分法。

一、第一类换元积分法(凑微分法)法则

先来看一个具体的例子。

例 5-12　求 $\int \sin 3x\mathrm{d}x$。

解　在基本积分表中有公式 $\int \sin x\mathrm{d}x = -\cos x + C$，据此我们把原式改写为

$$\int \sin 3x\mathrm{d}x = \frac{1}{3}\int \sin 3x\mathrm{d}(3x)$$

若作变量代换，令 $u = 3x$，把 u 看作新的积分变量，就可应用基本积分公式，于是

$$\int \sin 3x\mathrm{d}x = \frac{1}{3}\int \sin 3x\mathrm{d}(3x) = \frac{1}{3}\int \sin u\mathrm{d}u = -\frac{1}{3}\cos u + C$$

再把 u 换成 $3x$，得

$$\int \sin 3x\mathrm{d}x = -\frac{1}{3}\cos 3x + C$$

例 5-12 中所用的方法就是第一类换元积分法，该方法的关键在于选择一个合适的变量代换，把所求的积分变形成为基本积分表中已有的形式或者便于求出的积分。

一般地，设 $F(u)$ 为 $f(u)$ 的原函数，即

$$F'(u) = f(u),\quad \int f(u)\mathrm{d}u = F(u) + C$$

如果 $u = \varphi(x)$ 是中间变量且可导，则根据复合函数的求导法则，有

$$\{F[\varphi(x)]\}' = F'[\varphi(x)]\varphi'(x) = f[\varphi(x)]\varphi'(x)$$

从而，由不定积分的定义可得

$$\int f[\varphi(x)]\varphi'(x)\mathrm{d}x = F[\varphi(x)] + C$$

于是有下述定理：

定理 5-2(第一类换元积分法)　设函数 $u = \varphi(x)$ 可导，且 $\int f(u)\mathrm{d}u = F(u) + C$，则有

$$\int f[\varphi(x)]\varphi'(x)\mathrm{d}x \xlongequal{u=\varphi(x)} \int f(u)\mathrm{d}u = F(u) + C = F[\varphi(x)] + C$$

应用第一类换元积分法的关键是，先要从被积函数中分出一部分因式与 $\mathrm{d}x$ 结合，凑成微分因式 $\mathrm{d}\varphi(x)$ 的形式，即

$$\int f[\varphi(x)]\varphi'(x)\mathrm{d}x = \int f[\varphi(x)]\mathrm{d}\varphi(x) = F[\varphi(x)] + C$$

因此，第一类换元积分法也称为凑微分法。

二、应用举例

下面通过具体的例子来介绍如何应用第一类换元积分法(凑微分法)。

例 5-13　求 $\int (2x-1)^5\mathrm{d}x$。

解　令 $u = 2x-1$，则 $\mathrm{d}u = \mathrm{d}(2x-1) = 2\mathrm{d}x$，即 $\mathrm{d}x = \frac{1}{2}\mathrm{d}u$，于是

$$\int (2x-1)^5\mathrm{d}x = \int u^5 \cdot \frac{1}{2}\mathrm{d}u = \frac{1}{2}\int u^5\mathrm{d}u = \frac{1}{12}u^6 + C = \frac{1}{12}(2x-1)^6 + C$$

例 5-14　求 $\int \frac{\mathrm{d}x}{3x-2}$。

解　令 $u = 3x-2$，则 $\mathrm{d}u = \mathrm{d}(3x-2) = 3\mathrm{d}x$，即 $\mathrm{d}x = \frac{1}{3}\mathrm{d}u$，于是

$$\int \frac{\mathrm{d}x}{3x-2} = \int \frac{1}{u} \cdot \frac{1}{3}\mathrm{d}u = \frac{1}{3}\int \frac{1}{u}\mathrm{d}u = \frac{1}{3}\ln|u| + C = \frac{1}{3}\ln|3x-2| + C$$

由以上两例可以看出：一般地，对于积分 $\int f(ax+b)\mathrm{d}x$，总可以作变换 $u = ax+b$，若 $\int f(x)\mathrm{d}x = F(x) + C$，则

$$\int f(ax+b)\mathrm{d}x = \frac{1}{a}\int f(ax+b)\mathrm{d}(ax+b) = \frac{1}{a}\int f(u)\mathrm{d}u = \frac{1}{a}F(ax+b) + C$$

例 5-15　求 $\int x\mathrm{e}^{x^2}\mathrm{d}x$。

解　令 $u = x^2$，则 $\mathrm{d}u = 2x\mathrm{d}x$，即 $x\mathrm{d}x = \frac{1}{2}\mathrm{d}u$，于是

$$\int x\mathrm{e}^{x^2}\mathrm{d}x = \int \frac{1}{2}\mathrm{e}^u\mathrm{d}u = \frac{1}{2}\int \mathrm{e}^u\mathrm{d}u = \frac{1}{2}\mathrm{e}^u + C = \frac{1}{2}\mathrm{e}^{x^2} + C$$

例 5-16　求 $\int x\sqrt{1-x^2}\mathrm{d}x$。

解　令 $u = 1-x^2$，则 $\mathrm{d}u = -2x\mathrm{d}x$，即 $x\mathrm{d}x = -\frac{1}{2}\mathrm{d}u$，于是

$$\int x\sqrt{1-x^2}\mathrm{d}x = \int \sqrt{u} \cdot \left(-\frac{1}{2}\right)\mathrm{d}u = -\frac{1}{2}\int \sqrt{u}\mathrm{d}u = -\frac{1}{3}u^{\frac{3}{2}} + C = -\frac{1}{3}(1-x^2)^{\frac{3}{2}} + C$$

在求复合函数的导数时，我们常不写出中间变量。同样地，在比较熟悉不定积分的第一类换元积分法后，也可不写出中间变量。

如例 5-13～例 5-16 也可分别写为

$$\int (2x-1)^5\mathrm{d}x = \int (2x-1)^5 \cdot \frac{1}{2}\mathrm{d}(2x-1) = \frac{1}{2}\int (2x-1)^5\mathrm{d}(2x-1) = \frac{1}{12}(2x-1)^6 + C$$

$$\int \frac{dx}{3x-2} = \int \frac{1}{3x-2} \cdot \frac{1}{3} d(3x-2) = \frac{1}{3}\int \frac{1}{3x-2} d(3x-2) = \frac{1}{3}\ln|3x-2| + C$$

$$\int x e^{x^2} dx = \frac{1}{2}\int e^{x^2} \cdot 2x dx = \frac{1}{2}\int e^{x^2} d(x^2) = \frac{1}{2}e^{x^2} + C$$

$$\int x\sqrt{1-x^2}\,dx = -\frac{1}{2}\int \sqrt{1-x^2}\cdot(-2x)dx = -\frac{1}{2}\int (1-x^2)^{\frac{1}{2}} d(1-x^2) = -\frac{1}{3}(1-x^2)^{\frac{3}{2}} + C$$

例 5-17 求 $\int x\sqrt[3]{x^2+5}\,dx$。

解 $\int x\sqrt[3]{x^2+5}\,dx = \frac{1}{2}\int (x^2+5)^{\frac{1}{3}} d(x^2+5) = \frac{3}{8}(x^2+5)^{\frac{4}{3}} + C$

例 5-18 求 $\int \frac{1}{4+x^2}dx$。

解
$$\int \frac{1}{4+x^2}dx = \frac{1}{4}\int \frac{1}{1+\left(\frac{x}{2}\right)^2}dx = \frac{1}{2}\int \frac{1}{1+\left(\frac{x}{2}\right)^2}\cdot\frac{1}{2}dx$$
$$= \frac{1}{2}\int \frac{1}{1+\left(\frac{x}{2}\right)^2}d\left(\frac{x}{2}\right) = \frac{1}{2}\arctan\frac{x}{2} + C$$

一般地，有

$$\int \frac{1}{a^2+x^2}dx = \frac{1}{a}\arctan\frac{x}{a} + C \quad (a>0)$$

例 5-19 求 $\int \frac{1}{\sqrt{a^2-x^2}}dx\ (a>0)$。

解
$$\int \frac{1}{\sqrt{a^2-x^2}}dx = \int \frac{1}{a}\cdot\frac{1}{\sqrt{1-\left(\frac{x}{a}\right)^2}}dx$$
$$= \int \frac{1}{\sqrt{1-\left(\frac{x}{a}\right)^2}}d\left(\frac{x}{a}\right) = \arcsin\frac{x}{a} + C$$

例 5-20 求 $\int \frac{1}{a^2-x^2}dx\ (a>0)$。

解
$$\int \frac{1}{a^2-x^2}dx = \int \frac{1}{2a}\left(\frac{1}{a+x}+\frac{1}{a-x}\right)dx$$
$$= \frac{1}{2a}\int \frac{1}{a+x}dx + \frac{1}{2a}\int \frac{1}{a-x}dx$$
$$= \frac{1}{2a}\int \frac{1}{a+x}d(a+x) + \frac{1}{2a}\int \frac{-1}{a-x}d(a-x)$$
$$= \frac{1}{2a}\ln|a+x| - \frac{1}{2a}\ln|a-x| + C$$
$$= \frac{1}{2a}\ln\left|\frac{a+x}{a-x}\right| + C$$

在使用第一类换元积分法时，总是将被积函数分解成两个因式 $f[\varphi(x)]$ 与 $\varphi'(x)$ 的乘积，然后将 $\varphi'(x)dx$ 按微分逆运算写成 $d\varphi(x)$，当被积函数的中间变量与积分变量的形式一致时，就可使用基本积分表中的结论写出积分结果。

例 5-21　求$\int \frac{e^x}{2+e^x}dx$。

解　$\int \frac{e^x}{2+e^x}dx = \int \frac{1}{2+e^x}d(2+e^x) = \ln(2+e^x)+C$

例 5-22　求$\int \frac{x}{(1+3x^2)^3}dx$。

解　$$\int \frac{x}{(1+3x^2)^3}dx = \frac{1}{6}\int (1+3x^2)^{-3}d(1+3x^2)$$

$$= \frac{1}{6}\cdot\frac{(1+3x^2)^{-3+1}}{-3+1}+C = -\frac{1}{12(1+3x^2)^2}+C$$

例 5-23　求$\int \frac{\cos x}{\sin^3 x}dx$。

解　$$\int \frac{\cos x}{\sin^3 x}dx = \int \frac{1}{\sin^3 x}d(\sin x) = \int \sin^{-3} x d(\sin x)$$

$$= -\frac{1}{2}\sin^{-2} x + C = -\frac{1}{2}\csc^2 x + C$$

例 5-24　求$\int \tan x dx$。

解　$\int \tan x dx = \int \frac{\sin x}{\cos x}dx = -\int \frac{1}{\cos x}d(\cos x) = -\ln|\cos x|+C$

类似地，可得

$$\int \cot x dx = \ln|\sin x|+C$$

例 5-25　求$\int \sec x dx$。

解　$$\int \sec x dx = \int \frac{\sec x(\sec x+\tan x)}{\sec x+\tan x}dx = \int \frac{\sec^2 x+\sec x\tan x}{\sec x+\tan x}dx$$

$$= \int \frac{1}{\sec x+\tan x}d(\sec x+\tan x)$$

$$= \ln|\sec x+\tan x|+C$$

类似地，可得

$$\int \csc x dx = \ln|\csc x-\cot x|+C$$

例 5-26　求$\int \frac{2x-1}{\sqrt{1-x^2}}dx$。

解　$$\int \frac{2x-1}{\sqrt{1-x^2}}dx = \int\left(\frac{2x}{\sqrt{1-x^2}}-\frac{1}{\sqrt{1-x^2}}\right)dx$$

$$= \int \frac{2x}{\sqrt{1-x^2}}dx - \int \frac{1}{\sqrt{1-x^2}}dx$$

$$= -\int (1-x^2)^{-\frac{1}{2}}d(1-x^2) - \int \frac{1}{\sqrt{1-x^2}}dx$$

$$= -2\sqrt{1-x^2} - \arcsin x + C$$

通过上面的例子可以看到，利用第一类换元积分法求不定积分需要一定的技巧，关键是要在被积表达式中凑出适用的微分因子，进而进行变量代换。这方面无一般法则可循，但熟记一些常用的凑微分公式是有帮助的。

例 5－27 求 $\int \frac{1}{\sqrt{x}} e^{3\sqrt{x}} dx$。

解 $\int \frac{1}{\sqrt{x}} e^{3\sqrt{x}} dx = \frac{2}{3}\int e^{3\sqrt{x}} d(3\sqrt{x}) = \frac{2}{3} e^{3\sqrt{x}} + C$

例 5－28 求 $\int \frac{1}{x^2} \cos \frac{1}{x} dx$。

解 $\int \frac{1}{x^2} \cos \frac{1}{x} dx = -\int \cos \frac{1}{x} d\left(\frac{1}{x}\right) = -\sin \frac{1}{x} + C$

例 5－29 求 $\int \frac{1}{x(1+2\ln x)} dx$。

解

$$\int \frac{1}{x(1+2\ln x)} dx = \int \frac{1}{1+2\ln x} \cdot \frac{1}{x} dx$$

$$= \frac{1}{2}\int \frac{1}{1+2\ln x} d(1+2\ln x) = \frac{1}{2}\ln|1+2\ln x| + C$$

例 5－30 求 $\int \frac{x^2}{(1+2x^3)^2} dx$。

解

$$\int \frac{x^2}{(1+2x^3)^2} dx = \int (1+2x^3)^{-2} \cdot x^2 dx$$

$$= \frac{1}{6}\int (1+2x^3)^{-2} d(1+2x^3) = -\frac{1}{6(1+2x^3)} + C$$

三、基本积分表的补充

本节中几个例题的结果通常可以直接使用，现在把它们作为公式补充到第一节的基本积分表中。

(14) $\int \tan x dx = -\ln|\cos x| + C$；

(15) $\int \cot x dx = \ln|\sin x| + C$；

(16) $\int \sec x dx = \ln|\sec x + \tan x| + C$；

(17) $\int \csc x dx = \ln|\csc x - \cot x| + C$；

(18) $\int \frac{1}{a^2+x^2} dx = \frac{1}{a}\arctan \frac{x}{a} + C \ (a > 0)$；

(19) $\int \frac{1}{\sqrt{a^2-x^2}} dx = \arcsin \frac{x}{a} + C \ (a > 0)$；

(20) $\int \frac{1}{a^2-x^2} dx = \frac{1}{2a}\ln\left|\frac{a+x}{a-x}\right| + C \ (a > 0)$。

例 5－31 求 $\int \tan\left(5x+\frac{\pi}{3}\right) dx$。

解 $\int \tan\left(5x+\frac{\pi}{3}\right) dx = \frac{1}{5}\int \tan\left(5x+\frac{\pi}{3}\right) d\left(5x+\frac{\pi}{3}\right) = -\frac{1}{5}\ln\left|\cos\left(5x+\frac{\pi}{3}\right)\right| + C$

例 5-32　求 $\int \frac{1}{9+4x^2}dx$。

解　$\int \frac{1}{9+4x^2}dx = \frac{1}{2}\int \frac{1}{3^2+(2x)^2}d(2x) = \frac{1}{6}\arctan\frac{2x}{3}+C$

习题 5-2

1. 求下列不定积分：

(1) $\int (x-5)^7 dx$；　(2) $\int \frac{1}{(2x+1)^3}dx$；　(3) $\int \sqrt{1-3x}\,dx$；

(4) $\int \sin 5x dx$；　(5) $\int e^{3x} dx$；　(6) $\int \cos\left(\frac{\pi}{6}-4x\right)dx$；

(7) $\int \frac{2}{3x+1}dx$；　(8) $\int \frac{1}{1-2x}dx$；　(9) $\int \frac{1}{1+4x^2}dx$；

(10) $\int \frac{1}{\sqrt{1-9x^2}}dx$。

2. 求下列不定积分：

(1) $\int x e^{-3x^2} dx$；　(2) $\int \frac{x}{x^2+1}dx$；　(3) $\int \frac{2x-3}{x^2-3x+1}dx$；

(4) $\int \frac{1}{x\ln x}dx$；　(5) $\int e^{\sin x}\cos x dx$；　(6) $\int \frac{\sin x}{\cos^5 x}dx$；

(7) $\int \frac{\cos\sqrt{x}}{\sqrt{x}}dx$；　(8) $\int \cos^2(2x+1)dx$；　(9) $\int x^2 e^{-x^3} dx$；

(10) $\int x^2\sqrt{3-x^3}\,dx$；　(11) $\int \cot 3x dx$；　(12) $\int \frac{1}{16+x^2}dx$；

(13) $\int \frac{1}{4+9x^2}dx$；　(14) $\int \frac{1}{\sqrt{4-9x^2}}dx$；　(15) $\int \frac{1}{4-9x^2}dx$；

(16) $\int \frac{1}{e^x+e^{-x}}dx$；　(17) $\int \frac{1}{1+e^x}dx$。

第三节　第二类换元积分法

一、第二类换元积分法法则

用第一类换元积分法能够求出许多不定积分，但有些不定积分例如

$$\int \sqrt{4-x^2}\,dx$$

却不能用第一类换元积分法求解。我们引入另一种积分法——第二类换元积分法。

定理 5-3（第二类换元积分法）　设函数 $f(x)$ 连续，$x=\varphi(t)$ 具有连续的导数 $\varphi'(t)$，且 $\varphi'(t)\neq 0$，则有换元公式

$$\int f(x)dx \xlongequal{x=\varphi(t)} \int f[\varphi(t)]\varphi'(t)dt$$

下面来介绍几种第二类换元积分法的常见形式。

二、无理代换

对于被积函数中含有 $\sqrt[n]{ax+b}$ 的不定积分，可令 $\sqrt[n]{ax+b}=t$，即作变量代换 $x=\dfrac{t^n-b}{a}$ $(a\neq 0)$，从而把无理函数的积分化为有理函数的积分。

例 5-33 求不定积分 $\int \dfrac{1}{1+\sqrt{x}}\mathrm{d}x$。

解 令 $\sqrt{x}=t$，即 $x=t^2$，这样就去掉了被积函数中的根式，此时 $\mathrm{d}x=2t\mathrm{d}t$，于是

$$\begin{aligned}\int \frac{1}{1+\sqrt{x}}\mathrm{d}x&=\int \frac{1}{1+t}\cdot 2t\mathrm{d}t=2\int \frac{t+1-1}{1+t}\mathrm{d}t\\&=2\int\left(1-\frac{1}{1+t}\right)\mathrm{d}t=2\int \mathrm{d}t-2\int \frac{1}{1+t}\mathrm{d}(1+t)\\&=2t-2\ln|1+t|+C=2\sqrt{x}-2\ln(1+\sqrt{x})+C\end{aligned}$$

例 5-34 求不定积分 $\int \dfrac{\sqrt{x-4}}{x}\mathrm{d}x$。

解 令 $\sqrt{x-4}=t$，即 $x=t^2+4$，则 $\mathrm{d}x=2t\mathrm{d}t$，于是

$$\begin{aligned}\int \frac{\sqrt{x-4}}{x}\mathrm{d}x&=\int \frac{t}{t^2+4}\cdot 2t\mathrm{d}t=2\int \frac{t^2}{t^2+4}\mathrm{d}t\\&=2\int \frac{t^2+4-4}{t^2+4}\mathrm{d}t=2\int\left(1-\frac{4}{t^2+2^2}\right)\mathrm{d}t\\&=2\left(t-2\arctan\frac{t}{2}\right)+C=2\left(\sqrt{x-4}-2\arctan\frac{\sqrt{x-4}}{2}\right)+C\end{aligned}$$

例 5-35 求不定积分 $\int \dfrac{1}{\sqrt{x}+\sqrt[3]{x}}\mathrm{d}x$。

解 令 $\sqrt[6]{x}=t$，即 $x=t^6$，则 $\mathrm{d}x=6t^5\mathrm{d}t$，于是

$$\begin{aligned}\int \frac{1}{\sqrt{x}+\sqrt[3]{x}}\mathrm{d}x&=\int \frac{1}{t^3+t^2}\cdot 6t^5\mathrm{d}t=6\int \frac{t^3}{t+1}\mathrm{d}t\\&=6\int \frac{t^3+1-1}{t+1}\mathrm{d}t=6\int\left(t^2-t+1-\frac{1}{t+1}\right)\mathrm{d}t\\&=6\left(\frac{t^3}{3}-\frac{t^2}{2}+t-\ln|1+t|\right)+C\\&=2\sqrt{x}-3\sqrt[3]{x}+6\sqrt[6]{x}-6\ln(\sqrt[6]{x}+1)+C\end{aligned}$$

三、三角代换

当被积函数中含有二次根式 $\sqrt{a^2-x^2}$，$\sqrt{a^2+x^2}$ 或 $\sqrt{x^2-a^2}$ 时 $(a>0)$，可以利用三角函数代换，变根式积分为三角有理式积分，这三种根式通常采用如下代换的方法：

1. 含有 $\sqrt{a^2-x^2}$ 时，令 $x=a\sin t\left(-\dfrac{\pi}{2}<t<\dfrac{\pi}{2}\right)$

例 5-36 求不定积分 $\int \sqrt{1-x^2}\mathrm{d}x$。

解 被积函数中含有 $\sqrt{1-x^2}$，所以令 $x=\sin t\left(-\frac{\pi}{2}<t<\frac{\pi}{2}\right)$，则 $\mathrm{d}x=\cos t\mathrm{d}t$，而 $\sqrt{1-x^2}=\sqrt{1-\sin^2 t}=\sqrt{\cos^2 t}=\cos t\left(-\frac{\pi}{2}<t<\frac{\pi}{2}\right)$，于是

$$\begin{aligned}\int\sqrt{1-x^2}\mathrm{d}x&=\int\cos t\cdot\cos t\mathrm{d}t=\int\cos^2 t\mathrm{d}t\\&=\frac{1}{2}\int(1+\cos 2t)\mathrm{d}t=\frac{1}{2}\left(t+\frac{1}{2}\sin 2t\right)+C\\&=\frac{1}{2}(t+\sin t\cos t)+C\end{aligned}$$

再由 $x=\sin t$，得 $t=\arcsin x$，代回上式有

$$\int\sqrt{1-x^2}\mathrm{d}x=\frac{1}{2}\arcsin x+\frac{x}{2}\sqrt{1-x^2}+C$$

一般地，可以借助于直角三角形示意图(见图 5-1)进行变量还原，由 $x=a\sin t$ 得

$$\sin t=\frac{x}{a},\quad \cos t=\frac{1}{a}\sqrt{a^2-x^2}$$

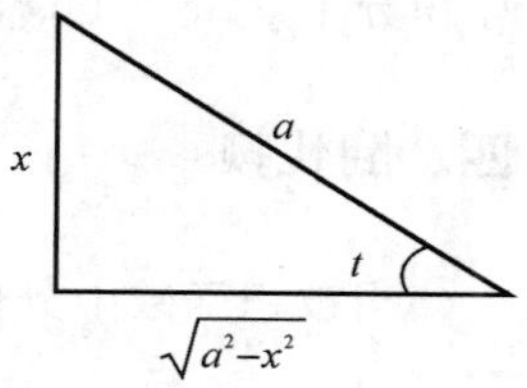

图 5-1

2. 含有 $\sqrt{a^2+x^2}$ 时，令 $x=a\tan t\left(-\frac{\pi}{2}<t<\frac{\pi}{2}\right)$

例 5-37 求不定积分 $\int\frac{1}{\sqrt{a^2+x^2}}\mathrm{d}x(a>0)$。

解 令 $x=a\tan t\left(-\frac{\pi}{2}<t<\frac{\pi}{2}\right)$ (见图 5-2)，则

$$\mathrm{d}x=a\sec^2 t\mathrm{d}t$$

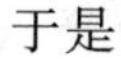

于是

$$\begin{aligned}\int\frac{1}{\sqrt{a^2+x^2}}\mathrm{d}x&=\int\frac{a\sec^2 t}{\sqrt{a^2+(a\tan t)^2}}\mathrm{d}t=\int\sec t\mathrm{d}t\\&=\ln|\sec t+\tan t|+C_0\\&=\ln|\sqrt{1+\tan^2 t}+\tan t|+C_0\\&=\ln\left|\sqrt{1+\left(\frac{x}{a}\right)^2}+\frac{x}{a}\right|+C_0\\&=\ln\left|x+\sqrt{x^2+a^2}\right|+C\end{aligned}$$

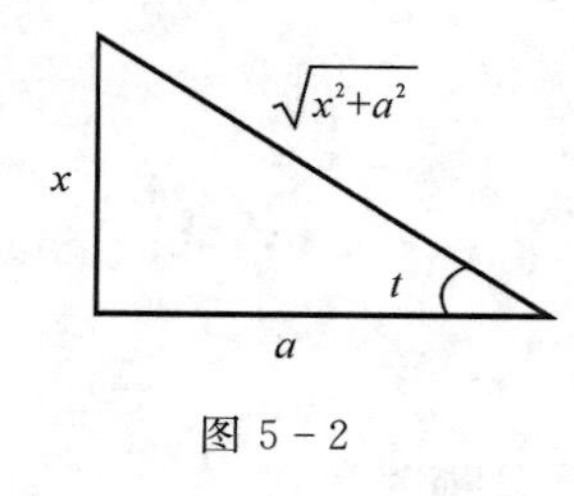

图 5-2

其中 $C=C_0-\ln a$。

3. 含有 $\sqrt{x^2-a^2}$ 时，令 $x=a\sec t\left(0<t<\frac{\pi}{2}\right)$

例 5-38 求不定积分 $\int\frac{1}{\sqrt{x^2-a^2}}\mathrm{d}x\ (a>0)$。

解 令 $x=a\sec t\left(-\frac{\pi}{2}<t<\frac{\pi}{2}\right)$ (见图 5-3)，则

$$\mathrm{d}x=a\sec t\tan t\mathrm{d}t$$

于是

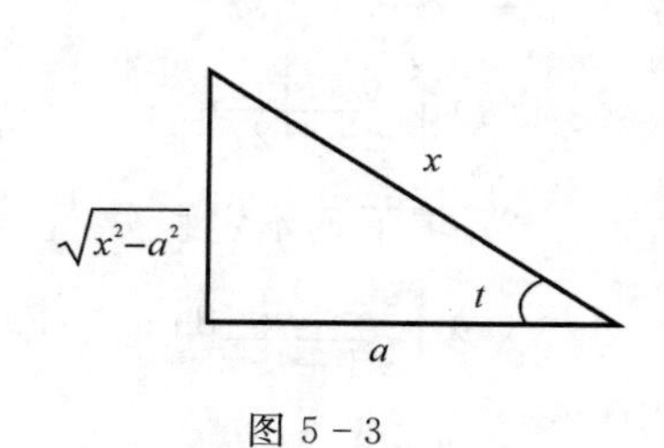

图 5-3

$$\begin{aligned}\int\frac{1}{\sqrt{x^2-a^2}}dx&=\int\frac{a\sec t\tan t}{\sqrt{(a\sec t)^2-a^2}}dt=\int\sec t dt\\&=\ln|\sec t+\tan t|+C_0\\&=\ln\left|\frac{x}{a}+\frac{\sqrt{x^2-a^2}}{a}\right|+C_0\\&=\ln\left|x+\sqrt{x^2-a^2}\right|+C\end{aligned}$$

其中 $C=C_0-\ln a$。

我们可以将上述两例的结果 $\int\frac{1}{\sqrt{x^2\pm a^2}}dx=\ln\left|x+\sqrt{x^2\pm a^2}\right|+C(a>0)$ 补充到基本积分表中。

第二类换元法主要解决被积函数含有根式的积分问题，但也要具体问题具体分析，例如积分 $\int\sqrt{2x+1}dx$，$\int x\sqrt{x^2-1}dx$ 等，使用凑微分法更为简便。

四、倒代换

当被积函数中分母的次数较高时，可以采用倒代换，即令 $x=\frac{1}{t}$。

例 5－39 求不定积分 $\int\frac{1}{x(x^7+2)}dx$。

解 令 $x=\frac{1}{t}$，则 $dx=-\frac{1}{t^2}dt$，于是

$$\begin{aligned}\int\frac{1}{x(x^7+2)}dx&=\int\frac{t}{\left(\frac{1}{t}\right)^7+2}\cdot\left(-\frac{1}{t^2}\right)dt=-\int\frac{t^6}{1+2t^7}dt\\&=-\frac{1}{14}\int\frac{1}{1+2t^7}d(1+2t^7)=-\frac{1}{14}\ln|1+2t^7|+C\\&=-\frac{1}{14}\ln\left|\frac{x^7+2}{x^7}\right|+C\\&=-\frac{1}{14}\ln|x^7+2|+\frac{1}{2}\ln|x|+C\end{aligned}$$

习题 5－3

1. 求下列不定积分：

(1) $\int\frac{x}{\sqrt{1-x}}dx$； (2) $\int\frac{dx}{1+\sqrt{2x}}$； (3) $\int x\sqrt{1-2x}dx$；

(4) $\int\frac{\sqrt{x+1}}{x+2}dx$； (5) $\int\frac{1}{\sqrt{x}+\sqrt[4]{x}}dx$； (6) $\int\frac{1}{\sqrt{1+e^x}}dx$。

2. 求下列不定积分：

(1) $\int\frac{x^2}{\sqrt{1-x^2}}dx$； (2) $\int\frac{1}{x\sqrt{x^2-1}}dx$； (3) $\int\frac{x^2}{\sqrt{9-x^2}}dx$； (4) $\int\frac{1}{(1+x^2)^2}dx$。

第四节　分部积分法

一、分部积分公式

积分法中的另一个方法是分部积分法，它是乘积求导公式的逆运算。

设 $u=u(x)$，$v=v(x)$ 有连续的导数，由求导公式 $(uv)'=u'v+uv'$，得

$$uv'=(uv)'-u'v$$

两边积分，有

$$\int uv'\mathrm{d}x=\int(uv)'\mathrm{d}x-\int u'v\mathrm{d}x$$

即

$$\int u\mathrm{d}v=uv-\int v\mathrm{d}u$$

这就是分部积分公式。使用分部积分公式求不定积分的方法称为分部积分法。

应用分部积分法首先要把被积函数 $f(x)$ 分成两部分，一部分作为公式中的 u，另一部分作为公式中的 v'，然后把积分 $\int f(x)\mathrm{d}x$ 写成 $\int u\mathrm{d}v$ 的形式。恰当地选取 u 和 v' 是应用该方法的关键，选取的原则一是要 v 容易求出，二是要使新的积分 $\int v\mathrm{d}u$ 比原来的积分 $\int u\mathrm{d}v$ 容易求出。

应用分部积分法时，u 及 v' 的选择是有一定规律的。下面介绍分部积分法常见的适用题型，以及如何选择 u 和 v'。

二、多项式与指数函数或三角函数乘积的积分

先来看一个具体的例子。

例 5-40　求 $\int x\cos x\mathrm{d}x$。

解　令 $u=x$，$v'=\cos x$，则 $v=\sin x$，于是

$$\begin{aligned}\int x\cos x\mathrm{d}x&=\int x\mathrm{d}(\sin x)\\&=x\sin x-\int\sin x\mathrm{d}x=x\sin x-(-\cos x)+C\\&=x\sin x+\cos x+C\end{aligned}$$

此题中，若令 $u=\cos x$，$v'=x$，则 $v=\frac{1}{2}x^2$，于是

$$\begin{aligned}\int x\cos x\mathrm{d}x&=\int\cos x\mathrm{d}\left(\frac{1}{2}x^2\right)\\&=\cos x\cdot\frac{1}{2}x^2-\int\frac{1}{2}x^2\mathrm{d}(\cos x)=\frac{1}{2}x^2\cos x+\int\frac{1}{2}x^2\sin x\mathrm{d}x\end{aligned}$$

这样得到的新积分 $\int\frac{1}{2}x^2\sin x\mathrm{d}x$ 反而比原积分 $\int x\cos x\mathrm{d}x$ 更难求了。因此，在应用分部积分

法时，如果 u 和 v' 选取不当，就求不出结果。

当被积函数为多项式(幂函数)与正(余)弦或指数函数的乘积时，可以考虑应用分部积分法，此时选取多项式(幂函数)作为 u，这样可以降低多项式(幂函数)的次数。

例 5-41 求 $\int xe^x dx$。

解 设 $u=x$，$v'=e^x$，则 $v=e^x$，于是

$$\int xe^x dx=\int xde^x=xe^x-\int e^x dx=xe^x-e^x+C$$

例 5-42 求 $\int (x^2+1)e^x dx$。

解 设 $u=x^2+1$，$v'=e^x$，则 $v=e^x$，于是

$$\begin{aligned}\int (x^2+1)e^x dx&=\int (x^2+1)de^x\\&=(x^2+1)e^x-\int e^x d(x^2+1)\\&=(x^2+1)e^x-2\int xe^x dx\\&=(x^2+1)e^x-2(xe^x-e^x)+C\\&=(x^2-2x+3)e^x+C\end{aligned}$$

三、多项式与对数函数或反三角函数乘积的积分

如果被积函数是多项式与对数函数或反三角函数乘积的形式，则可以考虑应用分部积分法，并把对数函数或反三角函数作为 u。

例 5-43 求 $\int x^2\ln x dx$。

解 为使 v 容易求得，选取 $u=\ln x$，$v'=x^2$，则 $v=\frac{1}{3}x^3$，于是

$$\begin{aligned}\int x^2\ln x dx&=\frac{1}{3}\int \ln x dx^3=\frac{1}{3}x^3\ln x-\frac{1}{3}\int x^3 d(\ln x)\\&=\frac{1}{3}x^3\ln x-\frac{1}{3}\int x^2 dx\\&=\frac{1}{3}x^3\ln x-\frac{1}{9}x^3+C\end{aligned}$$

例 5-44 求 $\int \arctan x dx$。

解 设 $u=\arctan x$，$v'=1$，则 $v=x$，于是

$$\begin{aligned}\int \arctan x dx&=x\arctan x-\int xd(\arctan x)\\&=x\arctan x-\int x\cdot\frac{1}{1+x^2}dx\\&=x\arctan x-\frac{1}{2}\int\frac{1}{1+x^2}d(1+x^2)\\&=x\arctan x-\frac{1}{2}\ln|1+x^2|+C\end{aligned}$$

在应用比较熟练后，不必再把 u 和 v' 明确写出来，可直接使用分部积分公式。

例 5－45　求 $\int x\arctan x\mathrm{d}x$。

解　$$\int x\arctan x\mathrm{d}x=\int\arctan x\mathrm{d}\left(\frac{1}{2}x^2\right)$$
$$=\frac{1}{2}x^2\arctan x-\frac{1}{2}\int x^2\mathrm{d}(\arctan x)$$
$$=\frac{1}{2}x^2\arctan x-\frac{1}{2}\int x^2\cdot\frac{1}{1+x^2}\mathrm{d}x$$
$$=\frac{1}{2}x^2\arctan x-\frac{1}{2}\int\left(1-\frac{1}{1+x^2}\right)\mathrm{d}x$$
$$=\frac{1}{2}x^2\arctan x-\frac{1}{2}(x-\arctan x)+C$$

四、形如 $\int \mathrm{e}^{ax}\cdot\sin bx\,\mathrm{d}x$ 或 $\int \mathrm{e}^{ax}\cdot\cos bx\,\mathrm{d}x$ 的积分

如果被积函数为指数函数与正(余)弦函数的乘积，则可任选择其一为 u，但一经选定，在后面的解题过程中要始终选择其为 u。

例 5－46　求 $\int \mathrm{e}^x\sin x\mathrm{d}x$。

解　$$\int \mathrm{e}^x\sin x\mathrm{d}x=\int \mathrm{e}^x\mathrm{d}(-\cos x)=-\mathrm{e}^x\cos x+\int \mathrm{e}^x\cos x\mathrm{d}x$$
$$=-\mathrm{e}^x\cos x+\int \mathrm{e}^x\mathrm{d}(\sin x)=-\mathrm{e}^x\cos x+\mathrm{e}^x\sin x-\int \mathrm{e}^x\sin x\mathrm{d}x$$

由于上式右端的第三项就是所求的积分 $\int \mathrm{e}^x\sin x\mathrm{d}x$，因此把它移到等号左端，得

$$2\int \mathrm{e}^x\sin x\mathrm{d}x=\mathrm{e}^x(\sin x-\cos x)+2C$$

所以

$$\int \mathrm{e}^x\sin x\mathrm{d}x=\frac{1}{2}\mathrm{e}^x(\sin x-\cos x)+C$$

有时求一个不定积分，需要将换元积分法和分部积分法结合起来使用。

例 5－47　求 $\int \mathrm{e}^{\sqrt{x}}\mathrm{d}x$。

解　令 $\sqrt{x}=t$，则 $x=t^2$，$\mathrm{d}x=2t\mathrm{d}t$，于是

$$\int \mathrm{e}^{\sqrt{x}}\mathrm{d}x=\int \mathrm{e}^t\cdot 2t\mathrm{d}t=2\int t\mathrm{d}\mathrm{e}^t=2t\mathrm{e}^t-2\int \mathrm{e}^t\mathrm{d}t$$
$$=2t\mathrm{e}^t-2\mathrm{e}^t+C=2\mathrm{e}^{\sqrt{x}}(\sqrt{x}-1)+C$$

习题 5－4

1．求下列不定积分：

(1) $\int x\sin x\mathrm{d}x$；　(2) $\int x^2\cos x\mathrm{d}x$；　(3) $\int x\mathrm{e}^{-x}\mathrm{d}x$；　(4) $\int x\sin 2x\mathrm{d}x$。

2．求下列不定积分：

(1) $\int x\ln x\mathrm{d}x$；(2) $\int \arcsin x\mathrm{d}x$；(3) $\int \frac{1}{x^2}\arctan x\mathrm{d}x$；

(4) $\int \ln(1+x^2)\mathrm{d}x$；(5) $\int \mathrm{e}^{-x}\cos x\mathrm{d}x$；(6) $\int \mathrm{e}^{\sqrt[3]{x}}\mathrm{d}x$。

第五节　几种特殊类型的不定积分

前面介绍了不定积分计算的基本方法，本节来介绍几种特殊类型的不定积分。

一、简单的有理函数的积分

定义 5-4　两个多项式的商 $\frac{P(x)}{Q(x)}=\frac{a_0x^m+a_1x^{m-1}+\cdots+a_m}{b_0x^n+b_1x^{n-1}+\cdots+b_n}$（$m$、$n$ 为非负整数，a_0，a_1，…，a_m 及 b_0，b_1，…，b_n 为实数，且 $a_0\neq0$，$b_0\neq0$）所表示的函数称为有理函数，又称为有理分式。当 $m<n$ 时，这个有理函数为真分式；而当 $m\geqslant n$ 时，这个有理函数为假分式。

利用多项式除法，假分式总可以化成一个多项式和一个真分式和的形式。例如，

$$\frac{3x^4-x^2+1}{x^2+1}=\frac{3x^2(x^2+1)-4(x^2+1)+5}{x^2+1}=3x^2-4+\frac{5}{x^2+1}$$

因此，有理函数的不定积分主要解决真分式的不定积分问题。

例 5-48　求 $\int\frac{x^4}{1+x^2}\mathrm{d}x$。

解　
$$\begin{aligned}\int\frac{x^4}{1+x^2}\mathrm{d}x&=\int\frac{x^4-1+1}{1+x^2}\mathrm{d}x\\&=\int\left(x^2-1+\frac{1}{1+x^2}\right)\mathrm{d}x\\&=\int x^2\mathrm{d}x-\int\mathrm{d}x+\int\frac{1}{1+x^2}\mathrm{d}x\\&=\frac{1}{3}x^3-x+\arctan x+C\end{aligned}$$

例 5-49　求 $\int\frac{1-x}{1+x}\mathrm{d}x$。

解　
$$\begin{aligned}\int\frac{1-x}{1+x}\mathrm{d}x&=\int\left(\frac{2}{1+x}-1\right)\mathrm{d}x\\&=2\int\frac{1}{1+x}\mathrm{d}(1+x)-\int\mathrm{d}x\\&=2\ln|1+x|-x+C\end{aligned}$$

对于真分式 $\frac{P(x)}{Q(x)}$，如果分母 $Q(x)$ 可以因式分解为 $Q_1(x)Q_2(x)$，且 $Q_1(x)$ 与 $Q_2(x)$ 没有公因子，则该真分式可以分拆成两个真分式的和：

$$\frac{P(x)}{Q(x)}=\frac{P_1(x)}{Q_1(x)}+\frac{P_2(x)}{Q_2(x)}$$

那么该真分式的不定积分可以化成简单的部分分式和的积分；如果分母不能因式分解，则采用其他方法计算。

例 5-50　求 $\int \frac{1}{x^2-2x-15}dx$。

解　$$\int \frac{1}{x^2-2x-15}dx = \int \frac{1}{(x-5)(x+3)}dx = \frac{1}{8}\int\left(\frac{1}{x-5}-\frac{1}{x+3}\right)dx$$
$$= \frac{1}{8}\left(\int \frac{1}{x-5}dx - \int \frac{1}{x+3}dx\right)$$
$$= \frac{1}{8}\left(\int \frac{1}{x-5}d(x-5) - \int \frac{1}{x+3}d(x+3)\right)$$
$$= \frac{1}{8}(\ln|x-5|-\ln|x+3|)+C$$
$$= \frac{1}{8}\ln\left|\frac{x-5}{x+3}\right|+C$$

例 5-51　求 $\int \frac{1}{x^2+2x+5}dx$。

解　$$\int \frac{1}{x^2+2x+5}dx = \int \frac{1}{(x+1)^2+4}dx = \int \frac{1}{(x+1)^2+2^2}d(x+1)$$
$$= \frac{1}{2}\arctan\frac{x+1}{2}+C$$

例 5-52　求 $\int \frac{x+1}{x^2-2x+5}dx$。

解　$$\int \frac{x+1}{x^2-2x+5}dx = \int \frac{x-1}{x^2-2x+5}dx + \int \frac{2}{x^2-2x+5}dx$$
$$= \frac{1}{2}\int \frac{1}{x^2-2x+5}d(x^2-2x+5) + 2\int \frac{1}{(x-1)^2+2^2}d(x-1)$$
$$= \frac{1}{2}\ln|x^2-2x+5| + \arctan\frac{x-1}{2}+C$$

例 5-53　求 $\int \frac{1}{x(x-1)^2}dx$。

解　因为

$$\frac{1}{x(x-1)^2} = \frac{1-x+x}{x(x-1)^2} = -\frac{1}{x(x-1)} + \frac{1}{(x-1)^2}$$
$$= -\frac{1-x+x}{x(x-1)} + \frac{1}{(x-1)^2}$$
$$= \frac{1}{x} - \frac{1}{x-1} + \frac{1}{(x-1)^2}$$

所以

$$\int \frac{1}{x(x-1)^2}dx = \int\left(\frac{1}{x}-\frac{1}{x-1}+\frac{1}{(x-1)^2}\right)dx$$
$$= \int \frac{1}{x}dx - \int \frac{1}{x-1}dx + \int \frac{1}{(x-1)^2}dx$$
$$= \ln|x| - \ln|x-1| - \frac{1}{x-1}+C$$

由以上讨论可知：凡是有理函数的积分都能用初等函数来表达。

二、两种含有三角函数的不定积分

下面介绍含有两种比较简单的含有三角函数的不定积分。

1. 形如 $\int \sin^m x \cos^n x \mathrm{d}x$($m$、$n$ 为非负整数)的不定积分

(1) 当 m、n 至少有一个为奇数时，如果 n 为奇数，则用 $\cos x$ 凑微分得到以 $\sin x$ 为(中间)变量的多项式的积分；如果 m 为奇数，则用 $\sin x$ 凑微分得到以 $\cos x$ 为(中间)变量的多项式的积分。

(2) 当 m、n 全为偶数时，用三角公式

$$\sin^2 x = \frac{1-\cos 2x}{2}$$

$$\cos^2 x = \frac{1+\cos 2x}{2}$$

按“降次增角”处理。

例 5-54 求下列不定积分：

(1) $\int \cos^2 x \sin^3 x \mathrm{d}x$；　　(2) $\int \cos^4 x \mathrm{d}x$。

解 (1)
$$\begin{aligned}\int \cos^2 x \sin^3 x \mathrm{d}x &= \int \cos^2 x \sin^2 x \mathrm{d}(-\cos x)\\ &= \int \cos^2 x(1-\cos^2 x)\mathrm{d}(-\cos x)\\ &= \int (\cos^4 x - \cos^2 x)\mathrm{d}(\cos x)\\ &= \frac{1}{5}\cos^5 x - \frac{1}{3}\cos^3 x + C\end{aligned}$$

(2)
$$\begin{aligned}\int \cos^4 x \mathrm{d}x &= \int \left(\frac{1+\cos 2x}{2}\right)^2 \mathrm{d}x\\ &= \frac{1}{4}\int (1+2\cos 2x+\cos^2 2x)\mathrm{d}x\\ &= \frac{1}{4}\int \left(1+2\cos 2x+\frac{1+\cos 4x}{2}\right)\mathrm{d}x\\ &= \frac{1}{8}\int (3+4\cos 2x+\cos 4x)\mathrm{d}x\\ &= \frac{1}{8}\left(3x+2\sin 2x+\frac{1}{4}\sin 4x\right)+C\end{aligned}$$

2. 形如 $\int \tan^m x \sec^n x \mathrm{d}x$($m$、$n$ 为非负整数)的不定积分

(1) 当 n 为偶数时，用 $\sec^2 x$ 凑微分得到以 $\tan x$ 为(中间)变量的多项式的积分。

(2) 当 m 为奇数时，用 $\tan x \sec x$ 凑微分得到以 $\sec x$ 为(中间)变量的多项式的积分。

例 5-55 求下列不定积分：

(1) $\int \sec^4 x \mathrm{d}x$；　　(2) $\int \tan^3 x \sec^3 x \mathrm{d}x$。

解　(1) $\int \sec^4 x\mathrm{d}x = \int \sec^2 x \cdot \sec^2 x\mathrm{d}x = \int (1+\tan^2 x)\mathrm{d}(\tan x)$

$$= \tan x + \frac{1}{3}\tan^3 x + C$$

(2) $\int \tan^3 x\sec^5 x\mathrm{d}x = \int \tan^2 x\sec^4 x\tan x\sec x\mathrm{d}x$

$$= \int (\sec^2 x - 1)\sec^4 x\mathrm{d}(\sec x)$$

$$= \int (\sec^6 x - \sec^4 x)\mathrm{d}(\sec x)$$

$$= \frac{1}{7}\sec^7 x - \frac{1}{5}\sec^5 x + C$$

介绍完这些常用的积分方法，我们还要特别指出：尽管所有初等函数在其定义区间上的原函数都存在，但其原函数不一定都是初等函数，例如：

$$\int \mathrm{e}^{x^2}\mathrm{d}x,\quad \int \frac{\sin x}{x}\mathrm{d}x,\quad \int \frac{\mathrm{d}x}{\ln x},\quad \int \frac{\mathrm{d}x}{\sqrt{1+x^4}}$$

等都不是初等函数。

习题 5 - 5

1. 求下列不定积分：

(1) $\int \frac{x^2}{4+x^2}\mathrm{d}x$；　(2) $\int \frac{x^3-x}{x+1}\mathrm{d}x$；　(3) $\int \frac{x^3}{9+x^2}\mathrm{d}x$；

(4) $\int \frac{1}{x(3x+1)}\mathrm{d}x$；　(5) $\int \frac{\mathrm{d}x}{x^2-x-6}$；　(6) $\int \frac{x-1}{x^2+1}\mathrm{d}x$；

(7) $\int \frac{x+1}{x^2-x-12}\mathrm{d}x$；　(8) $\int \frac{\mathrm{d}x}{x(x^2+1)}$。

2. 求下列不定积分：

(1) $\int \cos^2 x\mathrm{d}x$；　(2) $\int \sin^3 x\mathrm{d}x$；　(3) $\int \sin^4 x\mathrm{d}x$；

(4) $\int \sin^3 x\cos^2 x\mathrm{d}x$；　(5) $\int \tan^7 x\sec^2 x\mathrm{d}x$；　(6) $\int \tan^3 x\sec x\mathrm{d}x$；

(7) $\int \sec^6 x\mathrm{d}x$；　(8) $\int \tan^5 x\sec^3 x\mathrm{d}x$。

第六章　定积分及其应用

本章将介绍积分学的另一个重要概念——定积分。定积分的概念来源于实际，自然科学与生产实践中的许多问题，诸如平面图形的面积、旋转体的体积、变力所做的功等都可以归结为定积分问题。我们先从几何和力学问题出发引入定积分的定义，然后讨论它的性质、计算方法，以及广义积分和定积分的应用。

第一节　定积分的概念及性质

一、定积分问题举例——曲边梯形的面积

设函数 $y=f(x)$ 在区间 $[a,b]$ 上连续，且 $f(x)\geqslant 0$，则称由直线 $x=a$、$x=b$、$y=0$ 及曲线 $y=f(x)$ 所围成的平面图形(见图 6-1)为曲边梯形，其中曲线弧称为曲边，x 轴上对应区间 $[a,b]$ 的线段称为底边。

我们知道矩形的面积公式，其中矩形的高是不变的，而曲边梯形在底边上各点处的高 $f(x)$ 在区间 $[a,b]$ 上是变动的，因此它的面积不能直接计算。然而，由于曲边梯形的高 $f(x)$ 在区间 $[a,b]$ 上是连续变化的，因此在一个很小的区间上它的变化很小，近似于不变。于是把该曲边梯形沿着 y 轴方向切割成许多窄窄的长条(小曲边梯形)，把每个小曲边梯形近似看作一个小矩形，用小矩形面积作为小曲边梯形面积的近似值，所有小矩形面积之和就是曲边梯形面积的近似值。分割越细，误差越小。当所有的小矩形宽度趋于零时，这个阶梯形面积的极限就成为曲边梯形面积的精确值了，如图 6-2 所示。

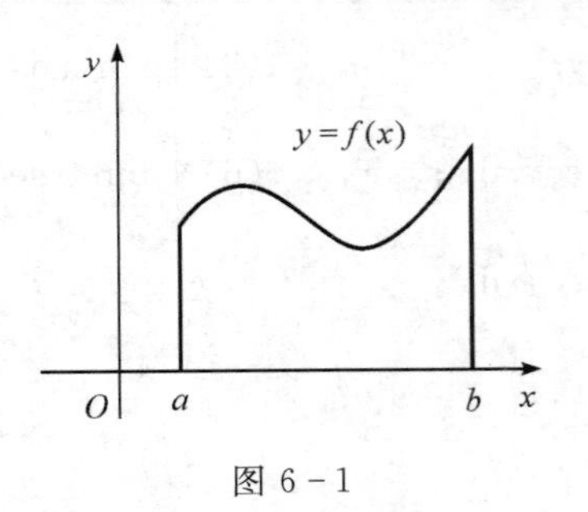

图 6-1

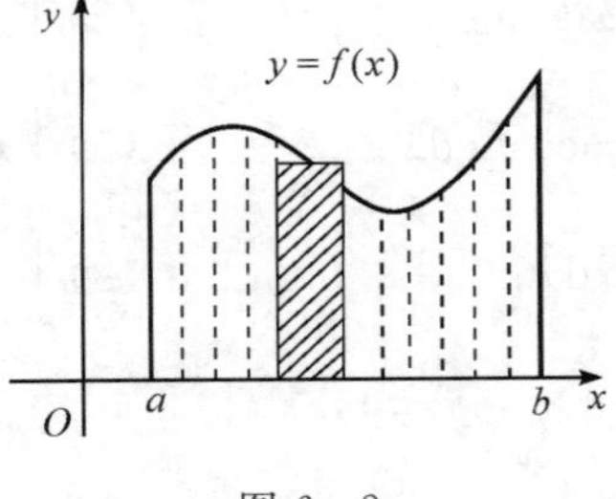

图 6-2

确定曲边梯形面积的具体步骤如下：

(1) 分割。用分点 $a=x_0<x_1<x_2<\cdots<x_{n-1}<x_n=b$ 把区间 $[a,b]$ 任意分成 n 个小区间 $[x_{i-1},x_i]$$(i=1,2,\cdots,n)$，每个小区间的长度记为 $\Delta x_i=x_i-x_{i-1}$$(i=1,2,\cdots,n)$。设 S 为曲边梯形的面积，ΔS_i 为第 i 个小曲边梯形的面积，则

$$S=\Delta S_1+\Delta S_2+\cdots+\Delta S_n=\sum_{i=1}^{n}\Delta S_i$$

(2) 取近似。在每个小区间 $[x_{i-1},x_i]$$(i=1,2,\cdots,n)$ 上任取一点 ξ_i，以 Δx_i 为底、

$f(\xi_i)$ 为高作矩形，其面积为 $f(\xi_i)\Delta x_i$，则小曲边梯形的面积 ΔS_i 的近似值为

$$\Delta S_i \approx f(\xi_i)\Delta x_i \quad (i=1, 2, \cdots, n)$$

(3) 求和。把 n 个小矩形的面积相加(即阶梯形的面积)就得到曲边梯形的面积 S 的近似值，即

$$S \approx f(\xi_1)\Delta x_1 + f(\xi_2)\Delta x_2 + \cdots + f(\xi_n)\Delta x_n = \sum_{i=1}^{n} f(\xi_i)\Delta x_i$$

(4) 取极限。取小区间长度的最大值 $\lambda = \max\limits_{1\leqslant i\leqslant n}\{\Delta x_i\}$，当分点数 n 无限增大，即 λ 趋于零时，近似的误差趋向于零，则和式 $\sum\limits_{i=1}^{n} f(\xi_i)\Delta x_i$ 的极限就是曲边梯形的面积 S 的精确值，即

$$S = \lim_{\lambda \to 0}\sum_{i=1}^{n} f(\xi_i)\Delta x_i$$

二、定积分的定义

从上述具体问题可以看出，通过"分割，取近似，求和，取极限"的方法可以把曲边梯形的面积转化为和式的极限。这就是定积分概念的实际背景，单从数学结构上来考虑问题，就可以抽象出定积分的定义。

定义 6-1　设函数 $f(x)$ 在区间 $[a, b]$ 上有定义，在区间 $[a, b]$ 上任意插入 $n-1$ 个分点

$$a = x_0 < x_1 < x_2 < \cdots < x_{n-1} < x_n = b$$

把区间 $[a, b]$ 分为 n 个小区间

$$[x_0, x_1], [x_1, x_2], \cdots, [x_{n-1}, x_n]$$

记每个小区间的长度为 $\Delta x_i = x_i - x_{i-1} (i=1, 2, \cdots, n)$。在每个小区间 $[x_{i-1}, x_i]$ 上任取一点 $\xi_i (x_{i-1} \leqslant \xi_i \leqslant x_i)$，作乘积 $f(\xi_i)\Delta x_i$ 的和式：

$$S = \sum_{i=1}^{n} f(\xi_i)\Delta x_i$$

记 $\lambda = \max\limits_{1\leqslant i\leqslant n}\{\Delta x_i\}$，如果 $\lambda \to 0$ 时，和 S 总趋于确定的极限，且这个极限值与 $[a, b]$ 的分割及点 ξ_i 的取法均无关，则称函数 $f(x)$ 在区间 $[a, b]$ 上可积，此极限值称为函数 $f(x)$ 在区间 $[a, b]$ 上的定积分，记作 $\int_a^b f(x)\mathrm{d}x$，即

$$\int_a^b f(x)\mathrm{d}x = \lim_{\lambda \to 0}\sum_{i=1}^{n} f(\xi_i)\Delta x_i$$

其中 $f(x)$ 称为被积函数，$f(x)\mathrm{d}x$ 称为被积表达式，x 称为积分变量，$[a, b]$ 称为积分区间，a 称为积分下限，b 称为积分上限。

定积分定义的说明：

(1) 定积分表示一个数，它只与被积函数及积分区间 $[a, b]$ 有关，而与积分变量采用什么字母无关，即

$$\int_a^b f(x)\mathrm{d}x = \int_a^b f(t)\mathrm{d}t = \int_a^b f(u)\mathrm{d}u$$

(2) 定义中要求积分限 $a < b$，即积分下限小于积分上限，我们补充如下规定：

当 $a=b$ 时，$\int_a^b f(x)\mathrm{d}x=0$；

当 $a>b$ 时，$\int_a^b f(x)\mathrm{d}x=-\int_b^a f(x)\mathrm{d}x$。

(3) 定积分的存在性(两个充分条件)。

定理 6-1 设 $f(x)$ 在区间 $[a,b]$ 上连续，则 $f(x)$ 在 $[a,b]$ 上可积。

定理 6-2 设 $f(x)$ 在区间 $[a,b]$ 上有界且只有有限个间断点，则 $f(x)$ 在 $[a,b]$ 上可积。

三、定积分的几何意义

如果 $f(x)\geqslant 0$，则由曲线 $y=f(x)$，直线 $x=a$、$x=b$ 及 x 轴所围成的曲边梯形(见图 6-3)的面积 A 等于函数 $f(x)$ 在区间 $[a,b]$ 上的定积分，即

$$\int_a^b f(x)\mathrm{d}x=A$$

如果 $f(x)<0$，则由曲线 $y=f(x)$，直线 $x=a$、$x=b$ 及 x 轴所围成的曲边梯形(见图 6-4)位于 x 轴的下方，此时曲边梯形的面积 A 的负值等于函数 $f(x)$ 在区间 $[a,b]$ 上的定积分，即

$$\int_a^b f(x)\mathrm{d}x=-A$$

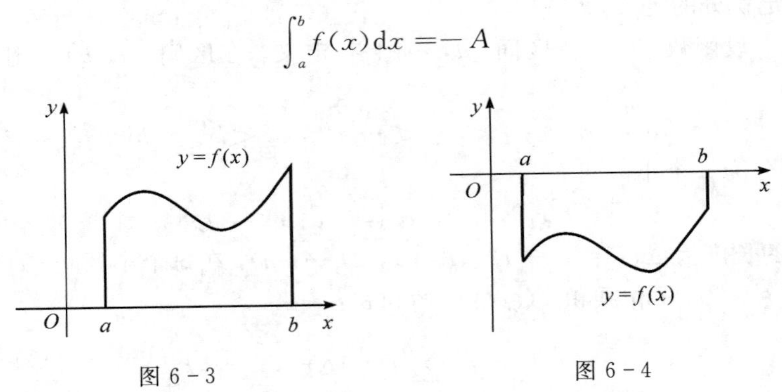

图 6-3　　　　图 6-4

如果 $f(x)$ 在 $[a,b]$ 上的值有正有负，则 $\int_a^b f(x)\mathrm{d}x$ 表示由曲线 $y=f(x)$，直线 $x=a$、$x=b$ 及 x 轴所围成的平面图形(见图 6-5)的面积的代数和，即位于 x 轴上方的面积减去位于 x 轴下方的面积，即

$$\int_a^b f(x)\mathrm{d}x=A_1-A_2+A_3$$

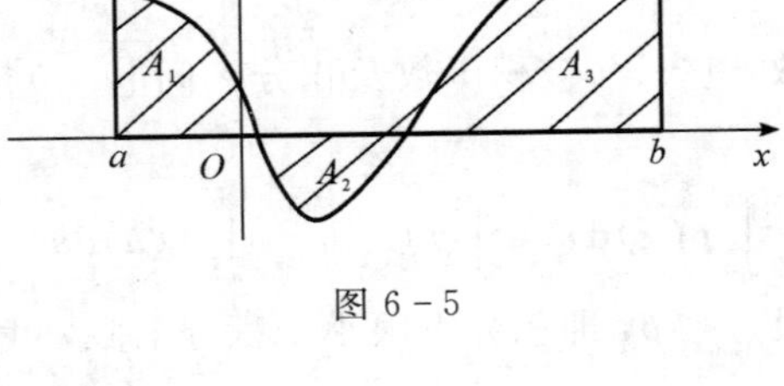

图 6-5

四、定积分的性质

性质 1　函数的和(差)的定积分等于它们定积分的和(差)，即

$$\int_a^b [f(x) \pm g(x)]\mathrm{d}x = \int_a^b f(x)\mathrm{d}x \pm \int_a^b g(x)\mathrm{d}x$$

该性质对于任意有限个函数都成立。

性质 2　被积函数的常数因子可以提到积分号外面，即

$$\int_a^b kf(x)\mathrm{d}x = k\int_a^b f(x)\mathrm{d}x \quad (k \text{ 为常数})$$

性质 3(积分区间的可加性)　如果将积分区间分成两部分，则在整个区间上的定积分等于这两部分区间上定积分之和，即设 $a < c < b$，则

$$\int_a^b f(x)\mathrm{d}x = \int_a^c f(x)\mathrm{d}x + \int_c^b f(x)\mathrm{d}x$$

对于 a、b、c 三点的任何其他相对位置，上述性质仍成立。

性质 4　如果在区间 $[a, b]$ 上 $f(x) \equiv 1$，则

$$\int_a^b 1 \cdot \mathrm{d}x = \int_a^b \mathrm{d}x = b - a$$

例 6-1　已知 $\int_1^5 k\mathrm{d}x = 12$，求 k 的值。

解　因为 $\int_1^5 k\mathrm{d}x = k\int_1^5 \mathrm{d}x = k(5-1) = 4k = 12$，所以 $k = 3$。

性质 5(积分的比较性质)　如果在区间 $[a, b]$ 上 $f(x) \geqslant g(x)$，则

$$\int_a^b f(x)\mathrm{d}x \geqslant \int_a^b g(x)\mathrm{d}x \quad (a < b)$$

性质 6(奇偶函数的定积分)　如果 $f(x)$ 在区间 $[-a, a]$ 上连续且为奇函数，则

$$\int_{-a}^a f(x)\mathrm{d}x = 0$$

如果 $f(x)$ 在区间 $[-a, a]$ 上连续且为偶函数，则

$$\int_{-a}^a f(x)\mathrm{d}x = 2\int_0^a f(x)\mathrm{d}x$$

例 6-2　求 $\int_{-1}^1 x^2 \sin x\mathrm{d}x$。

解　因为 $x^2 \sin x$ 是奇函数，而积分区间为对称区间，所以 $\int_{-1}^1 x^2 \sin x\mathrm{d}x = 0$。

性质 7(积分估值性质)　设 M 与 m 分别是 $f(x)$ 在 $[a, b]$ 上的最大值与最小值，则

$$m(b-a) \leqslant \int_a^b f(x)dx \leqslant M(b-a) \quad (a < b)$$

性质 8(积分中值定理)　若 $f(x)$ 在 $[a, b]$ 上连续，则至少存在一点 $\xi \in [a, b]$，使得

$$\int_a^b f(x)\mathrm{d}x = f(\xi)(b-a)$$

这个公式称为积分中值公式。

积分中值定理的几何意义：曲边梯形的面积等于同一底边而高为 $f(\xi)$ 的一个矩形的面积，如图 6-6 所示。

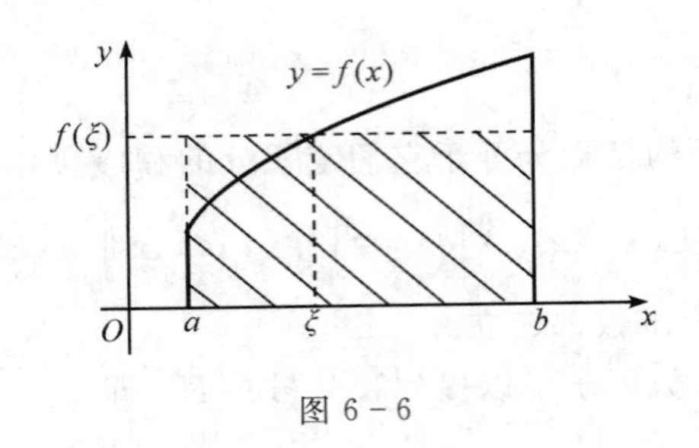

图 6-6

由积分中值公式可得

$$f(\xi)=\frac{1}{b-a}\int_a^b f(x)\mathrm{d}x$$

这个公式称为函数 $f(x)$ 在区间 $[a,b]$ 上的平均值。

习题 6-1

1. 已知 $k\int_0^1 1\mathrm{d}x=3$，求 k 的值。

2. 已知 $\int_1^3 k\mathrm{d}x=6$，求 k 的值。

3. 根据函数的奇偶性计算下列定积分：

(1) $\int_{-1}^{1}x^3\mathrm{d}x$；　(2) $\int_{-2}^{2}\sin x\mathrm{d}x$；　(3) $\int_{-4}^{4}\frac{\sin x}{1+x^2}\mathrm{d}x$。

第二节　微积分基本公式

在第一节我们看到，如果直接根据定积分的定义计算定积分，一般来说是很复杂的，甚至是不可能的，因此有必要寻求一种计算定积分的简便而有效的方法。

一、积分上限的函数及其导数

设函数 $f(x)$ 在区间 $[a,b]$ 上连续，x 为 $[a,b]$ 上的一点。由于 $x\in[a,b]$，$f(x)$ 在 $[a,x]$ 上仍连续，因此定积分 $\int_a^x f(x)\mathrm{d}x$ 存在。这个定积分的写法有一个不方便之处，就是 x 既表示积分上限，又表示积分变量。因为定积分与积分变量的字母无关，所以为了避免混淆，我们把积分变量改写成 t，于是这个积分就写成了 $\int_a^x f(t)\mathrm{d}t$。

如果上限 x 在区间 $[a,b]$ 上任意变动，则对于每一个取定的 x 值，定积分 $\int_a^x f(t)\mathrm{d}t$ 有一个对应值，因此 $\int_a^x f(t)\mathrm{d}t$ 是积分上限 x 的一个函数，记作

$$\Phi(x)=\int_a^x f(t)\mathrm{d}t\quad(a\leqslant x\leqslant b)$$

通常称函数 $\Phi(x)$ 为积分上限的函数或变上限定积分。

定理 6-3（**原函数存在定理**）　如果函数 $f(x)$ 在区间 $[a,b]$ 上连续，则积分上限的函

数 $\Phi(x)=\int_a^x f(t)\mathrm{d}t$ 在 $[a, b]$ 上可导，且其导数为

$$\Phi'(x)=\frac{\mathrm{d}}{\mathrm{d}x}\int_a^x f(t)\mathrm{d}t=f(x) \quad (a\leqslant x\leqslant b)$$

定理 6-4 如果函数 $f(x)$ 在区间 $[a, b]$ 上连续，则函数 $\Phi(x)=\int_a^x f(t)\mathrm{d}t$ 即为 $f(x)$ 的一个原函数。

该定理既肯定了连续函数的原函数一定存在，又揭示了定积分与原函数的关系。

例 6-3 求下列函数的导数：

(1) $\Phi(x)=\int_0^x \mathrm{e}^{t^2}\mathrm{d}t$；　　(2) $\Phi(x)=\int_x^1 \frac{1}{1+t^2}\mathrm{d}t$。

解 (1) $\Phi'(x)=\frac{\mathrm{d}}{\mathrm{d}x}\int_0^x \mathrm{e}^{t^2}\mathrm{d}t=\mathrm{e}^{x^2}$

(2) $\Phi'(x)=\frac{\mathrm{d}}{\mathrm{d}x}\int_x^1 \frac{1}{1+t^2}\mathrm{d}t=\frac{\mathrm{d}}{\mathrm{d}x}\left(-\int_1^x \frac{1}{1+t^2}\mathrm{d}t\right)=-\frac{1}{1+x^2}$

例 6-4 求 $\lim\limits_{x\to 0}\frac{\int_{\cos x}^1 \mathrm{e}^{-t^2}\mathrm{d}t}{x^2}$。

解 这是一个 $\frac{0}{0}$ 型的未定式，可利用洛必达法则来计算。分子的导数为

$$\begin{aligned}\frac{\mathrm{d}}{\mathrm{d}x}\int_{\cos x}^1 \mathrm{e}^{-t^2}\mathrm{d}t&=-\frac{\mathrm{d}}{\mathrm{d}x}\int_1^{\cos x}\mathrm{e}^{-t^2}\mathrm{d}t\\&=-\mathrm{e}^{-\cos^2 x}\cdot(\cos x)'=-\mathrm{e}^{-\cos^2 x}\cdot(-\sin x)=\mathrm{e}^{-\cos^2 x}\sin x\end{aligned}$$

因此

$$\lim_{x\to 0}\frac{\int_{\cos x}^1 \mathrm{e}^{-t^2}\mathrm{d}t}{x^2}=\lim_{x\to 0}\frac{\mathrm{e}^{-\cos^2 x}\sin x}{2x}=\frac{1}{2\mathrm{e}}$$

二、微积分基本公式

定理 6-5 如果函数 $f(x)$ 在区间 $[a, b]$ 上连续，又 $F(x)$ 是 $f(x)$ 的一个原函数，则

$$\int_a^b f(x)\mathrm{d}x=F(b)-F(a)$$

上述公式称为牛顿-莱布尼茨公式，也称为微积分基本公式。该公式常采用如下格式：

$$\int_a^b f(x)\mathrm{d}x=F(x)\big|_a^b=F(b)-F(a)$$

或

$$\int_a^b f(x)\mathrm{d}x=[F(x)]_a^b=F(b)-F(a)$$

牛顿-莱布尼茨公式是积分学中的一个基本公式，它进一步揭示了定积分与原函数或不定积分之间的联系。在被积函数连续的条件下，它把定积分的计算转化为求原函数的计算，这就为定积分提供了一个有效而简便的计算方法，即先求出被积函数 $f(x)$ 的任意一个原函数 $F(x)$，然后将积分上限 b、下限 a 分别代入原函数 $F(x)$ 中，再求 $F(b)$ 与 $F(a)$ 之差 $F(b)-F(a)$，所得的结果就是定积分的值。

例 6-5 计算定积分 $\int_0^1 x^2 dx$。

解 由于 x^2 在 $[0,1]$ 上连续，$\frac{x^3}{3}$ 是 x^2 的一个原函数，因此由牛顿-莱布尼茨公式，有

$$\int_0^1 x^2 dx = \frac{x^3}{3}\bigg|_0^1 = \frac{1^3}{3} - \frac{0^3}{3} = \frac{1}{3}$$

例 6-6 计算定积分 $\int_{-1}^{\sqrt{3}} \frac{dx}{1+x^2}$。

解 由于 $\frac{1}{1+x^2}$ 在 $[-1,\sqrt{3}]$ 上连续，$\arctan x$ 是 $\frac{1}{1+x^2}$ 的一个原函数，因此由牛顿-莱布尼茨公式，有

$$\int_{-1}^{\sqrt{3}} \frac{dx}{1+x^2} = \arctan x\Big|_{-1}^{\sqrt{3}} = \arctan\sqrt{3} - \arctan(-1) = \frac{\pi}{3} - \left(-\frac{\pi}{4}\right) = \frac{7}{12}\pi$$

例 6-7 计算 $\int_0^1 (5x^4 + e^x) dx$。

解 $\int_0^1 (5x^4 + e^x) dx = [x^5 + e^x]_0^1 = (1+e) - (0+1) = e$

如果被积函数是分段函数，在计算时就要注意在积分区间上保证函数表达式的唯一性。

例 6-8 计算 $\int_0^{2\pi} |\cos x| dx$。

解
$$\begin{aligned}\int_0^{2\pi} |\cos x| dx &= \int_0^{\frac{\pi}{2}} |\cos x| dx + \int_{\frac{\pi}{2}}^{\frac{3\pi}{2}} |\cos x| dx + \int_{\frac{3\pi}{2}}^{2\pi} |\cos x| dx \\ &= \int_0^{\frac{\pi}{2}} \cos x dx + \int_{\frac{\pi}{2}}^{\frac{3\pi}{2}} (-\cos x) dx + \int_{\frac{3\pi}{2}}^{2\pi} \cos x dx \\ &= \sin x\Big|_0^{\frac{\pi}{2}} - \sin x\Big|_{\frac{\pi}{2}}^{\frac{3\pi}{2}} + \sin x\Big|_{\frac{3\pi}{2}}^{2\pi} = 4\end{aligned}$$

例 6-9 计算 $\int_0^3 |2-x| dx$。

解
$$\begin{aligned}\int_0^3 |2-x| dx &= \int_0^2 |2-x| dx + \int_2^3 |2-x| dx \\ &= \int_0^2 (2-x) dx + \int_2^3 (x-2) dx \\ &= \left[2x - \frac{1}{2}x^2\right]_0^2 + \left[\frac{1}{2}x^2 - 2x\right]_2^3 = \frac{5}{2}\end{aligned}$$

例 6-10 已知 $f(x) = \begin{cases} 1-x, & 0 \leqslant x < 1 \\ 2x+1, & 1 \leqslant x \leqslant 2 \end{cases}$，求 $\int_0^2 f(x) dx$。

解
$$\begin{aligned}\int_0^2 f(x) dx &= \int_0^1 f(x) dx + \int_1^2 f(x) dx = \int_0^1 (1-x) dx + \int_1^2 (2x+1) dx \\ &= \left[x - \frac{x^2}{2}\right]_0^1 + [x^2 + x]_1^2 = \frac{9}{2}\end{aligned}$$

习题 6-2

1. 求下列函数的导数：

(1) $y=\int_0^x \sin 2t\mathrm{d}t$；　　(2) $y=\int_x^1 \sqrt{1+t^2}\,\mathrm{d}t$；

(3) $y=\int_0^{x^2} te^t\mathrm{d}t$；　　(4) $y=\int_{x^2}^x \sqrt{1+t^3}\,\mathrm{d}t$。

2. 求下列极限：

(1) $\lim\limits_{x\to 0}\dfrac{\int_0^x \sin t^2\mathrm{d}t}{x^3}$；　　(2) $\lim\limits_{x\to 1}\dfrac{\int_x^1 e^{t^2}\mathrm{d}t}{\ln x}$。

3. 计算下列定积分：

(1) $\int_0^1 e^{5x}\mathrm{d}x$；　　(2) $\int_1^2 (3x^2-x+1)\mathrm{d}x$；　　(3) $\int_{-\frac{1}{2}}^{\frac{1}{2}} \dfrac{1}{\sqrt{1-x^2}}\mathrm{d}x$；

(4) $\int_{\frac{1}{\sqrt{3}}}^{\sqrt{3}} \dfrac{\mathrm{d}x}{1+x^2}$；　　(5) $\int_1^2 \left(x^2+\dfrac{1}{x^2}\right)\mathrm{d}x$；　　(6) $\int_0^{2\pi} |\sin x|\mathrm{d}x$；

(7) $\int_0^2 |1-x|\mathrm{d}x$；　　(8) $\int_0^2 f(x)\mathrm{d}x$，其中 $f(x)=\begin{cases}x+1, & x\leqslant 1\\ \dfrac{1}{2}x^2, & x>1\end{cases}$。

第三节　定积分的计算

由牛顿-莱布尼茨公式可知，计算连续函数的定积分最终归结为求它的原函数。这说明连续函数的定积分计算与不定积分计算有着密切的联系。在不定积分的计算中有换元积分法和分部积分法，因此在一定条件下也可以用这两种方法来计算定积分。

一、定积分的凑微分法

若应用第一类换元积分法(即凑微分法)可以求出被积函数的原函数，即可直接凑微分求出原函数，然后应用牛顿-莱布尼茨公式求出结果。

例 6-11　计算定积分 $\int_0^1 x\sqrt{1+x^2}\,\mathrm{d}x$。

解　$\int_0^1 x\sqrt{1+x^2}\,\mathrm{d}x=\dfrac{1}{2}\int_0^1 \sqrt{1+x^2}\,\mathrm{d}(1+x^2)=\dfrac{1}{3}\left[(1+x^2)^{\frac{3}{2}}\right]_0^1=\dfrac{2\sqrt{2}}{3}-\dfrac{1}{3}$

例 6-12　计算 $\int_{-1}^1 \dfrac{e^x}{1+e^x}\mathrm{d}x$。

解　$\int_{-1}^1 \dfrac{e^x}{1+e^x}\mathrm{d}x=\int_{-1}^1 \dfrac{1}{1+e^x}\mathrm{d}(1+e^x)=\ln(1+e^x)\Big|_{-1}^1=1$

二、定积分的换元积分法

定理 6-6　设函数 $f(x)$ 在区间 $[a, b]$ 上连续，函数 $x=\varphi(t)$ 满足下列条件：

(1) $x=\varphi(t)$ 在 $[\alpha, \beta]$（或 $[\beta, \alpha]$）上有连续导数；

(2) $\varphi(\alpha)=a$，$\varphi(\beta)=b$，且当 t 在 $[\alpha, \beta]$（或 $[\beta, \alpha]$）上变化时，$x=\varphi(t)$ 的值在 $[a, b]$ 上单调变化，

则有换元公式：

$$\int_a^b f(x)\mathrm{d}x = \int_\alpha^\beta f[\varphi(t)]\varphi'(t)\mathrm{d}t$$

定理 6-6 中的条件是为了保证两端的被积函数在相应区间上连续，从而可积。

应用公式计算时应注意，在作变量代换的同时必须相应地替换积分的上限和下限，即换元必须换限。

例 6-13 计算 $\int_0^4 \frac{x+2}{\sqrt{2x+1}}\mathrm{d}x$。

解 设 $\sqrt{2x+1}=t$，则 $x=\frac{t^2-1}{2}$，$\mathrm{d}x=t\mathrm{d}t$。当 $x=0$ 时，$t=1$；当 $x=4$ 时，$t=3$。于是

$$\int_0^4 \frac{x+2}{\sqrt{2x+1}}\mathrm{d}x = \int_1^3 \frac{\frac{t^2-1}{2}+2}{t}t\,\mathrm{d}t = \frac{1}{2}\int_1^3 (t^2+3)\mathrm{d}t$$

$$= \frac{1}{2}\left[\frac{t^3}{3}+3t\right]_1^3 = \frac{1}{2}\left[\left(\frac{27}{3}+9\right)-\left(\frac{1}{3}+3\right)\right] = \frac{22}{3}$$

例 6-14 计算 $\int_0^{\frac{3}{4}} \frac{x}{\sqrt{1-x}}\mathrm{d}x$。

解 设 $\sqrt{1-x}=t$，则 $x=1-t^2$，$\mathrm{d}x=-2t\mathrm{d}t$。当 $x=0$ 时，$t=1$；当 $x=\frac{3}{4}$ 时，$t=\frac{1}{2}$。于是

$$\int_0^{\frac{3}{4}} \frac{x}{\sqrt{1-x}}\mathrm{d}x = \int_1^{\frac{1}{2}} \frac{1-t^2}{t}\cdot(-2t)\mathrm{d}t = 2\int_{\frac{1}{2}}^1 (1-t^2)\mathrm{d}t$$

$$= 2\left[t-\frac{t^3}{3}\right]_{\frac{1}{2}}^1 = 2\left[\left(1-\frac{1}{3}\right)-\left(\frac{1}{2}-\frac{1}{24}\right)\right] = \frac{5}{12}$$

例 6-15 计算 $\int_0^{\ln 2} \sqrt{\mathrm{e}^x-1}\,\mathrm{d}x$。

解 设 $\sqrt{\mathrm{e}^x-1}=t$，则 $x=\ln(t^2+1)$，$\mathrm{d}x=\frac{2t}{t^2+1}\mathrm{d}t$。当 $x=0$ 时，$t=0$；当 $x=\ln 2$ 时，$t=1$。于是

$$\int_0^{\ln 2} \sqrt{\mathrm{e}^x-1}\,\mathrm{d}x = \int_0^1 t\cdot\frac{2t}{t^2+1}\mathrm{d}t = 2\int_0^1 \left(1-\frac{1}{t^2+1}\right)\mathrm{d}t$$

$$= 2\left[t-\arctan t\right]_0^1 = 2-\frac{\pi}{2}$$

三、定积分的分部积分法

定理 6-7 设函数 $u(x)$ 和 $v(x)$ 在区间 $[a, b]$ 上有连续导数，则有

$$\int_a^b uv'\mathrm{d}x = \int_a^b u\mathrm{d}v = uv\,|_a^b - \int_a^b v\mathrm{d}u$$

该公式称为定积分的分部积分公式。使用该公式时要注意，把先积出来的那一部分代上下限求值，余下的部分继续积分。这样做比完全把原函数求出来再代上下限简便一些。

例 6-16 计算 $\int_0^\pi x\sin x\mathrm{d}x$。

解 $\int_0^{\pi} x\sin x\mathrm{d}x = -\int_0^{\pi} x\mathrm{d}(\cos x) = -\left(x\cdot\cos x\,\Big|_0^{\pi} - \int_0^{\pi}\cos x\mathrm{d}x\right)$

$= -(-\pi - \sin x\,\Big|_0^{\pi}) = \pi$

例 6-17 计算 $\int_0^{\pi} x\cos 2x\mathrm{d}x$。

解 $\int_0^{\pi} x\cos 2x\mathrm{d}x = \frac{1}{2}\int_0^{\pi} x\mathrm{d}(\sin 2x) = \frac{1}{2}\left(x\cdot\sin 2x\,\Big|_0^{\pi} - \int_0^{\pi}\sin 2x\mathrm{d}x\right)$

$= \frac{1}{2}\left(0 + \frac{1}{2}\cos 2x\,\Big|_0^{\pi}\right) = 0$

例 6-18 计算 $\int_0^{\frac{1}{2}} \arcsin x\mathrm{d}x$。

解 $\int_0^{\frac{1}{2}} \arcsin x\mathrm{d}x = x\cdot\arcsin x\,\Big|_0^{\frac{1}{2}} - \int_0^{\frac{1}{2}} \frac{x}{\sqrt{1-x^2}}\mathrm{d}x$

$= \frac{1}{2}\cdot\frac{\pi}{6} + \frac{1}{2}\int_0^{\frac{1}{2}} (1-x^2)^{-\frac{1}{2}}\mathrm{d}(1-x^2)$

$= \frac{\pi}{12} + \sqrt{1-x^2}\,\Big|_0^{\frac{1}{2}} = \frac{\pi}{12} + \frac{\sqrt{3}}{2} - 1$

例 6-19 计算 $\int_1^{\mathrm{e}} x^2\ln x\mathrm{d}x$。

解 $\int_1^{\mathrm{e}} x^2\ln x\mathrm{d}x = \frac{1}{3}\int_1^{\mathrm{e}} \ln x\mathrm{d}(x^3) = \frac{x^3}{3}\ln x\,\Big|_1^{\mathrm{e}} - \frac{1}{3}\int_1^{\mathrm{e}} x^2\mathrm{d}x$

$= \frac{\mathrm{e}^3}{3} - \frac{1}{3}\cdot\frac{1}{3}x^3\,\Big|_1^{\mathrm{e}} = \frac{2}{9}\mathrm{e}^3 + \frac{1}{9}$

例 6-20 计算 $\int_1^{\mathrm{e}} x(\ln x)^2\mathrm{d}x$。

解 $\int_1^{\mathrm{e}} x(\ln x)^2\mathrm{d}x = \frac{1}{2}\int_1^{\mathrm{e}} (\ln x)^2\mathrm{d}(x^2) = \frac{x^2}{2}(\ln x)^2\,\Big|_1^{\mathrm{e}} - \int_1^{\mathrm{e}} x\ln x\mathrm{d}x$

$= \frac{\mathrm{e}^2}{2} - \int_1^{\mathrm{e}} \ln x\mathrm{d}\left(\frac{x^2}{2}\right) = \frac{\mathrm{e}^2}{2} - \left(\frac{x^2}{2}\ln x\,\Big|_1^{\mathrm{e}} - \int_1^{\mathrm{e}} \frac{x}{2}\mathrm{d}x\right)$

$= \frac{1}{4}(\mathrm{e}^2 - 1)$

例 6-21 计算 $\int_0^1 \mathrm{e}^{\sqrt{x}}\mathrm{d}x$。

解 $\int_0^1 \mathrm{e}^{\sqrt{x}}\mathrm{d}x \xlongequal{t=\sqrt{x}} 2\int_0^1 t\mathrm{e}^t\mathrm{d}t = 2\int_0^1 t\mathrm{d}(\mathrm{e}^t) = 2\left(t\mathrm{e}^t\,\Big|_0^1 - \int_0^1 \mathrm{e}^t\mathrm{d}t\right) = 2(\mathrm{e} - \mathrm{e}^t\,\Big|_0^1) = 2$

习题 6-3

1. 求下列定积分：

(1) $\int_1^2 \frac{x^2}{1+x^2}\mathrm{d}x$； (2) $\int_0^{\pi} \sin 5x\mathrm{d}x$； (3) $\int_0^1 x\mathrm{e}^{-\frac{x^2}{2}}\mathrm{d}x$；

(4) $\int_{-\mathrm{e}-1}^{-2} \frac{1}{1+x}\mathrm{d}x$； (5) $\int_{\frac{\pi}{6}}^{\frac{\pi}{2}} \cos^2 x\mathrm{d}x$； (6) $\int_1^4 \frac{\mathrm{d}x}{1+\sqrt{x}}$；

(7) $\int_{-1}^1 \frac{x\mathrm{d}x}{\sqrt{5-4x}}$； (8) $\int_{\frac{3}{4}}^1 \frac{\mathrm{d}x}{\sqrt{1-x}-1}$； (9) $\int_{-2}^0 \frac{\mathrm{d}x}{x^2+2x+2}$。

2. 求下列定积分：

(1) $\int_0^1 xe^x\mathrm{d}x$； (2) $\int_0^1 xe^{-x}\mathrm{d}x$； (3) $\int_0^{\frac{\pi}{2}} x\cos x\mathrm{d}x$；

(4) $\int_{-\pi}^{\pi} x^4\sin x\mathrm{d}x$； (5) $\int_0^1 x\arctan x\mathrm{d}x$； (6) $\int_1^{e} \ln x\mathrm{d}x$；

(7) $\int_1^{e} x\ln x\mathrm{d}x$； (8) $\int_1^{e} x^3\ln x\mathrm{d}x$； (9) $\int_0^{\frac{\pi}{2}} e^{2x}\cos x\mathrm{d}x$。

第四节　广义积分

前面研究的定积分中，积分区间是有限区间，被积函数是有界函数。但在实际应用中，还会遇到积分区间是无限区间，或者被积函数含有无穷间断点的情况。在上述两种情形下对定积分的定义加以推广，得到广义积分的概念。

一、积分区间是无限区间的广义积分

定义 6-2　设函数 $f(x)$ 在 $[a,+\infty)$ 上连续，取 $b>a$，我们把极限 $\lim\limits_{b\to+\infty}\int_a^b f(x)\mathrm{d}x$ 称为 $f(x)$ 在无限区间 $[a,+\infty)$ 上的广义积分，记为

$$\int_a^{+\infty} f(x)\mathrm{d}x = \lim_{b\to+\infty}\int_a^b f(x)\mathrm{d}x$$

若极限存在，则称广义积分 $\int_a^{+\infty} f(x)\mathrm{d}x$ 收敛；若极限不存在，则称广义积分 $\int_a^{+\infty} f(x)\mathrm{d}x$ 发散。

类似地，设函数 $f(x)$ 在 $(-\infty,b]$ 上连续，可定义 $f(x)$ 在无限区间 $(-\infty,b]$ 上的广义积分为

$$\int_{-\infty}^{b} f(x)\mathrm{d}x = \lim_{a\to-\infty}\int_a^b f(x)\mathrm{d}x$$

若极限存在，则称广义积分 $\int_{-\infty}^{b} f(x)\mathrm{d}x$ 收敛；若极限不存在，则称广义积分 $\int_{-\infty}^{b} f(x)\mathrm{d}x$ 发散。

设函数 $f(x)$ 在 $(-\infty,+\infty)$ 上连续，可定义 $f(x)$ 在无限区间 $(-\infty,+\infty)$ 上的广义积分为

$$\begin{aligned}\int_{-\infty}^{+\infty} f(x)\mathrm{d}x &= \int_{-\infty}^{c} f(x)\mathrm{d}x + \int_{c}^{+\infty} f(x)\mathrm{d}x \\ &= \lim_{a\to-\infty}\int_a^c f(x)\mathrm{d}x + \lim_{b\to+\infty}\int_c^b f(x)\mathrm{d}x\end{aligned}$$

其中 c 为任意实数(譬如取 $c=0$)。当上式等号右端两个广义积分都收敛时，广义积分 $\int_{-\infty}^{+\infty} f(x)\mathrm{d}x$ 才是收敛的，否则是发散的。

按照无限区间的广义积分定义，应先求定积分，再求极限。因此，可以把微积分基本公式用到广义积分的计算中：

若 $F(x)$ 是 $f(x)$ 的一个原函数，则有

$$\int_a^{+\infty} f(x)\mathrm{d}x = F(x)\Big|_a^{+\infty} = \lim_{x\to+\infty} F(x) - F(a)$$

$$\int_{-\infty}^b f(x)\mathrm{d}x = F(x)\Big|_{-\infty}^{b} = F(b) - \lim_{x\to-\infty} F(x)$$

$$\int_{-\infty}^{+\infty} f(x)\mathrm{d}x = F(x)\Big|_{-\infty}^{+\infty} = \lim_{x\to+\infty} F(x) - \lim_{x\to-\infty} F(x)$$

例 6-22　计算广义积分 $\int_0^{+\infty} \mathrm{e}^{-x}\mathrm{d}x$。

解　$\int_0^{+\infty} \mathrm{e}^{-x}\mathrm{d}x = -\mathrm{e}^{-x}\Big|_0^{+\infty} = -(\lim_{x\to+\infty}\mathrm{e}^{-x} - \mathrm{e}^0) = -(0-1) = 1$

该广义积分值的几何意义是：当 $b\to+\infty$ 时，虽然图 6-7 中阴影部分向右无限延伸，但是其面积却是有限值 1，即表示位于 y 轴右侧、曲线 $y=\mathrm{e}^{-x}$ 下方、x 轴上方的图形面积。

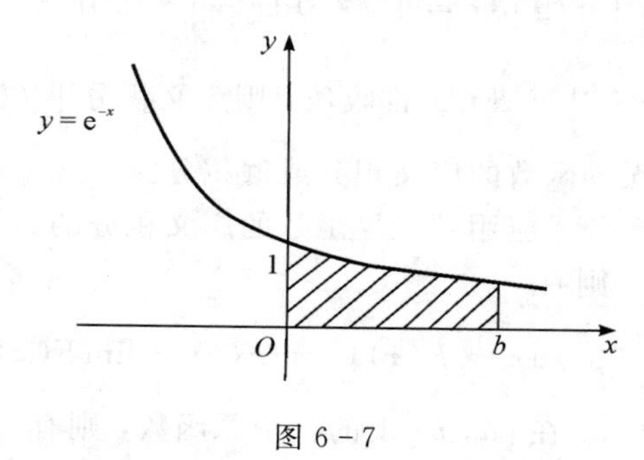

图 6-7

例 6-23　计算广义积分 $\int_{-\infty}^{+\infty} \frac{\mathrm{d}x}{1+x^2}$。

解　$\int_{-\infty}^{+\infty} \frac{\mathrm{d}x}{1+x^2} = \arctan x\Big|_{-\infty}^{+\infty} = \frac{\pi}{2} - \left(-\frac{\pi}{2}\right) = \pi$

例 6-24　讨论广义积分 $\int_2^{+\infty} \frac{\mathrm{d}x}{x\ln x}$ 的敛散性。

解　$\int_2^{+\infty} \frac{\mathrm{d}x}{x\ln x} = \int_2^{+\infty} \frac{\mathrm{d}(\ln x)}{\ln x} = \ln|\ln x|\Big|_2^{+\infty} = \lim_{x\to+\infty} \ln|\ln x| - \ln\ln 2$

由于 $\lim_{x\to+\infty} \ln|\ln x|$ 不存在，故 $\int_2^{+\infty} \frac{\mathrm{d}x}{x\ln x}$ 发散。

例 6-25　计算广义积分 $\int_0^{+\infty} x\mathrm{e}^{-x}\mathrm{d}x$。

解　$\int_0^{+\infty} x\mathrm{e}^{-x}\mathrm{d}x = -\int_0^{+\infty} x\mathrm{d}(\mathrm{e}^{-x}) = -x\mathrm{e}^{-x}\Big|_0^{+\infty} + \int_0^{+\infty} \mathrm{e}^{-x}\mathrm{d}x$

$$= \int_0^{+\infty} \mathrm{e}^{-x}\mathrm{d}x = -\mathrm{e}^{-x}\Big|_0^{+\infty} = 1$$

二、被积函数含有无穷间断点的广义积分

定义 6-3　设函数 $f(x)$ 在 $(a, b]$ 上连续，点 a 为 $f(x)$ 的无穷间断点，即 $\lim_{x\to a^+} f(x) = \infty$。

取 $t > a$，我们把极限 $\lim\limits_{t \to a^+}\int_t^b f(x)\mathrm{d}x$ 称为 $f(x)$ 在 $(a, b]$ 上的广义积分，仍记为 $\int_a^b f(x)\mathrm{d}x$，即

$$\int_a^b f(x)\mathrm{d}x = \lim_{t \to a^+}\int_t^b f(x)\mathrm{d}x$$

若极限存在，则称广义积分 $\int_a^b f(x)\mathrm{d}x$ 收敛；若极限不存在，则称广义积分 $\int_a^b f(x)\mathrm{d}x$ 发散。

类似地，设函数 $f(x)$ 在 $[a, b)$ 上连续，点 b 为 $f(x)$ 的无穷间断点，即 $\lim\limits_{x \to b^-} f(x) = \infty$。取 $t < b$，可定义 $f(x)$ 在 $[a, b)$ 上的广义积分为

$$\int_a^b f(x)\mathrm{d}x = \lim_{t \to b^-}\int_a^t f(x)\mathrm{d}x$$

设函数 $f(x)$ 在 $[a, b]$ 上除点 $c\ (a < c < b)$ 外连续，点 c 为 $f(x)$ 的无穷间断点，即 $\lim\limits_{x \to c} f(x) = \infty$。可定义 $f(x)$ 在 $[a, b]$ 上的广义积分为

$$\int_a^b f(x)\mathrm{d}x = \int_a^c f(x)\mathrm{d}x + \int_c^b f(x)\mathrm{d}x$$

若两个广义积分 $\int_a^c f(x)\mathrm{d}x$ 和 $\int_c^b f(x)\mathrm{d}x$ 都收敛，则广义积分 $\int_a^b f(x)\mathrm{d}x$ 收敛。

上述广义积分也称为无界函数的广义积分或瑕积分。

同样可以把微积分基本公式应用到无界函数的广义积分的计算中来。若 $F(x)$ 是 $f(x)$ 在 $(a, b]$ 上的一个原函数，则有

$$\int_a^b f(x)\mathrm{d}x = F(x)\Big|_a^b = F(b) - \lim_{x \to a^+} F(x)$$

类似地，若 $F(x)$ 是 $f(x)$ 在 $[a, b)$ 上的一个原函数，则有

$$\int_a^b f(x)\mathrm{d}x = F(x)\Big|_a^b = \lim_{x \to b^-} F(x) - F(a)$$

例 6-26 计算广义积分 $\int_0^1 \frac{\mathrm{d}x}{\sqrt{1-x^2}}$。

解 因为 $\lim\limits_{x \to 1^+}\frac{1}{\sqrt{1-x^2}} = +\infty$，所以点 $x = 1$ 是函数 $\frac{1}{\sqrt{1-x^2}}$ 的无穷间断点。于是

$$\int_0^1 \frac{\mathrm{d}x}{\sqrt{1-x^2}} = \arcsin x\Big|_0^1 = \lim_{x \to 1^-}\arcsin x - 0 = \frac{\pi}{2}$$

该广义积分值的几何意义是：位于曲线 $y = \frac{1}{\sqrt{1-x^2}}$ 下方、x 轴上方、直线 $x = 0$ 右边及直线 $x = 1$ 左边的图形面积(见图 6-8)。

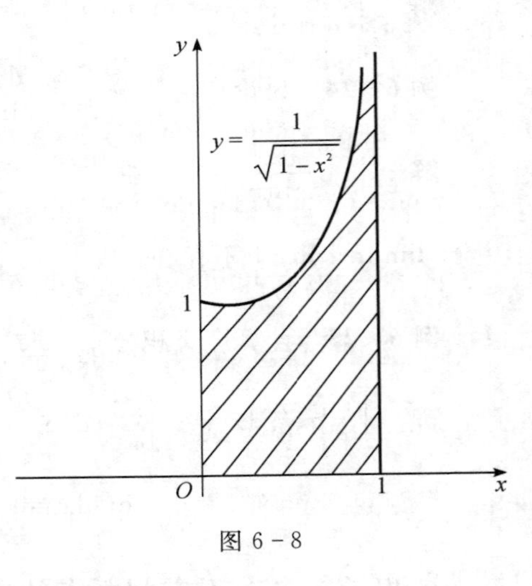

图 6-8

习题 6-4

求下列广义积分，并判断敛散性：

(1) $\int_1^{+\infty} \frac{1}{x}\mathrm{d}x$；　(2) $\int_1^{+\infty} \frac{1}{\sqrt{x}}\mathrm{d}x$；　(3) $\int_0^{+\infty} x\mathrm{e}^{-x^2}\mathrm{d}x$；　(4) $\int_1^2 \frac{x\mathrm{d}x}{\sqrt{x-1}}$。

第五节　定积分的应用

一、定积分应用的微元法

1. 用定积分计算的量的特点

(1) 实际问题中的所求量(设为 F) 与一个给定区间 $[a, b]$ 有关，且在该区间上具有可加性，也就是说，F 是确定于 $[a, b]$ 上的整体量，当把 $[a, b]$ 分成许多小区间时，整体量等于各部分量之和，即

$$F = \sum_{i=1}^{n} F_i$$

(2) 所求量 F 在区间 $[a, b]$ 上的分布是不均匀的，也就是说，F 的值与区间 $[a, b]$ 的长不成正比(否则，F 使用初等方法即可求得，而无需使用积分方法)。

2. 定积分应用的微元法

用定积分概念解决实际问题的步骤如下：

(1) 根据实际问题，确定所求量 F，选取一个变量 x 为积分变量，并确定它的变化区间 $[a, b]$。所求量 F 与变量 x 的变化区间 $[a, b]$ 有关，且关于区间 $[a, b]$ 具有可加性，将所求量 F 分为部分量之和，即

$$F = \sum_{i=1}^{n} \Delta F_i$$

(2) 在区间 $[a, b]$ 上任取一个小区间 $[x, x+\mathrm{d}x]$，然后找出在这个小区间上的部分量 ΔF_i 的近似值 $\Delta F_i \approx f(\xi_i)\Delta x_i (i = 1, 2, \cdots, n)$，记为

$$\mathrm{d}F = f(x)\mathrm{d}x$$

(3) 求和得到整体量 F 的近似值，即

$$F = \sum_{i=1}^{n} \Delta F_i \approx \sum_{i=1}^{n} f(\xi_i)\Delta x_i$$

(4) 取 $\lambda = \max\{\Delta x_i\} \to 0$ 时的极限，得

$$F = \lim_{\lambda \to 0} \sum_{i=1}^{n} f(\xi_i)\Delta x_i = \int_a^b f(x)\mathrm{d}x$$

即微元 $\mathrm{d}F$ 在 $[a, b]$ 上积分(无限累加)，得到所求量的积分表达式

$$F = \int_a^b f(x)\mathrm{d}x$$

这种方法称为微元法。$\mathrm{d}F = f(x)\mathrm{d}x$ 称为 F 的微元。

下面应用这种方法讨论一些几何、物理中的问题。

二、定积分在几何中的应用

1. 平面图形的面积

在平面直角坐标系下，设图形是由两条曲线 $y = f_1(x)$、$y = f_2(x)$ (其中 $f_1(x)$ 和

$f_2(x)$ 在区间 $[a, b]$ 上连续，且 $f_1(x) \leqslant f_2(x)$）及直线 $x=a$、$x=b$ 所围成的（见图 6-9），我们来求它的面积 A。

根据定积分的微元法，取 x 为积分变量，它的变化区间为 $[a, b]$，在该区间上任取一个小区间 $[x, x+\mathrm{d}x]$，与它所对应的小窄曲边形的面积 ΔA 近似等于高为 $f_2(x)-f_1(x)$、底为 $\mathrm{d}x$ 的窄矩形的面积，从而得到面积微元 $\mathrm{d}A$，即 $\mathrm{d}A=[f_2(x)-f_1(x)]\mathrm{d}x$，于是

$$A=\int_a^b [f_2(x)-f_1(x)]\mathrm{d}x \tag{6-1}$$

类似地，求由两条曲线 $x=\varphi_1(y)$、$x=\varphi_2(y)$（其中 $\varphi_1(y)$ 和 $\varphi_2(y)$ 在区间 $[c, d]$ 上连续，且 $\varphi_1(y) \leqslant \varphi_2(y)$）及直线 $y=c$、$y=d$ 所围成的图形的面积 A（见图 6-10）。取 y 为积分变量，它的变化区间为 $[c, d]$，在该区间上任取一个小区间 $[y, y+\mathrm{d}y]$，与它所对应的小窄曲边梯形的面积 ΔA 近似等于高为 $\varphi_2(y)-\varphi_1(y)$、底为 $\mathrm{d}y$ 的窄矩形的面积，从而得到面积微元 $\mathrm{d}A$，即 $\mathrm{d}A=[\varphi_2(y)-\varphi_1(y)]\mathrm{d}y$，于是

$$A=\int_c^d [\varphi_2(y)-\varphi_1(y)]\mathrm{d}y \tag{6-2}$$

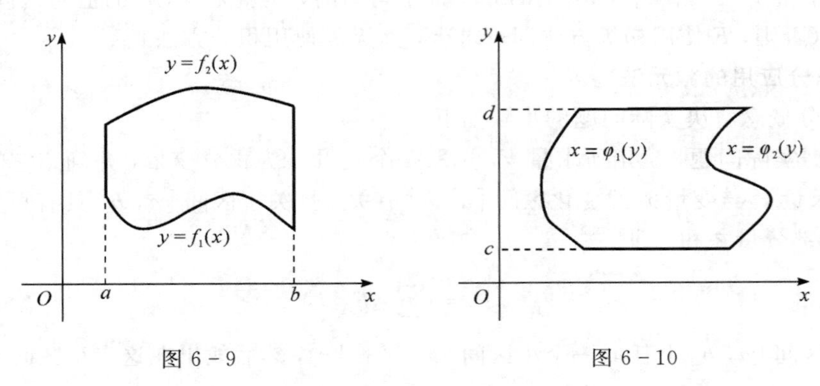

图 6-9　　　　图 6-10

例 6-27　求由两条抛物线 $y^2=x$ 和 $y=x^2$ 所围成的图形的面积。

解　作出图形简图（见图 6-11）。解方程组 $\begin{cases} y^2=x \\ y=x^2 \end{cases}$，得交点坐标为 (0，0) 和 (1，1)。取 x 为积分变量，x 的变化范围为 $[0, 1]$，于是由式(6-1)得

$$A=\int_0^1(\sqrt{x}-x^2)\mathrm{d}x=\left[\frac{2}{3}x^{\frac{3}{2}}-\frac{1}{3}x^3\right]_0^1=\frac{1}{3}$$

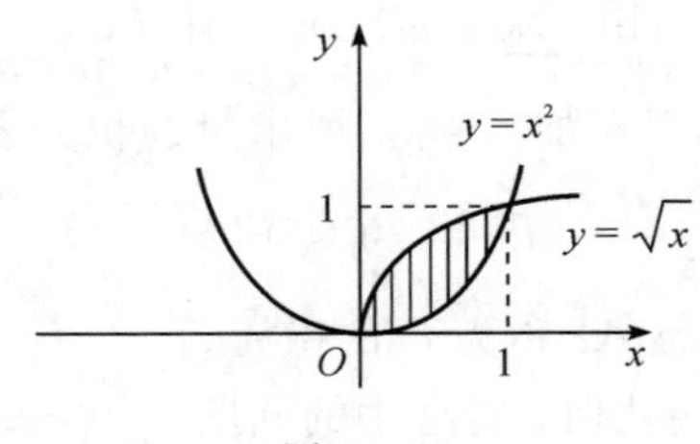

图 6-11

例 6-28　求由直线 $y=x+6$ 及抛物线 $y=x^2$ 所围成的图形的面积。

解　作出图形简图（见图 6-12）。解方程组 $\begin{cases} y=x+6 \\ y=x^2 \end{cases}$，得交点坐标为 (-2，4) 和 (3，9)。

取 x 为积分变量，x 的变化范围为 $[-2, 3]$，于是由式(6-1)得

$$A=\int_{-2}^{3}(x+6-x^2)\mathrm{d}x=\left[\frac{x^2}{2}+6x-\frac{x^3}{3}\right]_{-2}^{3}=\frac{9}{2}+18-9-\left(2-12+\frac{8}{3}\right)=\frac{125}{6}$$

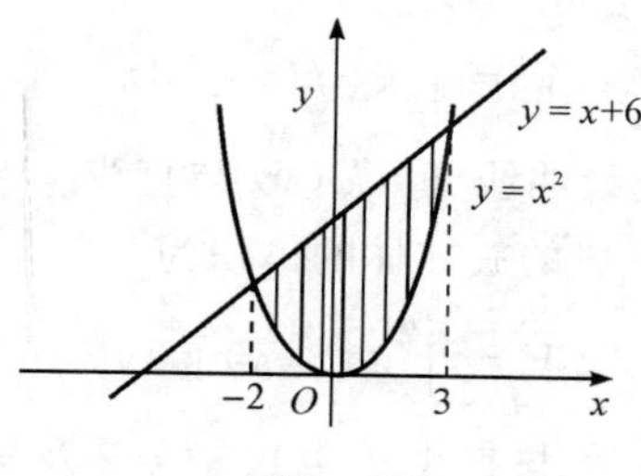

图 6-12

例 6-29　求由抛物线 $y^2=2x$ 及直线 $y=x-4$ 所围成的图形的面积。

解　作出图形简图(见图 6-13)。解方程组 $\begin{cases}y^2=2x\\ y=x-4\end{cases}$，得交点坐标为 $(2, -2)$ 和 $(8, 4)$。取 y 为积分变量，y 的变化范围为 $[-2, 4]$，于是由式(6-2)得

$$A=\int_{-2}^{4}\left[(y+4)-\frac{1}{2}y^2\right]\mathrm{d}y=\left[\frac{1}{2}y^2+4y-\frac{1}{6}y^3\right]_{-2}^{4}=18$$

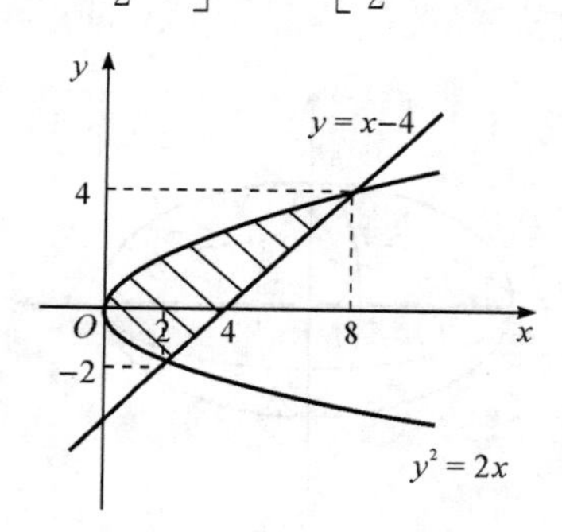

图 6-13

2. 旋转体的体积

设在 xOy 面内，由连续曲线 $y=f(x)$ 与直线 $x=a$、$x=b$ $(a<b)$ 及 x 轴所围成的曲边梯形绕 x 轴旋转一周而形成一个旋转体(见图 6-14)。现在考虑用定积分计算这个旋转体的体积 V。

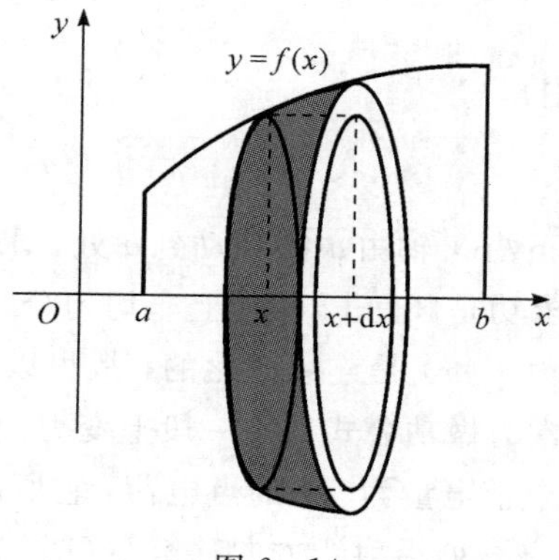

图 6-14

根据微元法，取 x 为积分变量，它的变化区间为 $[a, b]$，相应于该区间上的任一个小区间 $[x, x+\mathrm{d}x]$，与它所对应的小窄曲边梯形绕 x 轴旋转形成的薄片的体积 ΔA 近似等于以 $f(x)$ 为底面半径、$\mathrm{d}x$ 为高的扁圆柱体的体积，即体积微元 $\mathrm{d}V = \pi[f(x)]^2\mathrm{d}x$，于是

$$V = \int_a^b \pi[f(x)]^2\mathrm{d}x \tag{6-3}$$

类似地，在 xOy 面内，由连续曲线 $x = \varphi(y)$ 与直线 $y = c$、$y = d$ $(c < d)$ 及 y 轴所围成的曲边梯形绕 y 轴旋转一周形成的旋转体的体积为

$$V = \int_c^d \pi[\varphi(y)]^2\mathrm{d}y \tag{6-4}$$

例 6-30 已知由曲线 $y = x^2$ 与直线 $x = 1$、$x = 2$ 及 x 轴所围成的曲边梯形，求该曲边梯形绕 x 轴旋转一周形成的旋转体的体积。

解 由式(6-3)可知，该旋转体的体积为

$$V = \int_1^2 \pi(x^2)^2\mathrm{d}x = \int_1^2 \pi x^4\mathrm{d}x = \frac{\pi}{5}x^5 \Big|_1^2 = \frac{31}{5}\pi$$

例 6-31 求由椭圆 $\frac{x^2}{a^2}+\frac{y^2}{b^2}=1$ 绕 x 轴旋转一周所形成的旋转体(称为旋转椭球体，见图 6-15)的体积。

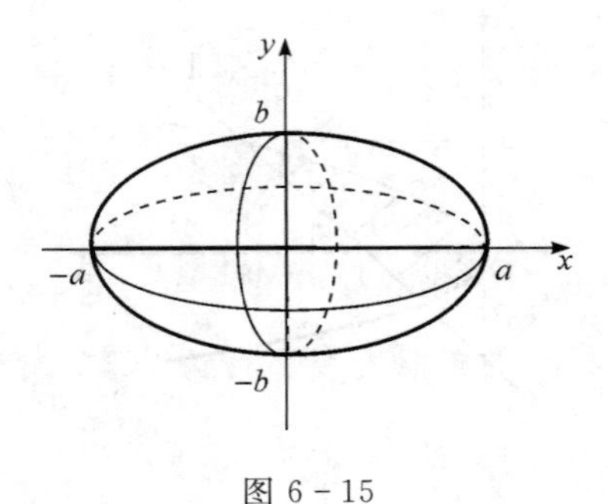

图 6-15

解 由于椭圆是关于 x 轴的对称图形，因此这个旋转椭球体可以看作是由上半椭圆 $y = \frac{b}{a}\sqrt{a^2 - x^2}$ 及 x 轴围成的图形绕 x 轴旋转一周形成的旋转体。由式(6-3)得

$$V = \int_{-a}^a \pi\frac{b^2}{a^2}(a^2 - x^2)\mathrm{d}x = \pi\frac{b^2}{a^2}\left[a^2x - \frac{x^3}{3}\right]_{-a}^a = \frac{4}{3}\pi ab^2$$

三、定积分在物理上的应用

1. 变力沿直线所做的功

设物体在变力 $F(x)$ 作用下沿 x 轴由 a 处移动到 b 处，求变力 $F(x)$ 做的功。

由于力 $F(x)$ 是变力，所求功是区间 $[a, b]$ 上非均匀分布的整体量，故可以用定积分来解决。利用微元法，由于变力 $F(x)$ 是连续变化的，故可以设想在微小区间 $[x, x+\mathrm{d}x]$ 上作用力 $F(x)$ 保持不变，按常力做功公式得这一段上变力做功近似值。

例 6-32 在原点 O 有一个带电量为 $+q$ 的点电荷，它所产生的电场对周围电荷有作用力。现有一单位正电荷从距原点 a 处沿射线方向移至距 O 点为 $b(a < b)$ 的地方，求电场力

所做的功。又如果把该单位电荷移至无穷远处，电场力做了多少功？

解　取电荷移动的射线方向为 x 轴正方向(见图 6-16)，那么电场力为 $F=k\dfrac{q}{x^2}$ (k 为常数)，这是一个变力。设 $[x, x+\mathrm{d}x]$ 为 $[a, b]$ 上的任一小区间。当单位电荷从 x 移动到 $x+\mathrm{d}x$ 时，电场力对它所做的功近似于 $\dfrac{kq}{x^2}\mathrm{d}x$，即功的微元为

$$\mathrm{d}W=\frac{kq}{x^2}\mathrm{d}x$$

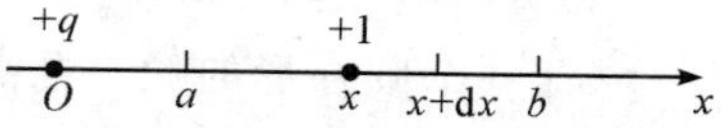

+q　+1
O　a　x　x+dx　b　x

图 6-16

于是所求的功为

$$W=\int_a^b \frac{kq}{x^2}\mathrm{d}x=kq\left[-\frac{1}{x}\right]_a^b=kq\left(\frac{1}{a}-\frac{1}{b}\right)$$

若移至无穷远处，则所做的功为

$$\int_a^{+\infty}\frac{kq}{x^2}\mathrm{d}x=-kq\left.\frac{1}{x}\right|_a^{+\infty}=\frac{kq}{a}$$

物理学中，把上述移至无穷远处所做的功称为电场在 a 处的电位，于是知电场在 a 处的电位为 $V=\dfrac{kq}{a}$。

2. 液体对平面薄板的压力

设有一薄板，垂直放在比重为 γ 的液体中，求液体对薄板的压力。

由物理学知道，在液体下面深度为 h 处，由液体重量所产生的压强为 $p=\gamma h$，若有面积为 A 的薄板水平放置在液深为 h 处，这时薄板各处受力均匀，所受压力为

$$P=pA=\gamma hA$$

现在薄板垂直于液体中，薄板上在不同的深度处压强是不同的，因此整个薄板所受的压力是非均匀分布的整体量。下面结合具体例子来说明如何用定积分来计算。

例 6-33　一个横放的半径为 R 的圆柱形油桶，里面盛有半桶油，计算桶的一个端面所受的压力(设油的比重为 γ)。

解　桶的一个端面是圆片，现在要计算当油面过圆心时，垂直放置的一个半圆片的一侧所受的压力。

以圆心为原点建立坐标系，则圆的方程为 $x^2+y^2=R^2(0\leqslant x\leqslant R)$。取 x 为积分变量，在 x 的变化区间 $[0, R]$ 内取小区间 $[x, x+\mathrm{d}x]$，视这细条上压强不变。那么，所受的压力的近似值，即压力微元为

$$\mathrm{d}P=\gamma x\,\mathrm{d}S=2\gamma x\sqrt{R^2-x^2}\,\mathrm{d}x$$

于是，端面所受的压力为

$$P=\int_0^R 2\gamma x\sqrt{R^2-x^2}\,\mathrm{d}x=-\gamma\int_0^R (R^2-x^2)^{\frac{1}{2}}\mathrm{d}(R^2-x^2)$$

$$=-\gamma\left[\frac{2}{3}(R^2-x^2)^{\frac{3}{2}}\right]_0^R=\frac{2}{3}\gamma R^3$$

习题 6-5

1. 求由下列曲线所围成的图形的面积：

(1) $y=2x+3$ 与 $y=x^2$；　　(2) $y=x+1$ 与 $y=x^2-1$；

(3) $y = x - 4$ 与 $y = 2 - x^2$；　　(4) $y = \dfrac{1}{x}$ 与直线 $y = x$、$x = 2$；

(5) $y = 3 - x^2$ 与 $y = 2x$；　　(6) $y = \mathrm{e}^x$ 与 $y = \mathrm{e}^{-x}$ 及直线 $x = 1$。

2. 求下列旋转体的体积：

(1) 抛物线 $y^2 = 4x$ 与直线 $x = 1$、$x = 2$ 以及 x 轴所围的图形，绕 x 轴旋转一周；

(2) 曲线 $y = x^2$ 与 $y^2 = x$ 所围的图形，绕 y 轴旋转一周。

3. 一个圆柱形的贮水桶高为 5 m，底圆半径为 3 m，桶内盛满水。试问要把桶内的水全部吸出需做多少功？

4. 由实验知道，弹簧在拉伸过程中，需要的力 F（单位为 N）与伸长量 s（单位为 cm）成正比，即 $F = ks$（k 是比例常数）。如果把弹簧由原长拉伸 6 cm，计算所做的功。

第七章　微分方程

在物理、几何和工程技术等自然学科以及经济学与管理学等领域中，常常需要确定变量之间的函数关系。很多时候，必须建立包含这些函数本身以及这些函数的导数或微分的方程，才能确定这些函数关系，这样的方程就是微分方程。

微分方程是伴随着微积分学一起发展起来的。微分方程的应用十分广泛，可以解决许多与导数有关的问题。如物体的冷却、琴弦的振动、电磁波的传播等物理问题，都可以归结为微分方程问题。此外，微分方程在化学、工程学、经济学和人口统计等领域都有应用。

本章主要介绍微分方程的一些基本概念，学习一阶微分方程与二阶常系数微分方程的几种解法，以及微分方程的简单应用。

第一节　微分方程的基本概念

下面我们通过两个例子来说明微分方程的一些基本概念。

例 7-1　某曲线过点 (1, 2)，且该曲线上任意一点 $M(x, y)$ 处的切线的斜率为 $3x^2$，求该曲线的方程。

解　设所求曲线的方程为 $y=y(x)$。根据导数的几何意义可知，该未知函数满足关系式：

$$\frac{\mathrm{d}y}{\mathrm{d}x}=3x^2$$

且满足条件：$y|_{x=1}=2$。

方程两端积分，得

$$y=\int 3x^2\,\mathrm{d}x=x^3+C\quad(C\text{是任意常数})$$

将条件 $y|_{x=1}=2$ 代入上式，得 $2=1^3+C$，从而解得 $C=1$。因此所求曲线方程为

$$y=x^3+1$$

例 7-2　某车在平直线路上以 20 m/s（相当于 72 km/h）的速度行驶。当制动时，该车获得加速度 $-0.4\ \mathrm{m/s^2}$。问开始制动后，该车多长时间才能停住，以及在这段时间内行驶了多少路程？

解　设该车在开始制动后，t 秒时行驶了 s 米。根据题意，反映制动阶段运动规律的函数 $s=s(t)$ 应满足关系式：

$$s''(t)=-0.4$$

此外，还应满足条件：$s|_{t=0}=0$ 和 $v|_{t=0}=s'|_{t=0}=20$。

方程两端逐次积分，得

$$v(t)=s'(t)=\int s''(t)\,\mathrm{d}t=\int(-0.4)\,\mathrm{d}t=-0.4t+C_1$$

$$s(t)=\int s'(t)\mathrm{d}t=\int(-0.4t+C_1)\mathrm{d}t=-0.2t^2+C_1t+C_2$$

将条件 $s|_{t=0}=0$，$s'|_{t=0}=20$ 代入上面两个式子，解得

$$C_1=20,\quad C_2=0$$

从而有

$$s(t)=-0.2t^2+20t$$

令 $v(t)=0$，可得该车从开始制动到完全停止，所需时间为 $t=\dfrac{20}{0.4}=50\ \mathrm{s}$，所行驶路程为

$$s(50)=-0.2\times50^2+20\times50=500\ \mathrm{m}$$

定义 7-1 含自变量、未知函数和未知函数的导数(或微分)的方程称为微分方程。

如果在微分方程中出现的未知函数是一元函数(即只含一个自变量)，则称这个方程为常微分方程，也可以简单地称为微分方程；如果在微分方程中出现的未知函数是多元函数，则称之为偏微分方程。上述两个例子都是常微分方程。本章也只讨论常微分方程。

定义 7-2 出现在微分方程中的未知函数的最高阶导数(或微分)的阶数，称为微分方程的阶。

例 7-1 中的方程是一阶微分方程，例 7-2 中的方程是二阶微分方程，方程 $x^3y'''+x^2y''-4xy'=3x^2$ 是三阶微分方程。

一阶微分方程的表达通式为

$$F(x,\ y,\ y')=0\quad 或\quad y'=f(x,\ y)$$

n 阶微分方程的表达通式为

$$F(x,\ y,\ y',\ \cdots,\ y^{(n)})=0\quad 或\quad y^{(n)}=f(x,\ y,\ y',\ \cdots,\ y^{(n-1)})$$

式中 F 是 $n+2$ 个变量的函数，其中 $y^{(n)}$ 是必须出现的，而 x，y，y'，…，$y^{(n-1)}$ 等变量则可以不出现。如例 7-2 中，除 $s''(t)$ 外，其他变量都没有出现。

定义 7-3 若微分方程中出现的未知函数及其导数的次数均为一次，则称之为线性微分方程；否则，称之为非线性微分方程。

如例 7-1、例 7-2 都是线性微分方程，而 $y'=3y^2-\mathrm{e}^x\sin x$ 及 $y''=yy'-\sin x$ 均是非线性微分方程。

定义 7-4 代入微分方程后，能使方程成为恒等式的函数称为微分方程的解。

定义 7-5 若微分方程的解中含有任意常数，且任意常数的个数与微分方程的阶数相同，则称之为微分方程的通解。不含任意常数的解称为微分方程的特解。

例如，$y=2\mathrm{e}^x$ 和 $y=\mathrm{e}^x$ 是微分方程 $y'=y$ 的两个特解，$y=\sin x+\cos x$ 是微分方程 $y''+y=0$ 的一个特解，而当 C、C_1 及 C_2 是任意常数时，$y=C\mathrm{e}^x$ 和 $y=C_1\sin x+C_2\cos x$ 分别是 $y'=y$ 和 $y''+y=0$ 的通解。

例 7-3 验证：函数 $x=C_1\cos kt+C_2\sin kt$ 是微分方程 $\dfrac{\mathrm{d}^2x}{\mathrm{d}t^2}+k^2x=0$ 的解。

证 所给函数的导数为

$$\frac{\mathrm{d}x}{\mathrm{d}t}=-kC_1\sin kt+kC_2\cos kt$$

$$\frac{\mathrm{d}^2x}{\mathrm{d}t^2}=-k^2C_1\cos kt-k^2C_2\sin kt=-k^2(C_1\cos kt+C_2\sin kt)$$

将其代入微分方程的左端，得

$$-k^2(C_1\cos kt + C_2\sin kt) + k^2(C_1\cos kt + C_2\sin kt) = 0$$

方程成为恒等式，因此函数 $x = C_1\cos kt + C_2\sin kt$ 是微分方程 $\frac{d^2x}{dt^2} + k^2x = 0$ 的解。

定义 7-6　要得到微分方程的特解，需要给定一些条件，用来确定通解中的任意常数，这些条件统称为微分方程的定解条件。微分方程与定解条件一起称为微分方程的定解问题。

定义 7-7　一类重要的定解条件是给定微分方程中的未知函数及其各阶导数在某一点处的取值，这种定解条件称为微分方程的初始条件。带有初始条件的微分方程称为微分方程的初值问题。

一阶微分方程的初值问题为

$$\begin{cases} y' = f(x, y) \\ y|_{x=x_0} = y_0 \end{cases}$$

其中 x_0 和 y_0 都是给定的值。

定义 7-8　微分方程的特解的图像是一条曲线，称为微分方程的积分曲线。

一阶微分方程初值问题的几何意义是：求微分方程的通过点 (x_0, y_0) 的那条积分曲线。

二阶微分方程的初值问题为

$$\begin{cases} y'' = f(x, y, y') \\ y|_{x=x_0} = y_0 \\ y'|_{x=x_0} = y_1 \end{cases}$$

二阶微分方程初值问题的几何意义是：求微分方程的通过点 (x_0, y_0) 且在该点处的切线斜率为 y_1 的那条积分曲线。

习题 7-1

1. 试说出下列各微分方程的阶数：

(1) $x(y')^2 - 2yy' + x = 0$；　　(2) $\frac{d^2y}{dx^2} + 2\frac{dy}{dx} + y = 0$；

(3) $xy''' + 2y'' + x^2y = 0$；　　(4) $(7x - 6y)dx + (x + y)dy = 0$。

2. 指出下列各题中的函数是否为所给微分方程的解：

(1) $xy' = 2y$，$y = 5x^3$；　　(2) $y'' + y = 0$，$y = 3\sin x - 4\cos x$。

3. 写出下列问题的微分方程：

(1) 曲线在点 (x, y) 处的切线的斜率等于该点的横坐标；

(2) 某种气体的气压 P 与温度 T 的变化率成正比，与温度的平方成反比。

4. 写出下列问题的微分方程：

(1) 曲线通过原点，并且在点 (x, y) 处的切线的斜率等于 $2x + y$；

(2) 牛顿冷却定律：一物体温度为100 ℃，将其放在空气温度为20 ℃的环境中冷却。在时刻 t，物体温度 T 是时间 t 的函数 $T = T(t)$，且物体温度 T 下降的变化率与物体温度和当时空气温度之差成正比。

第二节　一阶微分方程

一阶微分方程

$$y' = f(x, y)$$

也可以写成如下的形式：

$$P(x, y)\mathrm{d}x + Q(x, y)\mathrm{d}y = 0$$

或

$$\frac{\mathrm{d}y}{\mathrm{d}x} = -\frac{P(x, y)}{Q(x, y)} \quad (Q(x, y) \neq 0)$$

本节讨论几种特殊的一阶微分方程的解法。

一、可分离变量的微分方程

定义 7-9　形式为

$$\frac{\mathrm{d}y}{\mathrm{d}x} = f(x)g(y) \tag{7-1}$$

的一阶微分方程称为可分离变量的微分方程，其中 $f(x)$、$g(y)$ 都是连续函数。

可分离变量的微分方程的求解过程如下：

首先，分离变量，即把方程(7-1)中的变量 x 和 y 分别置于等号两端，得

$$\frac{1}{g(y)}\mathrm{d}y = f(x)\mathrm{d}x$$

这种形式称为已分离变量的微分方程。

然后，两端积分，得

$$\int \frac{1}{g(y)}\mathrm{d}y = \int f(x)\mathrm{d}x$$

设 $\Phi(y)$ 是 $\frac{1}{g(y)}$ 的一个原函数，$F(x)$ 是 $f(x)$ 的一个原函数，则微分方程(7-1)的通解为

$$\Phi(y) = F(x) + C$$

例 7-4　求微分方程 $\frac{\mathrm{d}y}{\mathrm{d}x} = 2xy$ 的通解。

解　此方程是可分离变量的微分方程。分离变量，得

$$\frac{1}{y}\mathrm{d}y = 2x\mathrm{d}x$$

两端积分

$$\int \frac{1}{y}\mathrm{d}y = \int 2x\mathrm{d}x$$

得

$$\ln|y| = x^2 + C_1$$

从而

$$y = \pm \mathrm{e}^{x^2+C_1} = \pm \mathrm{e}^{C_1}\mathrm{e}^{x^2}$$

由于 $\pm e^{C_1}$ 仍是任意常数，因此可令 $C=\pm e^{C_1}$，于是方程的通解为

$$y=Ce^{x^2}$$

例 7-5　求微分方程 $y'\cdot y+x=0$ 满足 $y|_{x=3}=4$ 的特解。

解　方程可分离变量为

$$y\mathrm{d}y=-x\mathrm{d}x$$

两端积分，得

$$\frac{1}{2}y^2=-\frac{1}{2}x^2+C_1$$

令 $C=2C_1$，则原方程的通解为

$$x^2+y^2=C$$

将初始条件 $y|_{x=3}=4$ 代入 $x^2+y^2=C$ 中，得到 $C=25$，所以原方程的特解为

$$x^2+y^2=25$$

例 7-6　在商品的销售预测中，销售量 x 是时间 t 的函数，即 $x=x(t)$。如果商品销售的增长速度与销售量 x 和销售接近饱和程度 $\alpha-x$ 之积成正比，求销售函数 $x=x(t)$。

解　商品销售的增长速度即销售量对时间的变化率 $\frac{\mathrm{d}x}{\mathrm{d}t}$，由题意知

$$\frac{\mathrm{d}x}{\mathrm{d}t}=kx(\alpha-x)\quad(k\text{ 是比例常数})$$

分离变量，得

$$\frac{1}{x(\alpha-x)}\mathrm{d}x=k\mathrm{d}t$$

两端积分

$$\int\left(\frac{1}{x}+\frac{1}{\alpha-x}\right)\mathrm{d}x=\alpha k\int\mathrm{d}t$$

得

$$\ln|x|-\ln|\alpha-x|=\alpha kt+C_1$$

整理，得

$$\frac{x}{\alpha-x}=\pm e^{\alpha kt+C_1}\text{，即 }x=\frac{\alpha}{\pm e^{-\alpha kt-C_1}+1}$$

令 $C=\pm e^{-C_1}$，则销售函数为

$$x=\frac{\alpha}{Ce^{-\alpha kt}+1}$$

二、齐次微分方程

定义 7-10　如果一阶微分方程可化成形式为

$$\frac{\mathrm{d}y}{\mathrm{d}x}=\varphi\left(\frac{y}{x}\right)\tag{7-2}$$

的方程，则称之为齐次微分方程，简称齐次方程。

比如 $(xy-y^2)\mathrm{d}x-(x^2-2xy)\mathrm{d}y=0$ 是齐次方程，因为它可化为

$$\frac{\mathrm{d}y}{\mathrm{d}x}=\frac{xy-y^2}{x^2-2xy}=\frac{\frac{y}{x}-\left(\frac{y}{x}\right)^2}{1-2\frac{y}{x}}$$

对于齐次方程(7-2)，引入新的未知函数 $u=\dfrac{y}{x}$，就可将其化为可分离变量的方程。

由 $u=\dfrac{y}{x}$ 可得

$$y=ux,\quad \frac{dy}{dx}=u+x\frac{du}{dx}$$

将其代入式(7-2)，便得

$$u+x\frac{dy}{dx}=\varphi(u)$$

即

$$x\frac{du}{dx}=\varphi(u)-u$$

分离变量，得

$$\frac{du}{\varphi(u)-u}=\frac{dx}{x}$$

两端积分，得

$$\int\frac{1}{\varphi(u)-u}du=\int\frac{1}{x}dx$$

求出积分后，再将 $u=\dfrac{y}{x}$ 代回，便得齐次方程(7-2)的通解。

例 7-7 求微分方程 $x\dfrac{dy}{dx}=2\sqrt{xy}+y$ 的通解。

解 微分方程中的变量不可分离，于是将其变形为

$$\frac{dy}{dx}=2\sqrt{\frac{y}{x}}+\frac{y}{x}$$

令 $u=\dfrac{y}{x}$，则

$$y=ux,\quad \frac{dy}{dx}=u+x\frac{du}{dx}$$

将其代入变形后的微分方程，得

$$u+x\frac{du}{dx}=2\sqrt{u}+u$$

即

$$x\frac{du}{dx}=2\sqrt{u}$$

分离变量，得

$$\frac{1}{2\sqrt{u}}du=\frac{1}{x}dx$$

两端积分，得

$$\sqrt{u}=\ln|x|+C$$

整理，得

$$u=(\ln|x|+C)^2$$

将 $u=\frac{y}{x}$ 代回，得原方程的通解为

$$y=x(\ln|x|+C)^2$$

变量代换是求解微分方程的一种常用方法，有些微分方程可以经过适当的变量代换转化为可分离变量的微分方程，但所取变量代换的技巧性较强，没有一定的规律，只能通过练习达到熟能生巧的目的。下面仅举一例。

例 7－8　求微分方程 $\frac{dy}{dx}=\frac{1}{x+y}$ 的通解。

解　令 $u=x+y$，则 $y=u-x$，$\frac{dy}{dx}=\frac{du}{dx}-1$，将其代入微分方程，得

$$\frac{du}{dx}-1=\frac{1}{u}$$

即

$$\frac{du}{dx}=\frac{1+u}{u}$$

分离变量，得

$$\frac{u}{u+1}du=dx$$

两端积分，得

$$u-\ln|u+1|=x+C_1$$

将 $u=x+y$ 代回并整理，得原方程的通解为

$$y-\ln|x+y+1|=C_1$$

或

$$x=Ce^y-y-1\quad(C=\pm e^{-C_1})$$

三、一阶线性微分方程

定义 7－11　形式为

$$\frac{dy}{dx}+P(x)y=Q(x)\tag{7-3}$$

的微分方程称为一阶线性微分方程。

当 $Q(x)=0$ 时，称方程(7－3)是齐次的；当 $Q(x)\neq 0$ 时，称方程(7－3)是非齐次的。

设方程(7－3)中 $Q(x)\neq 0$，把 $Q(x)$ 换为零写出

$$\frac{dy}{dx}+P(x)y=0\tag{7-4}$$

则方程(7－4)称为对应于非齐次线性微分方程(7－3)的齐次线性微分方程。方程(7－4)是可分离变量的微分方程，其解容易求出。而求非齐次线性微分方程(7－3)的解，需要先求解对应的齐次线性微分方程(7－4)。

将齐次线性微分方程(7－4)分离变量，得

$$\frac{dy}{y}=-P(x)dx$$

两端积分，得

$$\ln|y| = -\int P(x)\mathrm{d}x + C_1$$

令 $C=\pm \mathrm{e}^{C_1}$，即得

$$y = C\mathrm{e}^{-\int P(x)\mathrm{d}x} \tag{7-5}$$

这是对应的齐次线性微分方程(7－4)的通解。

现在我们用常数变易法来求非齐次线性微分方程(7－3)的通解。把式(7－5)中的 C 看作 x 的未知函数 $u(x)$，即假设

$$y = u\mathrm{e}^{-\int P(x)\mathrm{d}x} \tag{7-6}$$

是非齐次线性微分方程(7－3)的解，然后确定函数 $u(x)$。

将式(7－6)代入非齐次线性微分方程(7－3)，得

$$u'\mathrm{e}^{-\int P(x)\mathrm{d}x} - uP(x)\mathrm{e}^{-\int P(x)\mathrm{d}x} + P(x)u\mathrm{e}^{-\int P(x)\mathrm{d}x} = Q(x)$$

即

$$u' = Q(x)\mathrm{e}^{\int P(x)\mathrm{d}x}$$

两端积分，得

$$u = \int Q(x)\mathrm{e}^{\int P(x)\mathrm{d}x}\mathrm{d}x + C$$

将上式代入式(7－6)，即得一阶非齐次线性微分方程(7－3)的通解为

$$y = \mathrm{e}^{-\int P(x)\mathrm{d}x}\left(\int Q(x)\mathrm{e}^{\int P(x)\mathrm{d}x}\mathrm{d}x + C\right) \tag{7-7}$$

将式(7－7)改写成两项之和，即

$$y = C\mathrm{e}^{-\int P(x)\mathrm{d}x} + \mathrm{e}^{-\int P(x)\mathrm{d}x}\int Q(x)\mathrm{e}^{\int P(x)\mathrm{d}x}\mathrm{d}x$$

式中右端第一项是对应的齐次线性微分方程(7－4)的通解，第二项是非齐次线性微分方程(7－3)的一个特解。所以，一阶非齐次线性微分方程的通解是由对应的齐次线性微分方程的通解与非齐次线性微分方程的一个特解之和构成的。

注意：这里的记号 $\int P(x)\mathrm{d}x$ 表示 $P(x)$ 的某个确定的原函数。

例 7－9 求微分方程 $x\dfrac{\mathrm{d}y}{\mathrm{d}x} + y = \cos x$ 的通解。

解 这是一个一阶非齐次线性微分方程，将方程两边同除以 x，得

$$\frac{\mathrm{d}y}{\mathrm{d}x} + \frac{y}{x} = \frac{\cos x}{x}$$

对应齐次线性微分方程为

$$\frac{\mathrm{d}y}{\mathrm{d}x} + \frac{y}{x} = 0$$

分离变量，得

$$\frac{\mathrm{d}y}{y} = -\frac{\mathrm{d}x}{x}$$

两端积分，得

$$\ln|y| = -\ln|x| + \ln|C|$$

即

$$y=\frac{C}{x}$$

利用常数变易法，令 $C=u(x)$，即

$$y=\frac{u(x)}{x}$$

则

$$y'=\frac{u'\cdot x-u}{x^2}$$

将其代入原方程，有

$$\frac{u'}{x}-\frac{u}{x^2}+\frac{u}{x}\cdot\frac{1}{x}=\frac{\cos x}{x}$$

即

$$u'=\cos x$$

积分，得

$$u=\sin x+C$$

于是原方程的通解为

$$y=\frac{\sin x+C}{x}$$

常数变易法是非齐次线性微分方程的基本方法，要了解它的求解思想。在求解时也可以直接利用通解公式(7-7)，即确定 $P(x)$ 及 $Q(x)$ 后，代入公式求得方程的通解。

例 7-10 求微分方程 $\frac{\mathrm{d}y}{\mathrm{d}x}-\frac{2y}{x+1}=(x+1)^3$ 的通解。

解 此时 $P(x)=-\frac{2}{x+1}$，$Q(x)=(x+1)^3$，代入公式(7-7)得原方程的通解为

$$\begin{aligned}y&=\mathrm{e}^{-\int\left(-\frac{2}{x+1}\right)\mathrm{d}x}\left[\int(x+1)^3\mathrm{e}^{\int\left(-\frac{2}{x+1}\right)\mathrm{d}x}\mathrm{d}x+C\right]\\&=(x+1)^2\left[\int(x+1)\mathrm{d}x+C\right]\\&=(x+1)^2\left[\frac{1}{2}(x+1)^2+C\right]\\&=\frac{1}{2}(x+1)^4+C(x+1)^2\end{aligned}$$

习题 7-2

1. 求下列微分方程的通解：

(1) $xy'-y\ln y=0$；　　(2) $(y+1)^2y'+x^3=0$；

(3) $y'=10^{x+y}$；　　(4) $\mathrm{d}x+xy\mathrm{d}y=y^2\mathrm{d}x+y\mathrm{d}y$。

2. 求下列微分方程满足所给初始条件的特解：

(1) $y'+\frac{x}{4y}=0$，$y|_{x=4}=2$；　　(2) $x\mathrm{d}y+2y\mathrm{d}x=0$，$y|_{x=2}=1$。

3. 求下列微分方程的通解：

(1) $x\frac{\mathrm{d}y}{\mathrm{d}x}=y\ln\frac{y}{x}$；　　(2) $x^2y'-3xy-2y^2=0$。

4. 求下列微分方程满足所给初始条件的特解：

(1) $(x^3+y^3)\mathrm{d}x-3xy^2\mathrm{d}y=0$，$y|_{x=2}=1$；　(2) $y'=\dfrac{x}{y}+\dfrac{y}{x}$，$y|_{x=1}=2$。

5. 用适当的变量代换将下列方程化为可分离变量的微分方程，并求出通解：

(1) $\dfrac{\mathrm{d}y}{\mathrm{d}x}=\dfrac{1}{x-y}+1$；　(2) $xy'+y=y(\ln x+\ln y)$。

6. 求下列微分方程的通解：

(1) $y'+y=\mathrm{e}^{-x}$；　(2) $y'+2xy=4x$；

(3) $\dfrac{\mathrm{d}y}{\mathrm{d}x}-\dfrac{1}{x}y=2x^2$；　(4) $y'+y\tan x=\sin 2x$。

7. 求下列微分方程满足所给初始条件的特解：

(1) $xy'+y=\sin x$，$y|_{x=\pi}=1$；　(2) $y'-y\tan x=\sec x$，$y|_{x=0}=0$。

8. 某林区现有木材 10 万立方米，如果在每一瞬时木材的变化率与当时木材数成正比，假设 10 年内该林区有木材 20 万立方米，试确定木材数 p（万立方米）和时间 t（年）的关系。

9. 曲线 L：$y=f(x)$ 经过点 $(1,0)$，在点 (x,y) 的切线的斜率 $k=1+\dfrac{2y+4}{x}$，试求曲线 L。

第三节　二阶微分方程

一、可降阶的高阶微分方程

二阶及二阶以上的微分方程统称高阶微分方程。这里仅介绍两种特殊的可降阶的高阶微分方程及其解法。

形如 $y^{(n)}=f(x)$ 是一种最简单的高阶微分方程，可以通过逐次求积分而得到通解。

例 7-11　求微分方程 $y'''=\cos x$ 的通解。

解　方程两端逐次积分，得

$$y''=\sin x+C$$

$$y'=-\cos x+Cx+C_2$$

$$y=-\sin x+\frac{1}{2}Cx^2+C_2x+C_3$$

取 $C_1=\dfrac{1}{2}C$，可得所求微分方程的通解为

$$y=-\sin x+C_1x^2+C_2x+C_3$$

另一种是不显含未知函数 y 的二阶微分方程，形如 $y''=f(x,y')$，可以通过变量代换 $z=y'$ 化为以 z 为未知函数的一阶微分方程。

例 7-12　求微分方程 $y''=\dfrac{2y'}{x+1}+(x+1)^3$ 的通解。

解　令 $z=y'$，则 $z'=y''$，原方程变为

$$z'=\frac{2z}{x+1}+(x+1)^3$$

即

$$\frac{dz}{dx}-\frac{2z}{x+1}=(x+1)^3$$

这是关于 z 的一阶非齐次线性微分方程。由例 7-10 的结果，得

$$z=\frac{1}{2}(x+1)^4+C(x+1)^2$$

即

$$y'=\frac{1}{2}(x+1)^4+C(x+1)^2$$

积分，得

$$y=\frac{1}{10}(x+1)^5+\frac{C}{3}(x+1)^3+C_2$$

取 $C_1=\frac{1}{3}C$，则原方程的通解为

$$y=\frac{1}{10}(x+1)^5+C_1(x+1)^3+C_2$$

二、二阶常系数齐次线性微分方程

定义 7-12　形式为

$$y''+py'+qy=0 \tag{7-8}$$

的微分方程称为二阶常系数齐次线性微分方程，其中 p 与 q 是常数。

定理 7-1　如果函数 $y_1(x)$ 与 $y_2(x)$ 是二阶常系数齐次线性微分方程(7-8)的两个解，C_1 与 C_2 是两个任意常数，则 $y=C_1y_1(x)+C_2y_2(x)$ 也是方程(7-8)的解。

由此可知，只需找到方程(7-8)的两个解 $y_1(x)$ 与 $y_2(x)$，且使得 $\frac{y_1(x)}{y_2(x)}\neq$ 常数，那么 $y=C_1y_1(x)+C_2y_2(x)$ 就是方程(7-8)的通解。下面来解决求 $y_1(x)$ 与 $y_2(x)$ 的问题。

由于方程(7-8)左边系数 p 和 q 都是常数，因此可以设想方程(7-8)有形如 $y=e^{rx}$ 的解，这里 r 是待定系数。将 $y=e^{rx}$，$y'=re^{rx}$，$y''=r^2e^{rx}$ 代入方程(7-8)，得

$$(r^2+pr+q)e^{rx}=0$$

因为 $e^{rx}\neq 0$，所以

$$r^2+pr+q=0 \tag{7-9}$$

这表明，只要 r 满足方程(7-9)，函数 $y=e^{rx}$ 就是微分方程(7-8)的解。

我们把方程(7-9)称为微分方程(7-8)的特征方程，特征方程的根称为特征根。

表 7-1 给出了对应特征根的三种情形下的微分方程的通解。

表 7-1

特征方程 $r^2+pr+q=0$ 的两个根	微分方程 $y''+py'+qy=0$ 的通解
两个不等的实根 r_1 和 r_2	$y=C_1e^{r_1x}+C_2e^{r_2x}$
两个相等的实根 $r_1=r_2$	$y=(C_1+C_2x)e^{r_1x}$
一对共轭复根 $r_{1,2}=\alpha\pm i\beta$	$y=e^{\alpha x}(C_1\cos\beta x+C_2\sin\beta x)$

综上所述，求二阶常系数齐次线性微分方程 $y''+py'+qy=0$ 的通解的步骤如下：

第一步：写出特征方程 $r^2+pr+q=0$。

第二步：求出特征根 r_1 和 r_2。

第三步：根据特征根的不同情形，按照表 7－1 对应写出微分方程的通解。

例 7－13 求微分方程 $y''-2y'-3y=0$ 的通解。

解 特征方程为 $r^2-2r-3=0$，即 $(r+1)(r-3)=0$，得特征根 $r_1=-1$，$r_2=3$，因此所求通解为

$$y=C_1\mathrm{e}^{-x}+C_2\mathrm{e}^{3x}$$

例 7－14 求微分方程 $y''+2y'+y=0$ 满足 $y|_{x=0}=4$ 和 $y'|_{x=0}=1$ 的特解。

解 特征方程为 $r^2+2r+1=0$，即 $(r+1)^2=0$，得特征根 $r_1=r_2=-1$，因此所求微分方程的通解为

$$y=(C_1+C_2x)\mathrm{e}^{-x}$$

从而

$$y'=C_2\mathrm{e}^{-x}-(C_1+C_2x)\mathrm{e}^{-x}=(C_2-C_1-C_2x)\mathrm{e}^{-x}$$

把 $y|_{x=0}=4$ 及 $y'|_{x=0}=1$ 分别代入上两式，解得

$$C_1=4,\quad C_2=5$$

于是所求特解为

$$y=(4+5x)\mathrm{e}^{-x}$$

例 7－15 求微分方程 $y''-2y'+5y=0$ 的通解。

解 特征方程为 $r^2-2r+5=0$，则

$$r_{1,2}=\frac{2\pm\sqrt{(-2)^2-20}}{2}=1\pm2\mathrm{i}$$

为一对共轭复根，因此所求通解为

$$y=\mathrm{e}^x(C_1\cos2x+C_2\sin2x)$$

三、二阶常系数非齐次线性微分方程

定义 7－13 形式为

$$y''+py'+qy=f(x) \tag{7-10}$$

的微分方程称为二阶常系数非齐次线性微分方程，其中 p 和 q 是常数，$f(x)\neq0$。而方程(7－8)称为非齐次线性微分方程(7－10)所对应的齐次线性微分方程。

定理 7－2 设 $y=y^*(x)$ 是方程(7－10)的任一特解，$y=C_1y_1(x)+C_2y_2(x)$ 是方程(7－8)的通解，那么 $y=C_1y_1(x)+C_2y_2(x)+y^*(x)$ 就是方程(7－10)的通解。

由定理 7－2 可知，求二阶常系数非齐次线性微分方程的通解归结为求对应的齐次线性微分方程的通解和非齐次线性微分方程的一个特解。求二阶常系数齐次线性微分方程的通解已解决，这里只讨论当非齐次项 $f(x)$ 取两种特殊形式时，利用待定系数法求方程(7－10)的特解 $y=y^*(x)$。

(1) $f(x)=P_m(x)\mathrm{e}^{\lambda x}$，其中 λ 是常数，$P_m(x)$ 是一个 x 的 m 次多项式。

由于多项式与指数函数的乘积的各阶导数仍然是多项式与指数函数的乘积，因此可设想二阶常系数非齐次线性微分方程(7－10)具有形式为

$$y^*=Q(x)\mathrm{e}^{\lambda x}$$

的特解，$Q(x)$ 是一个多项式函数。

通过讨论特征方程的特征根与常数 λ 的关系，可得表 7-2 所示三种情形下特解的取法（其中 $Q_m(x)$ 是一个系数待定的 m 次多项式）。

表 7-2

$f(x)$	λ 与特征根 r_1、r_2 的关系	特解 y^* 的形式
$P_m(x)e^{\lambda x}$	$\lambda \neq r_1, \lambda \neq r_2$	$Q_m(x)e^{\lambda x}$
$P_m(x)e^{\lambda x}$	$\lambda = r_1, \lambda \neq r_2$	$xQ_m(x)e^{\lambda x}$
$P_m(x)e^{\lambda x}$	$\lambda = r_1 = r_2$	$x^2Q_m(x)e^{\lambda x}$

若非齐次项 $f(x) = P_m(x)$，则只需把它看成 $f(x) = P_m(x)e^{\lambda x}$，且 $\lambda = 0$ 的特殊情形即可。

例 7-16　求微分方程 $y'' - 2y' - 3y = 3x - 1$ 的通解。

解　这是二阶常系数非齐次线性微分方程，非齐次项 $f(x) = P_m(x)e^{\lambda x}$，且 $\lambda = 0$。对应的齐次线性微分方程的特征方程为 $r^2 - 2r - 3 = 0$，解得特征根为 $r_1 = -1$，$r_2 = 3$。又 $\lambda = 0$ 不是特征方程的根，故特解应设为 $y^* = Ax + B$。于是 $y^{*\prime} = A$，$y^{*\prime\prime} = 0$，将其代入原方程，得

$$-2A - 3Ax - 3B = 3x - 1$$

从而可确定 $A = -1$，$B = 1$。因此方程的通解为

$$y = C_1e^{-x} + C_2e^{3x} - x + 1$$

例 7-17　求微分方程 $y'' + 3y' + 2y = 2xe^{-2x}$ 的通解。

解　这是二阶常系数非齐次线性微分方程，非齐次项 $f(x) = P_m(x)e^{\lambda x}$，且 $\lambda = -2$。对应的齐次线性微分方程的特征方程为 $r^2 + 3r + 2 = 0$，解得特征根为 $r_1 = -1$，$r_2 = -2$。又由于 $\lambda = -2$ 为特征单根，故特解应设为 $y^* = x(Ax + B)e^{-2x}$，此时可求得

$$y^{*\prime} = [-2Ax^2 + 2(A - B)x + B]e^{-2x}$$

$$y^{*\prime\prime} = [4Ax^2 - 4(2A - B)x + 2A - 4B]e^{-2x}$$

将其代入原方程，并约去 e^{-2x}，整理，得

$$-2Ax + 2A - B = 2x$$

从而可确定 $A = -1$，$B = -2$。因此方程的通解为

$$y = C_1e^{-x} + C_2e^{-2x} - x(x + 2)e^{-2x}$$

(2) $f(x) = e^{\lambda x}(M\cos\omega x + N\sin\omega x)$，其中 λ、ω、M、N 都是常数，且 $\omega > 0$。

类似于(1)，此时二阶常系数非齐次线性微分方程(7-10)的特解 $y = y^*(x)$ 的形式取决于复数 $\lambda \pm i\omega$ 是否为特征方程的特征根，特解的具体取法如表 7-3 所示，其中 A 和 B 是两个待定系数。

表 7-3

$f(x)$	$\lambda \pm i\omega$ 与特征根的关系	特解 y^* 的形式
$e^{\lambda x}(M\cos\omega x + N\sin\omega x)$	$\lambda \pm i\omega$ 不是特征根	$e^{\lambda x}(A\cos\omega x + B\sin\omega x)$
$e^{\lambda x}(M\cos\omega x + N\sin\omega x)$	$\lambda \pm i\omega$ 是特征根	$xe^{\lambda x}(A\cos\omega x + B\sin\omega x)$

例 7-18 求微分方程 $y''-3y'+2y=e^x\cos 2x$ 的通解。

解 非齐次项 $f(x)=e^x\cos 2x$ 属于 $e^{\lambda x}(M\cos\omega x+N\sin\omega x)$ 型，其中 $\lambda=1$，$\omega=2$，$M=1$，$N=0$。对应的齐次线性微分方程的特征方程为 $r^2-3r+2=0$，解得特征根为 $r_1=1$，$r_2=2$。又 $\lambda\pm i\omega=1\pm 2i$ 不是特征根，故特解应设为

$$y^*=e^x(A\cos 2x+B\sin 2x)$$

此时可求得

$$y^{*\prime}=e^x[(A+2B)\cos 2x+(B-2A)\sin 2x]$$
$$y^{*\prime\prime}=e^x[(4B-3A)\cos 2x-(4A+3B)\sin 2x]$$

将其代入原方程，并约去 e^x，整理，得

$$(-4A-2B)\cos 2x+(2A-4B)\sin 2x=\cos 2x$$

从而可确定 $A=-\frac{1}{5}$，$B=-\frac{1}{10}$。因此方程的通解为

$$y=C_1e^x+C_2e^{2x}-e^x\left(\frac{1}{5}\cos 2x+\frac{1}{10}\sin 2x\right)$$

习题 7-3

1. 求下列微分方程的通解：

(1) $y''=x+\sin x$； (2) $y'''=e^{2x}$；

(3) $(1+x^2)y''=2xy'$； (4) $xy''+y'=0$。

2. 求下列微分方程的通解：

(1) $y''-y'-6y=0$； (2) $y''-4y'=0$； (3) $y''-4y'+4y=0$；

(4) $y''+6y'+9y=0$； (5) $y''+y=0$； (6) $y''+2y'+2y=0$。

3. 求下列微分方程满足所给初始条件的特解：

(1) $y''-4y'+3y=0$，$y|_{x=0}=6$，$y'|_{x=0}=10$；

(2) $4y''+4y'+y=0$，$y|_{x=0}=2$，$y'|_{x=0}=0$；

(3) $y''+25y=0$，$y|_{x=0}=2$，$y'|_{x=0}=5$。

4. 求下列微分方程的通解：

(1) $y''+5y'+4y=3-2x$； (2) $2y''+5y'=5x^2-2x-1$；

(3) $2y''+y'-y=2e^x$； (4) $y''+3y'+2y=3xe^{-x}$；

(5) $y''-7y'+6y=\sin x$； (6) $y''+4y=8\cos 2x$。

第八章 无穷级数

无穷级数是高等数学的一个重要组成部分，它是表示函数、研究函数的性质以及进行数值计算的一种工具。利用无穷级数，尤其是幂级数和傅里叶级数可制作三角函数表、对数表，计算无理数 e 及 π 的近似值，对电信号进行谐波分析等。

我们在中学里已经遇到过级数——等差数列与等比数列，它们都属于项数为有限的特殊情形。下面我们来学习项数为无限的级数，称为无穷级数。本章先讨论常数项级数，介绍无穷级数的一些基本内容，然后讨论函数项级数，着重讨论如何将函数展开成幂级数和傅里叶级数的问题。

第一节 常数项级数及其敛散性

本节先给出常数项级数的概念和性质，然后重点讨论正项级数及其敛散性，最后介绍交错级数及其敛散性和绝对收敛与条件收敛的概念。

一、常数项级数及其性质

1. 常数项级数的基本概念

定义 8-1 给定一个数列 $u_1, u_2, \cdots, u_n, \cdots$，则式子

$$\sum_{n=1}^{\infty} u_n = u_1 + u_2 + \cdots + u_n + \cdots \tag{8-1}$$

称为常数项无穷级数，简称常数项级数，其中第一项 u_1 称为该级数的首项，第 n 项 u_n 称为该级数的一般项或通项。

简言之，数列的和式称为级数。例如：等差数列各项的和

$$a_1 + (a_1 + d) + (a_1 + 2d) + \cdots + (a_1 + (n-1)d) + \cdots$$

称为算术级数；等比数列各项的和

$$a_1 + a_1 q + a_1 q^2 + \cdots + a_1 q^{n-1} + \cdots$$

称为等比级数，也称为几何级数。

定义 8-2 级数的前 n 项的和 $s_n = u_1 + u_2 + \cdots + u_n$，称为级数 $\sum\limits_{n=1}^{\infty} u_n$ 的部分和；数列

$$s_1, s_2, \cdots, s_n, \cdots$$

称为级数 $\sum\limits_{n=1}^{\infty} u_n$ 的部分和数列。

定义 8-3 如果无穷级数 $\sum\limits_{n=1}^{\infty} u_n$ 的部分和数列的极限存在，即 $\lim\limits_{n\to\infty} s_n = s$，则称该无穷级数收敛；否则称该无穷级数发散。

当级数(8-1)收敛时，称其部分和数列 s_n 的极限 s 为此级数的和，记作

$$u_1 + u_2 + \cdots + u_n + \cdots = s \quad 或 \quad \sum_{n=1}^{\infty} u_n = s$$

当级数(8-1)收敛时，由于它的和是 s_n 的极限，因此 s_n 可以看作是该级数之和的近似值，它们之间的差值

$$r_n = s - s_n = \sum_{i=n+1}^{\infty} u_i$$

称为级数(8-1)的余项。

有了级数收敛的定义，我们可以用定义来判别一些重要级数的敛散性。

例 8-1 考察等比级数(又称几何级数)

$$\sum_{n=0}^{\infty} aq^n = a + aq + aq^2 + \cdots + aq^n + \cdots$$

的敛散性。

解 (1) 如果 $|q| \neq 1$，则级数的部分和为

$$s_n = a + aq + aq^2 + \cdots + aq^{n-1} = \frac{a(1-q^n)}{1-q}$$

当 $|q| < 1$ 时，有

$$\lim_{n\to\infty} s_n = \lim_{n\to\infty} \frac{a(1-q^n)}{1-q} = \frac{a}{1-q}$$

故此时级数收敛，且

$$\sum_{n=0}^{\infty} aq^n = \frac{a}{1-q}$$

当 $|q| > 1$，$n \to \infty$ 时，s_n 趋于无穷，故级数发散。

(2) 如果 $q = 1$，则 $s_n = a + a + \cdots + a = na \to \infty (n \to \infty)$，级数发散。

(3) 如果 $q = -1$，则

$$s_n = a - a + a - a + \cdots + (-1)^{n-1} a = \begin{cases} a, & n 为奇数 \\ 0, & n 为偶数 \end{cases}$$

即 $n \to \infty$ 时，s_n 的极限不存在，级数发散。

综上所述，当 $|q| < 1$ 时，等比级数 $\sum\limits_{n=0}^{\infty} aq^n$ 收敛，且其和为 $\frac{a}{1-q}$；当 $|q| \geqslant 1$ 时，此等比级数发散。

2. 常数项级数的基本性质

性质 1 如果级数 $\sum\limits_{n=1}^{\infty} a_n$ 和 $\sum\limits_{n=1}^{\infty} b_n$ 都收敛，它们的和分别为 s_1 和 s_2，则级数 $\sum\limits_{n=1}^{\infty} (a_n \pm b_n)$ 也收敛，且其和为 $s_1 \pm s_2$，即

$$\sum_{n=1}^{\infty} (a_n \pm b_n) = \sum_{n=1}^{\infty} a_n \pm \sum_{n=1}^{\infty} b_n$$

此性质也可以说成：两个收敛级数可以逐项相加与逐项相减。

性质 2 如果级数 $\sum\limits_{n=1}^{\infty} a_n$ 收敛，其和为 s，c 是一常数，则级数 $\sum\limits_{n=1}^{\infty} ca_n$ 也收敛，且其和为 cs，即

$$\sum_{n=1}^{\infty} ca_n = c\sum_{n=1}^{\infty} a_n$$

如果级数 $\sum\limits_{n=1}^{\infty} a_n$ 发散，$c \neq 0$，则级数 $\sum\limits_{n=1}^{\infty} ca_n$ 也发散。

因此得到结论：级数的每一项同乘一个非零常数，其敛散性不变。

性质 3　如果级数 $\sum\limits_{n=1}^{\infty} a_n$ 收敛，则去掉有限项或增加有限项而得到的级数 $\sum\limits_{n=1}^{\infty} \tilde{a}_n$ 的敛散性不变。

性质 4（级数收敛的必要条件）　如果级数 $\sum\limits_{n=1}^{\infty} a_n$ 收敛，则 $\lim\limits_{n\to\infty} a_n = 0$，反之不然。

推论　如果 $\lim\limits_{n\to\infty} a_n \neq 0$，则级数 $\sum\limits_{n=1}^{\infty} a_n$ 发散。

这是判别级数发散的一种有用的方法。

性质 5　如果级数 $\sum\limits_{n=1}^{\infty} a_n$ 收敛，则不改变连在一起的有限项的次序而插入括号，所得到的新级数仍收敛，且其和不变，反之不然。

例 8－2　讨论级数 $\sum\limits_{n=1}^{\infty} n^k (k > 0)$ 的敛散性。

解　该级数的一般项为 $a_n = n^k$。当 $n \to \infty$ 时，因为 $k > 0$，所以

$$\lim_{n\to\infty} a_n = \lim_{n\to\infty} n^k = +\infty$$

由性质 4 的推论可知，$\sum\limits_{n=1}^{\infty} n^k$ 发散。

二、正项级数及其敛散性

如果无穷级数

$$\sum_{n=1}^{\infty} u_n = u_1 + u_2 + \cdots + u_n + \cdots$$

满足 $u_n \geqslant 0 (n = 1, 2, \cdots)$，则称该级数为正项级数。

显然，正项级数的部分和数列 s_n 是单调增加数列，即

$$s_1 \leqslant s_2 \leqslant \cdots \leqslant s_n \leqslant \cdots$$

由数列极限的存在准则知，如果数列 s_n 有界，则该级数收敛；否则，该级数发散。于是有下面的定理。

定理 8－1　正项级数收敛的充分必要条件是它的部分和数列有界。

下面直接给出 p－级数

$$\sum_{n=1}^{\infty} \frac{1}{n^p} = 1 + \frac{1}{2^p} + \frac{1}{3^p} + \cdots + \frac{1}{n^p} + \cdots$$

的敛散性结论：

当 $p > 1$ 时，级数 $\sum\limits_{n=1}^{\infty} \frac{1}{n^p}$ 收敛；当 $p \leqslant 1$ 时，级数 $\sum\limits_{n=1}^{\infty} \frac{1}{n^p}$ 发散。

特别地，当 $p = 1$ 时，级数称为调和级数 $\sum\limits_{n=1}^{\infty} \frac{1}{n}$，该级数发散。这是一个典型的发散正

项级数。在证明一个给定的正项级数发散时，常选调和级数为参照级数。

下面我们给出两个常用的正项级数收敛的判别法。

定理 8-2（**比较判别法**） 设 $\sum_{n=1}^{\infty} a_n$ 和 $\sum_{n=1}^{\infty} b_n$ 是两个正项级数，且满足 $a_n \leqslant b_n (n=1, 2, \cdots)$。

(1) 若级数 $\sum_{n=1}^{\infty} b_n$ 收敛，则级数 $\sum_{n=1}^{\infty} a_n$ 收敛；

(2) 若级数 $\sum_{n=1}^{\infty} a_n$ 发散，则级数 $\sum_{n=1}^{\infty} b_n$ 发散。

通俗地讲，就是："大"的收敛，"小"的也收敛；"小"的发散，"大"的也发散。

有了定理 8-2，在判别一个正项级数的敛散性时，可以利用另一个敛散性已知的正项级数来比较，因此，此法称为"比较判别法"。在利用比较判别法时，首先需要猜测所讨论的级数的敛散性；其次，必须找一个参照级数（即比较对象），而此参照级数的敛散性是已知的。

例 8-3 判别级数

$$\sum_{n=1}^{\infty} \frac{1}{(n+1) \cdot (n+4)} = \frac{1}{2 \cdot 5} + \frac{1}{3 \cdot 6} + \cdots + \frac{1}{(n+1) \cdot (n+4)} + \cdots$$

的敛散性。

解 该级数的一般项为 $a_n = \dfrac{1}{(n+1)(n+4)}$，满足

$$0 < \frac{1}{(n+1)(n+4)} < \frac{1}{n^2}$$

而 $\sum_{n=1}^{\infty} \frac{1}{n^2}$ 是 $p=2$ 的 p-级数，它是收敛的，故级数 $\sum_{n=1}^{\infty} \dfrac{1}{(n+1)(n+4)}$ 收敛。

下面给出极限形式的比较判别法，它在应用时更为方便。

定理 8-3（**极限形式的比较判别法**） 设 $\sum_{n=1}^{\infty} a_n$ 和 $\sum_{n=1}^{\infty} b_n$ 是两个正项级数，满足

$$\lim_{n \to \infty} \frac{a_n}{b_n} = l \quad (0 < l < +\infty)$$

则级数 $\sum_{n=1}^{\infty} a_n$ 与级数 $\sum_{n=1}^{\infty} b_n$ 同时收敛或同时发散。

例 8-4 判别级数 $\sum_{n=1}^{\infty} \sin \dfrac{1}{n}$ 的敛散性。

解 因为

$$\lim_{n \to \infty} \frac{\sin \frac{1}{n}}{\frac{1}{n}} = 1$$

而级数 $\sum_{n=1}^{\infty} \dfrac{1}{n}$ 是发散的，所以由极限形式的比较判别法可知级数 $\sum_{n=1}^{\infty} \sin \dfrac{1}{n}$ 也发散。

定理 8-4（**比值判别法**） 设 $\sum_{n=1}^{\infty} a_n$ 为正项级数，且满足

$$\lim_{n\to\infty}\frac{a_{n+1}}{a_n}=\rho$$

则有

(1) 当 $\rho<1$ 时，级数 $\sum_{n=1}^{\infty}a_n$ 收敛；

(2) 当 $\rho>1$ 时，级数 $\sum_{n=1}^{\infty}a_n$ 发散；

(3) 当 $\rho=1$ 时，不能用此法判别该级数的敛散性。

例 8-5　判别级数

$$1+\frac{1}{1}+\frac{1}{1\cdot2}+\frac{1}{1\cdot2\cdot3}+\cdots+\frac{1}{1\cdot2\cdot3\cdot\cdots\cdot(n-1)}+\cdots$$

的敛散性。

解　因为

$$\frac{a_{n+1}}{a_n}=\frac{\dfrac{1}{1\cdot2\cdot3\cdot\cdots\cdot n}}{\dfrac{1}{1\cdot2\cdot3\cdot\cdots\cdot(n-1)}}=\frac{1}{n},\quad \lim_{n\to\infty}\frac{a_{n+1}}{a_n}=\lim_{n\to\infty}\frac{1}{n}=0<1$$

所以根据比值判别法可知所给级数收敛。

例 8-6　判别级数

$$\frac{1}{10}+\frac{1\cdot2}{10^2}+\frac{1\cdot2\cdot3}{10^3}+\cdots$$

的敛散性。

解　一般项为 $a_n=\dfrac{n!}{10^n}$，则

$$\frac{a_{n+1}}{a_n}=\frac{(n+1)!}{10^{n+1}}\cdot\frac{10^n}{n!}=\frac{n+1}{10},\quad \lim_{n\to\infty}\frac{a_{n+1}}{a_n}=\lim_{n\to\infty}\frac{n+1}{10}=\infty$$

根据比值判别法可知所给级数发散。

与比较判别法相比，比值判别法用起来比较简便。只要知道了正项级数的一般项，我们就能应用比值判别法，不必另找用于比较的级数。但比值判别法也有局限性，当级数的后项与前项之比的极限不存在或极限等于 1 时，比值判别法就失效了，这时需要改用比较判别法或其他方法来判别级数的敛散性。

三、交错级数及其敛散性

级数 $\sum_{n=1}^{\infty}(-1)^{n-1}u_n(u_n>0,\ n=1,2,\cdots)$ 称为交错级数。关于交错级数敛散性的判别有如下定理。

定理 8-5（莱布尼茨定理）　如果交错级数满足条件：

(1) $u_n\geqslant u_{n+1}(n=1,2,3,\cdots)$；

(2) $\lim_{n\to\infty}u_n=0$，

则交错级数收敛。

满足定理 8-5 的级数也称为莱型级数。

例 8-7 判别下列交错级数的收敛性：

$$1-\frac{1}{2}+\frac{1}{3}-\frac{1}{4}+\cdots+(-1)^{n-1}\frac{1}{n}+\cdots$$

解 由于此级数满足条件：

$$u_n=\frac{1}{n}>\frac{1}{n+1}=u_{n+1}\quad(n=1,2,\cdots)$$

$$\lim_{n\to\infty}u_n=\lim_{n\to\infty}\frac{1}{n}=0$$

因此，此交错级数是收敛的。

四、绝对收敛与条件收敛

如果 u_n 为任意数，那么级数 $\sum\limits_{n=1}^{\infty}u_n$ 称为任意项级数。显然 $\sum\limits_{n=1}^{\infty}|u_n|$ 是正项级数。我们借助于正项级数来判别任意项级数的收敛问题。

定理 8-6 如果级数 $\sum\limits_{n=1}^{\infty}|u_n|$ 收敛，则级数 $\sum\limits_{n=1}^{\infty}u_n$ 一定收敛。

如果级数 $\sum\limits_{n=1}^{\infty}|u_n|$ 收敛，则称级数 $\sum\limits_{n=1}^{\infty}u_n$ 绝对收敛。

如果级数 $\sum\limits_{n=1}^{\infty}u_n$ 收敛，而级数 $\sum\limits_{n=1}^{\infty}|u_n|$ 发散，则称级数 $\sum\limits_{n=1}^{\infty}u_n$ 条件收敛。

例如：级数 $\sum\limits_{n=1}^{\infty}(-1)^{n-1}\frac{1}{n^2}$ 绝对收敛，级数 $\sum\limits_{n=1}^{\infty}(-1)^{n-1}\frac{1}{n}$ 条件收敛。

例 8-8 证明级数 $\sum\limits_{n=1}^{\infty}\frac{\sin na}{n^4}$ 绝对收敛。

证 因为 $\left|\frac{\sin na}{n^4}\right|\leqslant\frac{1}{n^4}$，而级数 $\sum\limits_{n=1}^{\infty}\frac{1}{n^4}$ 是收敛的，所以级数 $\sum\limits_{n=1}^{\infty}\left|\frac{\sin na}{n^4}\right|$ 也是收敛的。因此所给级数绝对收敛。

迄今为止，我们所介绍的几种判别级数敛散性的方法都有一定的适用范围，因此在判别具体级数的敛散性时应根据所给级数的特点，选用合适的敛散性判别方法。级数敛散性的判别也是一种技巧性较强的数学方法。

习题 8-1

1. 写出下列级数的前五项：

(1) $\sum\limits_{n=1}^{\infty}\frac{1}{n(n+1)}$； (2) $\sum\limits_{n=1}^{\infty}(-1)^{n-1}\frac{1}{n}$。

2. 写出下列级数的一般项：

(1) $1+\frac{1}{3}+\frac{1}{5}+\frac{1}{7}+\cdots$； (2) $\frac{2}{1}-\frac{3}{2}+\frac{4}{3}-\frac{5}{4}+\cdots$。

3. 判别下列各级数的敛散性：

(1) $\sum\limits_{n=1}^{\infty}\frac{n+1}{3n+2}$； (2) $\sum\limits_{n=1}^{\infty}\sin 3n$； (3) $\sum\limits_{n=1}^{\infty}\frac{1}{4^n}$；

(4) $\left(\frac{1}{2}+\frac{1}{3}\right)+\left(\frac{1}{2^2}+\frac{1}{3^2}\right)+\cdots+\left(\frac{1}{2^n}+\frac{1}{3^n}\right)+\cdots$。

4. 判别下列各级数的敛散性：

(1) $\sum\limits_{n=1}^{\infty}\frac{n}{n^3+1}$；　　(2) $\sum\limits_{n=1}^{\infty}\frac{\sin^2 an}{2^n}$ $(a\neq 0、k\pi,\ k\in\mathbf{Z}^+)$；

(3) $\sum\limits_{n=1}^{\infty}\frac{1}{\sqrt{9^n+3}}$；　　(4) $\sum\limits_{n=1}^{\infty}\sin\frac{1}{n^3}$；

(5) $\sum\limits_{n=1}^{\infty}\frac{n}{2^n}$；　　(6) $\sum\limits_{n=1}^{\infty}\frac{n!}{3^n+2}$；　　(7) $\sum\limits_{n=1}^{\infty}\frac{2n}{n!}$。

5. 判别下列级数的敛散性，若收敛，则指出是条件收敛还是绝对收敛：

(1) $\sum\limits_{n=1}^{\infty}\frac{(-1)^n}{\sqrt{n}}$；　　(2) $\sum\limits_{n=1}^{\infty}(-1)^n n$；

(3) $\sum\limits_{n=1}^{\infty}\frac{(-1)^{n-1}n}{3^n}$；　　(4) $\sum\limits_{n=1}^{\infty}\frac{\sin\frac{n\pi}{5}}{n^{\frac{4}{3}}}$。

第二节　函数项级数与幂级数

前面介绍了常数项级数，从本节开始讨论函数项级数。我们先给出函数项级数的一般概念，然后重点讨论幂级数。对此，记住 $\frac{1}{1-x}$、e^x、$\sin x$ 这三个函数的幂级数展开式是非常重要的。

一、幂级数的概念

1. 函数项级数

如果级数的每一项都是定义在某个区间 I 上的函数，则形如

$$f_1(x)+f_2(x)+\cdots+f_n(x)+\cdots=\sum_{n=1}^{\infty}f_n(x) \tag{8-2}$$

的级数称为区间 I 上的函数项无穷级数，简称函数项级数。

对区间 I 上的任意点 x_0，将其代入函数项级数的每一项，则 $\sum\limits_{n=1}^{\infty}f_n(x_0)$ 就是常数项级数。若级数 $\sum\limits_{n=1}^{\infty}f_n(x_0)$ 收敛，则称 x_0 是该函数项级数的一个收敛点，否则称 x_0 是该函数项级数的一个发散点。函数项级数所有收敛点的集合称为它的收敛域，函数项级数所有发散点的集合称为它的发散域。函数项级数比较复杂，因此确定函数项级数的收敛域是困难的。

2. 幂级数及其敛散性

形如

$$\sum_{n=0}^{\infty}a_n(x-x_0)^n=a_0+a_1(x-x_0)+a_2(x-x_0)^2+\cdots+a_n(x-x_0)^n+\cdots \tag{8-3}$$

的函数项级数，称为 $x-x_0$ 的幂级数，其中常数 $a_0, a_1, a_2, \cdots, a_n, \cdots$ 称为幂级数的系数。

当 $x_0=0$ 时，式(8-3)变为

$$\sum_{n=0}^{\infty} a_n x^n = a_0 + a_1 x + a_2 x^2 + \cdots + a_n x^n + \cdots \tag{8-4}$$

称之为 x 的幂级数。如果作变换 $y=x-x_0$，则级数(8-3)就变为级数(8-4)。因此，下面只讨论形如式(8-4)的幂级数。

现在我们来讨论幂级数的敛散性问题：对于一个给定的幂级数，它的收敛域与发散域是怎样的？即 x 取数轴上哪些点时幂级数收敛，取哪些点时幂级数发散？我们有下面的定理。

定理 8-7 幂级数(8-4)的敛散性必为下述三种情形之一：

(1) 仅在 $x=0$ 处收敛；

(2) 在 $(-\infty, +\infty)$ 内处处绝对收敛；

(3) 存在确定的正数 R，当 $|x|<R$ 时绝对收敛，当 $|x|>R$ 时发散。

定理 8-7 所列情形(3)中的正数 R 称为幂级数(8-4)的收敛半径。开区间 $(-R, R)$ 称为幂级数(8-4)的收敛区间。

为方便起见，规定情形(1)中的收敛半径 $R=0$，情形(2)中的收敛半径 $R=+\infty$。这样，如果能求得幂级数(8-4)的收敛半径 R，即知在 $|x|<R$ 内幂级数(8-4)绝对收敛，在 $|x|>R$ 内幂级数(8-4)发散(如果求得 $R=0$，即知幂级数(8-4)仅在 $x=0$ 处收敛；如果求得 $R=+\infty$，即知幂级数(8-4)在 $|x|<+\infty$ 内绝对收敛)。另外，还需讨论幂级数(8-4)在 $x=-R$ 及 $x=R$ 两点处的敛散性。判定了这两点处的敛散性，即知幂级数(8-4)的收敛域为下列四种区间之一：$(-R, R)$，$[-R, R)$，$(-R, R]$ 或 $[-R, R]$。

如何求幂级数(8-4)的收敛半径呢？我们有下面的定理。

定理 8-8 设幂级数(8-4)的系数满足

$$\lim_{n\to\infty}\left|\frac{a_{n+1}}{a_n}\right| = \rho$$

则它的收敛半径为

$$R=\begin{cases} \dfrac{1}{\rho}, & \rho \neq 0 \\ +\infty, & \rho = 0 \\ 0, & \rho = +\infty \end{cases}$$

例 8-9 求幂级数

$$\sum_{n=1}^{\infty} (-1)^{n-1}\frac{x^n}{n} = x - \frac{x^2}{2} + \frac{x^3}{3} - \cdots + (-1)^{n-1}\frac{x^n}{n} + \cdots$$

的收敛半径和收敛域。

解 因为

$$\rho=\lim_{n\to\infty}\left|\frac{a_{n+1}}{a_n}\right|=\lim_{n\to\infty}\frac{\dfrac{1}{n+1}}{\dfrac{1}{n}}=1$$

所以收敛半径

$$R=\frac{1}{\rho}=1$$

在端点 $x=1$ 处，该级数成为收敛的交错级数

$$1-\frac{1}{2}+\frac{1}{3}-\cdots+(-1)^{n-1}\frac{1}{n}+\cdots\quad（收敛）$$

在端点 $x=-1$ 处，该级数成为

$$-1-\frac{1}{2}-\frac{1}{3}-\cdots-\frac{1}{n}+\cdots\quad（发散）$$

所以，该级数的收敛域为 $(-1, 1]$。

例 8-10 求幂级数

$$\sum_{n=0}^{\infty}\frac{1}{n!}x^n=1+x+\frac{1}{2!}x^2+\cdots+\frac{1}{n!}x^n+\cdots$$

的收敛半径和收敛域。

解 因为

$$\rho=\lim_{n\to\infty}\left|\frac{a_{n+1}}{a_n}\right|=\lim_{n\to\infty}\frac{\dfrac{1}{(n+1)!}}{\dfrac{1}{n!}}=\lim_{n\to\infty}\frac{1}{n+1}=0$$

所以收敛半径 $R=+\infty$，从而收敛域是 $(-\infty, +\infty)$。

二、幂级数的性质

1. 运算性质

设两个幂级数 $\sum\limits_{n=0}^{\infty}a_nx^n=s_1(x)$ 及 $\sum\limits_{n=0}^{\infty}b_nx^n=s_2(x)$ 分别在 $(-R_1, R_1)$ 及 $(-R_2, R_2)$ 内收敛，则在这两个区间中较小的那个区间内，它们可作下列运算。

(1) 加减法：$\sum\limits_{n=0}^{\infty}a_nx^n\pm\sum\limits_{n=0}^{\infty}b_nx^n=s_1(x)\pm s_2(x)$；

(2) 乘法：$\sum\limits_{n=0}^{\infty}a_nx^n\cdot\sum\limits_{n=0}^{\infty}b_nx^n=s_1(x)\cdot s_2(x)$。

2. 解析性质

设幂级数 $\sum\limits_{n=0}^{\infty}a_nx^n=s(x)$ 在区间 $(-R, R)$ 内收敛，则其具有下述性质。

(1) 在 $(-R, R)$ 内，$s(x)$ 是连续函数；

(2) 在 $(-R, R)$ 内，$s(x)$ 可导，且有逐项求导公式

$$s'(x)=\left(\sum_{n=0}^{\infty}a_nx^n\right)'=\sum_{n=0}^{\infty}(a_nx^n)'=\sum_{n=1}^{\infty}na_nx^{n-1}\tag{8-5}$$

逐项求导后所得的幂级数和原级数有相同的收敛半径 R，但在收敛区间的端点处敛散性可

能会改变；

(3) 在 $(-R, R)$ 内，$s(x)$ 可积，且有逐项积分公式

$$\int_0^x s(x)\mathrm{d}x = \int_0^x \Big[\sum_{n=0}^{\infty} a_n x^n\Big]\mathrm{d}x = \sum_{n=0}^{\infty}\int_0^x a_n x^n \mathrm{d}x = \sum_{n=0}^{\infty}\frac{a_n}{n+1}x^{n+1} \tag{8-6}$$

逐项积分后所得到的幂级数和原级数有相同的收敛半径 R，但在收敛区间的端点处敛散性可能会改变。

此外，如果逐项求导或逐项积分后的幂级数在 $x=R$（或 $x=-R$）处收敛，则在 $x=R$（或 $x=-R$）处，等式(8-5)或等式(8-6)仍成立。

例如，已知

$$\frac{1}{1-x} = 1+x+x^2+\cdots+x^n+\cdots \quad (-1<x<1)$$

逐项求导，得

$$\frac{1}{(1-x)^2} = 1+2x+\cdots+nx^{n-1}+\cdots \quad (-1<x<1)$$

而从 0 到 x 逐项积分，得

$$-\ln(1-x) = x+\frac{x^2}{2}+\frac{x^3}{3}+\cdots+\frac{x^{n+1}}{n+1}+\cdots \quad (-1\leqslant x<1)$$

注意上式在 $x=-1$ 处也是成立的。这是因为，由莱布尼茨定理可知，当 $x=-1$ 时，上式右端是一个收敛的交错级数。

例 8-11 求幂级数 $\sum\limits_{n=1}^{\infty}\frac{(-1)^{n-1}}{2n-1}x^{2n-1}$ 的和函数。

解 采用“先微后积”的方法。设 $s(x)=\sum\limits_{n=1}^{\infty}\frac{(-1)^{n-1}}{2n-1}x^{2n-1}$，两边对 x 求导，并利用式(8-5)，得

$$s'(x)=\sum_{n=1}^{\infty}\left(\frac{(-1)^{n-1}}{2n-1}x^{2n-1}\right)'=\sum_{n=1}^{\infty}(-1)^{n-1}x^{2n-2}=\sum_{n=0}^{\infty}(-x^2)^n=\frac{1}{1+x^2},\ x\in(-1,1)$$

两边从 0 到 x 积分，得

$$s(x)-s(0)=\int_0^x\frac{1}{1+x^2}\mathrm{d}x=\arctan x,\ x\in(-1,1)$$

又 $s(0)=0$，从而有 $s(x)=\arctan x$，$x\in(-1,1)$，即

$$\sum_{n=1}^{\infty}\frac{(-1)^{n-1}}{2n-1}x^{2n-1}=\arctan x,\ x\in(-1,1)$$

当 $x=1$ 时，级数为 $\sum\limits_{n=1}^{\infty}\frac{(-1)^{n-1}}{2n-1}$，收敛；当 $x=-1$ 时，级数为 $\sum\limits_{n=1}^{\infty}\frac{(-1)^{n-1}\cdot(-1)}{2n-1}$，收敛。所以 $\sum\limits_{n=1}^{\infty}\frac{(-1)^{n-1}}{2n-1}x^{2n-1}=\arctan x$，$x\in[-1,1]$。

例 8-12 求幂级数 $\sum\limits_{n=0}^{\infty}(n+1)x^n$ 的和函数。

解 采用“先积后微”的方法。设 $s(x)=\sum\limits_{n=0}^{\infty}(n+1)x^n$，两边从 0 到 x 积分，并利用式(8-6)，得

$$\int_0^x s(x)\mathrm{d}x = \sum_{n=0}^{\infty}\int_0^x (n+1)x^n\mathrm{d}x = \sum_{n=0}^{\infty}x^{n+1} = \frac{x}{1-x},\ x\in(-1,1)$$

再两边对 x 求导，得

$$s(x) = \left(\int_0^x s(x)\mathrm{d}x\right)' = \left(\frac{x}{1-x}\right)' = \frac{1}{(1-x)^2},\ x\in(-1,1)$$

即

$$\sum_{n=0}^{\infty}(n+1)x^n = \frac{1}{(1-x)^2},\ x\in(-1,1)$$

当 $x=1$ 时，级数为 $\sum\limits_{n=0}^{\infty}(n+1)$，发散；当 $x=-1$ 时，级数为 $\sum\limits_{n=0}^{\infty}(-1)^n(n+1)$，发散。所以 $\sum\limits_{n=0}^{\infty}(n+1)x^n = \frac{1}{(1-x)^2}$，$x\in(-1,1)$。

三、函数展开成幂级数

由于幂级数在收敛域内确定了一个和函数，因此我们就有可能利用幂级数来表示函数。对于给定的函数 $f(x)$，当它满足什么条件时，能用幂级数表示？这样的幂级数如果存在，其形式是怎样的？下面我们讨论这些问题。

1. 泰勒级数和麦克劳林级数

如果函数 $f(x)$ 在点 x_0 的某一邻域内具有直到 $(n+1)$ 阶的导数，则有 n 阶泰勒公式

$$f(x) = f(x_0) + f'(x_0)(x-x_0) + \frac{f''(x_0)}{2!}(x-x_0)^2 + \cdots + \frac{f^{(n)}(x_0)}{n!}(x-x_0)^n + R_n(x) \tag{8-7}$$

成立，其中 $R_n(x) = \frac{f^{(n+1)}(\xi)}{(n+1)!}(x-x_0)^{n+1}$（$\xi$ 在 x_0 与 x 之间）。

可见，$f(x)$ 可以用 n 次多项式

$$p_n(x) = f(x_0) + f'(x_0)(x-x_0) + \frac{f''(x_0)}{2!}(x-x_0)^2 + \cdots + \frac{f^{(n)}(x_0)}{n!}(x-x_0)^n$$

来近似表示，且精确度随 n 的增大而增大。

可以设想 $p_n(x)$ 的 n 趋向无穷而成为幂级数，便得到函数 $f(x)$：

$$f(x) = f(x_0) + f'(x_0)(x-x_0) + \frac{f''(x_0)}{2!}(x-x_0)^2 + \cdots + \frac{f^{(n)}(x_0)}{n!}(x-x_0)^n + \cdots \tag{8-8}$$

这时我们也说函数 $f(x)$ 展开成泰勒级数，并把式(8-8)称为函数 $f(x)$ 在 x_0 处的泰勒展开式。

当 $x_0=0$ 时，式(8-8)成为下列重要的形式：

$$f(x) = f(0) + f'(0)x + \frac{f''(0)}{2!}x^2 + \cdots + \frac{f^{(n)}(0)}{n!}x^n + \cdots \tag{8-9}$$

式(8-9)称为函数 $f(x)$ 的麦克劳林展开式，也说函数 $f(x)$ 展开成麦克劳林级数。

2. 将函数展开成幂级数的方法

函数的幂级数展开方法包括直接展开法和间接展开法。

1）*直接展开法*

直接展开法是指利用麦克劳林公式展开的方法。

例 8-13 求函数 $f(x)=\mathrm{e}^x$ 的幂级数展开式。

解 因为 $f^{(n)}(x)=\mathrm{e}^x$，从而 $f^{(n)}(0)=1\ (n=0,1,2,\cdots)$，所以麦克劳林级数为

$$\sum_{n=0}^{\infty}\frac{f^{(n)}(0)}{n!}x^n=\sum_{n=0}^{\infty}\frac{1}{n!}x^n=1+x+\frac{x^2}{2!}+\frac{x^3}{3!}+\cdots+\frac{x^n}{n!}+\cdots$$

其收敛半径为 $R=+\infty$。

对于任意确定的 x，泰勒级数的余项的绝对值为

$$|R_n(x)|=\left|\frac{f^{(n+1)}(\xi)}{(n+1)!}x^{n+1}\right|=\left|\frac{\mathrm{e}^{\xi}}{(n+1)!}x^{n+1}\right|\leqslant \mathrm{e}^{|x|}\cdot\frac{|x|^{n+1}}{(n+1)!}\quad(\xi\text{ 在 }x_0\text{ 与 }x\text{ 之间})$$

由于 $\frac{|x|^{n+1}}{(n+1)!}$ 是收敛级数的一般项，因此当 $n\to\infty$ 时，$\mathrm{e}^{|x|}\cdot\frac{|x|^{n+1}}{(n+1)!}$ 趋于0，又 $\mathrm{e}^{|x|}$ 是与 n 无关的有限数，故 $|R_n(x)|\to 0(n\to\infty)$，于是得展开式

$$\mathrm{e}^x=\sum_{n=0}^{\infty}\frac{1}{n!}x^n=1+x+\frac{x^2}{2!}+\cdots+\frac{x^n}{n!}+\cdots\quad(-\infty<x<+\infty)\tag{8-10}$$

利用直接展开法我们可以得到 $f(x)=\sin x$ 的幂级数展开式

$$\sin x=x-\frac{x^3}{3!}+\frac{x^5}{5!}-\frac{x^7}{7!}+\cdots+(-1)^n\frac{x^{2n+1}}{(2n+1)!}+\cdots\quad(-\infty<x<+\infty)\tag{8-11}$$

2）*间接展开法*

直接展开法的计算量很大，有时还很困难。由于幂级数的展开式具有唯一性，因此我们可以根据一些已知的函数的幂级数的展开式，利用幂级数的运算性质和解析性质，将所给函数展开为幂级数。

例 8-14 将函数 $f(x)=\mathrm{e}^{-x^2}$ 展开成 x 的幂级数。

解 用 $-x^2$ 替换式(8-10)中的 x，$|x|<+\infty$，则 $-x^2$ 中的 x 也有 $|x|<+\infty$，得

$$\mathrm{e}^{-x^2}=\sum_{n=0}^{\infty}(-1)^n\frac{x^{2n}}{n!}=1-x^2+\frac{x^4}{2!}-\frac{x^6}{3!}+\cdots+(-1)^n\frac{x^{2n}}{n!}+\cdots\quad(-\infty<x<+\infty)$$

例 8-15 将函数 $f(x)=\mathrm{e}^{3x}$ 展开成 x 的幂级数。

解 用 $3x$ 替换式(8-10)中的 x，$|x|<+\infty$，则 $3x$ 中的 x 也有 $|x|<+\infty$，得

$$\mathrm{e}^{3x}=\sum_{n=0}^{\infty}\frac{(3x)^n}{n!}=\sum_{n=0}^{\infty}\frac{3^n}{n!}x^n=1+3x+\frac{9}{2!}x^2+\frac{27}{3!}x^3+\cdots+\frac{3^n}{n!}x^n+\cdots\quad(-\infty<x<+\infty)$$

例 8-16 将函数 $f(x)=(1+x)\mathrm{e}^x$ 展开成 x 的幂级数。

解 因为 $(1+x)\mathrm{e}^x=(x\mathrm{e}^x)'$，所以先把函数 $x\mathrm{e}^x$ 展开成 x 的幂级数，利用式(8-10)，得

$$x\mathrm{e}^x=\sum_{n=0}^{\infty}\frac{1}{n!}x^{n+1}=x+x^2+\frac{x^3}{2!}+\cdots+\frac{x^{n+1}}{n!}+\cdots\quad(-\infty<x<+\infty)$$

再对上式逐项求导，有

$$(1+x)\mathrm{e}^x=(x\mathrm{e}^x)'=\sum_{n=0}^{\infty}\frac{n+1}{n!}x^n=1+2x+\frac{3x^2}{2!}+\cdots+\frac{n+1}{n!}x^n+\cdots\quad(-\infty<x<+\infty)$$

例 8－17　求函数 $f(x)=\cos x$ 的幂级数展开式。

解　因为 $\cos x=(\sin x)'$，所以由幂级数的性质可知，它们的收敛半径相同。对式(8－11)逐项求导，可得

$$\cos x=1-\frac{x^2}{2!}+\frac{x^4}{4!}+\cdots+(-1)^n\frac{x^{2n}}{(2n)!}+\cdots\quad(-\infty<x<+\infty)$$

必须指出，得到函数 $f(x)$ 的展开式 $f(x)=\sum\frac{f^{(n)}(0)}{n!}x^n(-R<x<R)$ 之后，若幂级数在 $(-R,R)$ 端点处收敛，且函数 $f(x)$ 在 $(-R,R)$ 端点处有定义且连续，则该展开式在 $(-R,R)$ 端点处也成立。

例 8－18　求函数 $f(x)=\ln(1+x)$ 的幂级数展开式。

解　因为

$$[\ln(1+x)]'=\frac{1}{1+x}=1-x+x^2-x^3+\cdots+(-1)^nx^n+\cdots\quad(-1<x<1)$$

所以将上式从 0 到 x 逐项积分，得

$$\ln(1+x)=x-\frac{x^2}{2}+\frac{x^3}{3}-\frac{x^4}{4}+\cdots+(-1)^{n-1}\frac{x^n}{n}+\cdots\quad(-1<x\leqslant 1)$$

其中，级数在 $x=1$ 处显然是收敛的。

例 8－19　求函数 $\arctan x$ 的麦克劳林级数。

解　用 x^2 替换

$$\frac{1}{1+x}=1-x+x^2-x^3+\cdots+x^n+\cdots\quad(-1<x<1)$$

中的 x，得

$$\frac{1}{1+x^2}=1-x^2+x^4-x^6+\cdots+(-1)^nx^{2n}+\cdots\quad(-1<x<1)$$

对上式从 0 到 x 逐项积分，得

$$\arctan x=x-\frac{x^3}{3}+\frac{x^5}{5}-\frac{x^7}{7}+\cdots+(-1)^n\frac{x^{2n+1}}{2n+1}+\cdots\quad(-1\leqslant x\leqslant 1)$$

此展开式对 $x=\pm1$ 也成立，因为

当 $x=1$ 时，它成为交错级数 $\sum\limits_{n=1}^{\infty}(-1)^{n-1}\frac{1}{2n-1}$，收敛；

当 $x=-1$ 时，它成为交错级数 $\sum\limits_{n=1}^{\infty}(-1)^{n}\frac{1}{2n-1}$，收敛。

例 8－20　将函数 $f(x)=\frac{1}{5-x}$ 展开成 $(x-2)$ 的幂级数。

解　因为

$$\frac{1}{1-x}=1+x+x^2+x^3+\cdots+x^n+\cdots\quad(-1<x<1)$$

而

$$f(x)=\frac{1}{5-x}=\frac{1}{3-(x-2)}=\frac{1}{3\left(1-\frac{x-2}{3}\right)}$$

当 $\left|\frac{x-2}{3}\right|<1$ 时，

$$\frac{1}{1-\frac{x-2}{3}}=1+\frac{x-2}{3}+\left(\frac{x-2}{3}\right)^2+\cdots+\left(\frac{x-2}{3}\right)^n+\cdots$$

所以

$$\frac{1}{5-x}=\frac{1}{3}\left[1+\frac{x-2}{3}+\left(\frac{x-2}{3}\right)^2+\cdots+\left(\frac{x-2}{3}\right)^n+\cdots\right]$$

其中，$\left|\frac{x-2}{3}\right|<1$，即 $-1<x<5$，收敛区间为 $(-1, 5)$。

通过间接展开法，利用级数的性质，可以求得不少函数的幂级数展开式。这里列出几个常用的初等函数的幂级数展开式，请读者熟记。

(1) $e^x=1+x+\frac{x^2}{2!}+\frac{x^3}{3!}+\cdots+\frac{x^n}{n!}+\cdots(-\infty<x<+\infty)$；

(2) $\sin x=x-\frac{x^3}{3!}+\frac{x^5}{5!}-\frac{x^7}{7!}+\cdots+(-1)^n\frac{x^{2n+1}}{(2n+1)!}+\cdots(-\infty<x<+\infty)$；

(3) $\cos x=1-\frac{x^2}{2!}+\frac{x^4}{4!}-\frac{x^6}{6!}+\cdots+(-1)^n\frac{x^{2n}}{(2n)!}+\cdots(-\infty<x<+\infty)$；

(4) $\frac{1}{1-x}=1+x+x^2+\cdots+x^n+\cdots(-1<x<1)$。

习题 8－2

1. 求下列幂级数的收敛半径和收敛区间：

(1) $\sum_{n=1}^{\infty}nx^n$；　　(2) $\sum_{n=1}^{\infty}\frac{x^n}{2\cdot4\cdot\cdots\cdot(2n)}$；

(3) $\sum_{n=0}^{\infty}(-1)^n\cdot\frac{x^n}{n^2}$；　　(4) $\sum_{n=1}^{\infty}\frac{x^n}{n\cdot3^n}$。

2. 利用逐项求导或逐项积分，求下列幂级数的和函数：

(1) $\sum_{n=1}^{\infty}nx^{n-1}$；　　(2) $\sum_{n=1}^{\infty}\frac{x^n}{n}$；

(3) $\sum_{n=1}^{\infty}\frac{1}{3^n n}x^n$；　　(4) $\sum_{n=1}^{\infty}\frac{x^{4n+1}}{4n+1}$。

3. 将下列函数展开成关于 x 的幂级数，并求其收敛区域：

(1) e^{5x}；　(2) e^{-4x}；　(3) e^{x^2}；　(4) $x(2+x)e^x$；

(5) $\ln(a+x)\ (a>0)$；　(6) a^x；　(7) $\sin^2x$。

4. 将函数 $f(x)=e^x$ 展开成 $(x-1)$ 的幂级数。

5. 将函数 $f(x)=\frac{1}{x}$ 展开成 $(x-3)$ 的幂级数。

6. 将函数 $f(x)=\frac{1}{x^2+3x+2}$ 展开成 $(x+4)$ 的幂级数。

第三节　傅里叶级数

由于幂级数没有周期性，因此周期函数展开成幂级数后，其周期性很难体现出来。而正弦函数和余弦函数都具有周期性，显然周期函数更适合于展开成三角级数。

本节讨论一般项是三角函数的函数项级数，即所谓三角级数，着重研究如何把函数展开成三角级数。

一、以 2π 为周期的周期函数展开成傅里叶级数

1. 三角级数及三角函数系的正交性

我们把形如

$$\frac{a_0}{2}+\sum_{n=1}^{\infty}(a_n\cos nx+b_n\sin nx) \tag{8-12}$$

的级数称为三角级数，其中

$$1,\ \cos x,\ \sin x,\ \cos 2x,\ \sin 2x,\ \cdots,\ \cos nx,\ \sin nx,\ \cdots$$

合称为三角函数系。

三角函数系具有如下性质：三角函数系中的任意两个不同项之积在 $[-\pi,\ \pi]$ 上的定积分等于零，而三角函数系中的任意一项的平方在 $[-\pi,\ \pi]$ 上的定积分都不等于零，即

$$\int_{-\pi}^{\pi}\cos nx\,dx=0,\quad \int_{-\pi}^{\pi}\sin nx\,dx=0\quad (n=1,\ 2,\ 3,\ \cdots)$$

$$\int_{-\pi}^{\pi}\sin nx\sin kx\,dx=0\quad (k,\ n=1,\ 2,\ 3,\ \cdots;\ k\neq n)$$

$$\int_{-\pi}^{\pi}\sin nx\cos kx\,dx=0\quad (k,\ n=1,\ 2,\ 3,\ \cdots;\ k\neq n)$$

$$\int_{-\pi}^{\pi}\cos nx\cos kx\,dx=0\quad (k,\ n=1,\ 2,\ 3,\ \cdots;\ k\neq n)$$

$$\int_{-\pi}^{\pi}\sin^2 nx\,dx=\pi,\quad \int_{-\pi}^{\pi}\cos^2 nx\,dx=\pi\quad (n=1,\ 2,\ 3,\ \cdots)$$

$$\int_{-\pi}^{\pi}1^2\,dx=2\pi$$

这种性质称为三角函数系的正交性。

2. 周期为 2π 的周期函数展开成傅里叶级数

设 $f(x)$ 是周期为 2π 的周期函数，且能展开成三角级数：

$$f(x)=\frac{a_0}{2}+\sum_{k=1}^{\infty}(a_k\cos kx+b_k\sin kx) \tag{8-13}$$

那么，如何利用 $f(x)$ 把 a_0，a_1，b_1，… 表示出来？考虑到三角函数系的正交性，我们进一步假设级数(8-13)可以逐项积分。

先求 a_0。对式(8-13)从 $-\pi$ 到 π 逐项积分，可得

$$\int_{-\pi}^{\pi}f(x)\,dx=\int_{-\pi}^{\pi}\frac{a_0}{2}dx+\sum_{k=1}^{\infty}\left[a_k\int_{-\pi}^{\pi}\cos kx\,dx+b_k\int_{-\pi}^{\pi}\sin kx\,dx\right]$$

$$=\frac{a_0}{2}\cdot 2\pi+0=a_0\pi$$

于是有

$$a_0=\frac{1}{\pi}\int_{-\pi}^{\pi}f(x)\,dx$$

其次求 a_n。用 $\cos nx$ 乘式(8-13)的两端，再从 $-\pi$ 到 π 逐项积分，可得

$$\int_{-\pi}^{\pi} f(x)\cos nx\,\mathrm{d}x = \frac{a_0}{2}\int_{-\pi}^{\pi}\cos nx\,\mathrm{d}x + \sum_{k=1}^{\infty}\left[a_k\int_{-\pi}^{\pi}\cos kx\cos nx\,\mathrm{d}x + b_k\int_{-\pi}^{\pi}\sin kx\cos nx\,\mathrm{d}x\right]$$

$$= a_n\int_{-\pi}^{\pi}\cos^2 nx\,\mathrm{d}x = a_n\pi$$

于是有

$$a_n = \frac{1}{\pi}\int_{-\pi}^{\pi} f(x)\cos nx\,\mathrm{d}x \qquad (n = 1, 2, 3, \cdots)$$

类似地，用 $\sin nx$ 乘式(8-13)的两端，再从 $-\pi$ 到 π 逐项积分，可得

$$b_n = \frac{1}{\pi}\int_{-\pi}^{\pi} f(x)\sin nx\,\mathrm{d}x \qquad (n = 1, 2, 3, \cdots)$$

由于当 $n = 0$ 时，a_n 的表达式正好给出 a_0，因此，已得结果可以合并写成

$$\begin{cases} a_n = \dfrac{1}{\pi}\displaystyle\int_{-\pi}^{\pi} f(x)\cos nx\,\mathrm{d}x, & n = 0, 1, 2, 3, \cdots \\ b_n = \dfrac{1}{\pi}\displaystyle\int_{-\pi}^{\pi} f(x)\sin nx\,\mathrm{d}x, & n = 1, 2, 3, \cdots \end{cases} \qquad (8-14)$$

如果式(8-14)中的积分都存在，那么由式(8-14)确定的系数 $a_0, a_1, b_1, \cdots$ 称为函数 $f(x)$ 的傅里叶系数，将这些系数代入式(8-13)的右端，所得的三角级数

$$\frac{a_0}{2} + \sum_{n=1}^{\infty}(a_n\cos nx + b_n\sin nx) \qquad (8-15)$$

称为函数 $f(x)$ 的傅里叶级数。

我们面临一个基本问题：周期函数 $f(x)$ 满足什么条件时可以展开成傅里叶级数？或者说，周期函数 $f(x)$ 满足什么条件时，它的傅里叶级数收敛，并且收敛于 $f(x)$？

下面我们不加证明地给出一个收敛定理，它是关于上述问题的一个重要结论。

定理 8-9（收敛定理，狄利克雷充分条件） 设 $f(x)$ 是周期为 2π 的周期函数，如果它满足条件：

(1) 在一个周期内连续或只有有限个第一类间断点；

(2) 在一个周期内至多只有有限个极值点，

则 $f(x)$ 的傅里叶级数收敛，并且

当 x 是 $f(x)$ 的连续点时，级数收敛于 $f(x)$；

当 x 是 $f(x)$ 的间断点时，级数收敛于 $\dfrac{f(x-0)+f(x+0)}{2}$。

由收敛定理可知：只要函数在 $[-\pi, \pi]$ 上至多有有限个第一类间断点，并且不作无限次振动，函数的傅里叶级数在连续点处就收敛于该点处的函数值，在间断点处收敛于函数在该点处的左极限与右极限的算术平均值。

例 8-21 设 $f(x)$ 是周期为 2π 的周期函数，它在 $[-\pi, \pi)$ 上的表达式为

$$f(x) = \begin{cases} -1, & -\pi \leqslant x < 0 \\ 1, & 0 \leqslant x < \pi \end{cases}$$

将 $f(x)$ 展开成傅里叶级数。

解 函数 $f(x)$ 满足收敛定理的条件，它在点 $x = k\pi(k = 0, \pm 1, \pm 2, \cdots)$ 处不连续，在其他点处连续（见图 8-1），从而由收敛定理可知 $f(x)$ 的傅里叶级数收敛，并且当 $x = k\pi$ 时级数收敛于

$$\frac{f(k\pi-0)+f(k\pi+0)}{2}=\begin{cases}\dfrac{1+(-1)}{2}=0, & k=\pm 1, \pm 3, \cdots \\ \dfrac{-1+1}{2}=0, & k=0, \pm 2, \pm 4, \cdots\end{cases}$$

当 $x \neq k\pi$ 时级数收敛于 $f(x)$。

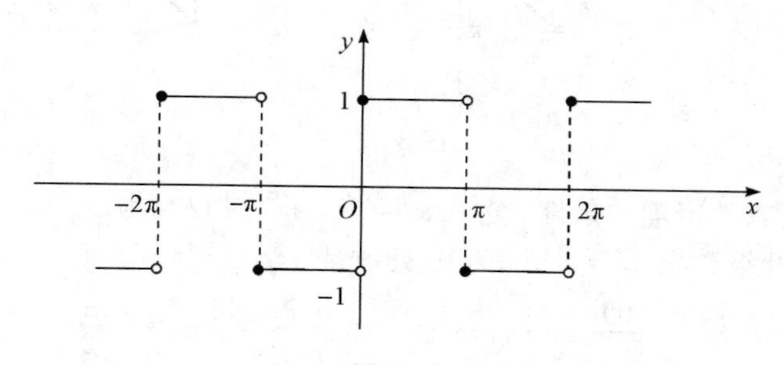

图 8－1

计算傅里叶系数如下：

$$a_n=\frac{1}{\pi}\int_{-\pi}^{\pi} f(x)\cos nx\,\mathrm{d}x=\frac{1}{\pi}\int_{-\pi}^{0}(-1)\cos nx\,\mathrm{d}x+\frac{1}{\pi}\int_{0}^{\pi} 1\cdot\cos nx\,\mathrm{d}x$$

$$=\frac{1}{\pi}\left(\frac{-1}{n}\sin nx\ \Big|_{-\pi}^{0}+\frac{1}{n}\sin nx\ \Big|_{0}^{\pi}\right)=0 \quad (n=0,1,2,\cdots)$$

$$b_n=\frac{1}{\pi}\int_{-\pi}^{\pi} f(x)\sin nx\,\mathrm{d}x=\frac{1}{\pi}\int_{-\pi}^{0}(-1)\sin nx\,\mathrm{d}x+\frac{1}{\pi}\int_{0}^{\pi} 1\cdot\sin nx\,\mathrm{d}x$$

$$=\frac{1}{\pi}\left[\frac{\cos nx}{n}\right]_{-\pi}^{0}+\frac{1}{\pi}\left[-\frac{\cos nx}{n}\right]_{0}^{\pi}=\frac{1}{n\pi}[1-\cos n\pi-\cos n\pi+1]$$

$$=\frac{2}{n\pi}(1-\cos n\pi)=\begin{cases}\dfrac{4}{n\pi}, & n=1,3,5,\cdots \\ 0, & n=2,4,6,\cdots\end{cases}$$

将所得的系数代入式(8－15)，就得到 $f(x)$ 的傅里叶级数展开式：

$$f(x)=\frac{4}{\pi}\left[\sin x+\frac{1}{3}\sin 3x+\cdots+\frac{1}{2k-1}\sin(2k-1)x+\cdots\right]$$

$$(-\infty<x<+\infty;\ x\neq 0, \pm\pi, \pm 2\pi, \cdots)$$

一般说来，把周期为 2π 的周期函数 $f(x)$ 展开为傅里叶级数，可按下列步骤进行：

(1) 判断 $f(x)$ 是否满足收敛定理的条件，并确定 $f(x)$ 的所有间断点。在做这一步时，最好先作出 $y=f(x)$ 的图形，然后结合图形进行判断。

(2) 按照式(8－14)计算傅里叶系数。

(3) 根据式(8－15)写出 $f(x)$ 的傅里叶级数展开式，并注明这个展开式在哪些点处成立。

例 8－22　设 $f(x)$ 是周期为 2π 的周期函数，它在 $[-\pi, \pi)$ 上的表达式为

$$f(x)=\begin{cases}x, & -\pi\leqslant x<0 \\ 0, & 0\leqslant x<\pi\end{cases}$$

将 $f(x)$ 展开成傅里叶级数。

解　作出函数 $y=f(x)$ 的图形，如图 8－2 所示。

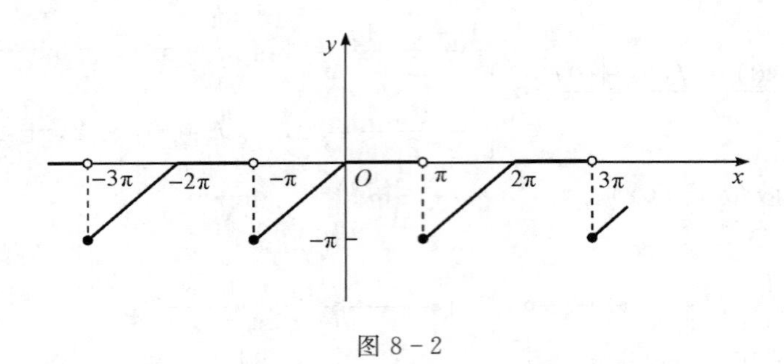

图 8-2

函数 $f(x)$ 满足收敛定理的条件，它在 $x=(2k+1)\pi\ (k=0, \pm1, \pm2, \cdots)$ 处不连续。因此，$f(x)$ 的傅里叶级数在 $x=(2k+1)\pi$ 处收敛于

$$\frac{f(\pi-0)+f(-\pi+0)}{2}=\frac{0+(-\pi)}{2}=-\frac{\pi}{2}$$

在连续点 $x\ (x\neq(2k+1)\pi)$ 处收敛于 $f(x)$。

计算傅里叶系数如下：

$$a_n=\frac{1}{\pi}\int_{-\pi}^{\pi}f(x)\cos nx\,\mathrm{d}x=\frac{1}{\pi}\int_{-\pi}^{0}x\cos nx\,\mathrm{d}x=\frac{1}{\pi}\left[\frac{x\sin nx}{n}+\frac{\cos nx}{n^2}\right]_{-\pi}^{0}$$

$$=\frac{1}{n^2\pi}(1-\cos n\pi)=\begin{cases}\dfrac{2}{n^2\pi}, & n=1, 3, 5, \cdots\\ 0, & n=2, 4, 6, \cdots\end{cases}$$

$$a_0=\frac{1}{\pi}\int_{-\pi}^{\pi}f(x)\mathrm{d}x=\frac{1}{\pi}\int_{-\pi}^{0}x\mathrm{d}x=\frac{1}{\pi}\left[\frac{x^2}{2}\right]_{-\pi}^{0}=-\frac{\pi}{2}$$

$$b_n=\frac{1}{\pi}\int_{-\pi}^{\pi}f(x)\sin nx\,\mathrm{d}x=\frac{1}{\pi}\int_{-\pi}^{0}x\sin nx\,\mathrm{d}x=\frac{1}{\pi}\left[-\frac{x\cos nx}{n}+\frac{\sin nx}{n^2}\right]_{-\pi}^{0}$$

$$=-\frac{\cos n\pi}{n}=\frac{(-1)^{n+1}}{n}$$

将求得的系数代入式(8-15)，得到 $f(x)$ 的傅里叶级数展开式为

$$f(x)=-\frac{\pi}{4}+\left(\frac{2}{\pi}\cos x+\sin x\right)-\frac{1}{2}\sin 2x+\left(\frac{2}{3^2\pi}\cos 3x+\frac{1}{3}\sin 3x\right)$$
$$-\frac{1}{4}\sin 4x+\left(\frac{2}{5^2\pi}\cos 5x+\frac{1}{5}\sin 5x\right)-\cdots$$
$$(-\infty<x<+\infty;\ x\neq\pm\pi, \pm3\pi, \cdots)$$

3. 奇函数与偶函数的傅里叶级数——正弦级数与余弦级数

一般情况下，一个函数的傅里叶级数展开式中既含有正弦项，又含有余弦项，但是也有只含有正弦项(如例 8-21)或只含有余弦项的。究其原因，这些特殊情况与所给函数的奇偶性密切相关。我们知道，奇函数在对称区间上的积分为零，偶函数在对称区间上的积分为半区间上积分的二倍。据傅里叶系数计算公式：

$$\begin{cases}a_n=\dfrac{1}{\pi}\displaystyle\int_{-\pi}^{\pi}f(x)\cos nx\,\mathrm{d}x, & n=0, 1, 2, \cdots\\ b_n=\dfrac{1}{\pi}\displaystyle\int_{-\pi}^{\pi}f(x)\sin nx\,\mathrm{d}x, & n=1, 2, 3, \cdots\end{cases}$$

当 $f(x)$ 为奇函数时，$f(x)\cos nx$ 是奇函数，$f(x)\sin nx$ 是偶函数，故

$$\begin{cases} a_n = 0, & n = 0, 1, 2, \cdots \\ b_n = \dfrac{2}{\pi}\displaystyle\int_0^{\pi} f(x)\sin nx\,dx, & n = 1, 2, 3, \cdots \end{cases} \tag{8-16}$$

可见，奇函数的傅里叶级数是只含有正弦项的正弦级数：

$$\sum_{n=1}^{\infty} b_n \sin nx \tag{8-17}$$

当 $f(x)$ 为偶函数时，$f(x)\cos nx$ 是偶函数，$f(x)\sin nx$ 是奇函数，故

$$\begin{cases} a_n = \dfrac{2}{\pi}\displaystyle\int_0^{\pi} f(x)\cos nx\,dx, & n = 0, 1, 2, \cdots \\ b_n = 0, & n = 1, 2, 3, \cdots \end{cases} \tag{8-18}$$

可见，偶函数的傅里叶级数是只含有常数项和余弦项的余弦级数：

$$\frac{a_0}{2} + \sum_{n=1}^{\infty} a_n \cos nx \tag{8-19}$$

总之，奇函数或偶函数的傅里叶级数必定是正弦级数或余弦级数。

例 8-23　将周期函数 $u(t) = |E\sin t|$ 展开成傅里叶级数，其中 E 是正的常数。

解　函数 $u(t)$ 满足收敛定理的条件，它在整个数轴上连续(见图 8-3)，因此 $u(t)$ 的傅里叶级数处处收敛于 $u(t)$。

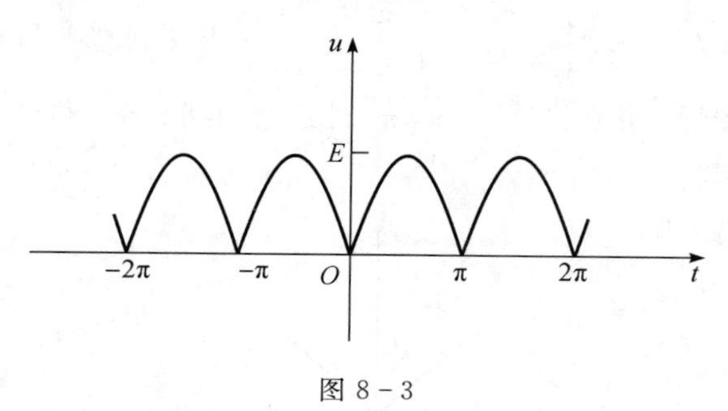

图 8-3

因为 $u(t)$ 为偶函数，所以它的傅里叶级数是余弦级数，按式(8-18)有 $b_n = 0$，计算系数 a_n 如下：

$$\begin{aligned} a_n &= \frac{2}{\pi}\int_0^{\pi} u(t)\cos nt\,dt = \frac{2}{\pi}\int_0^{\pi} E\sin t\cos nt\,dt \\ &= \frac{E}{\pi}\int_0^{\pi}[\sin(n+1)t - \sin(n-1)t]dt \\ &= \frac{E}{\pi}\left[-\frac{\cos(n+1)t}{n+1} + \frac{\cos(n-1)t}{n-1}\right]_0^{\pi} \\ &= \frac{E}{\pi}\left[\frac{1-\cos(n+1)\pi}{n+1} + \frac{\cos(n-1)\pi - 1}{n-1}\right] \\ &= \begin{cases} -\dfrac{4E}{(n^2-1)\pi}, & n = 0, 2, 4, \cdots \\ 0, & n = 3, 5, 7, \cdots \end{cases} \end{aligned}$$

$$a_1 = \frac{2}{\pi}\int_0^{\pi} u(t)\cos t\,dt = \frac{2}{\pi}\int_0^{\pi} E\sin t\cos t\,dt = \frac{2E}{\pi}\left[\frac{\sin^2 t}{2}\right]_0^{\pi} = 0$$

将求得的 a_n 代入余弦级数(8-19)，得 $u(t)$ 的傅里叶级数展开式为

$$u(t)=\frac{4E}{\pi}\left(\frac{1}{2}-\frac{1}{3}\cos 2t-\frac{1}{15}\cos 4t-\frac{1}{35}\cos 6t-\cdots\right)\quad(-\infty<t<+\infty)$$

4. $[-\pi,\pi]$ 或 $[0,\pi]$ 上的函数 $f(x)$ 展开成傅里叶级数

在实际应用中，有时还需要把定义在区间 $[-\pi,\pi]$ 或 $[0,\pi]$ 上的函数 $f(x)$ 展开成傅里叶级数，此类问题通常按如下方法解决：

(1) 设函数 $f(x)$ 在 $[-\pi,\pi]$ 上满足收敛定理的条件，我们在 $[-\pi,\pi)$ 或 $(-\pi,\pi]$ 外补充定义，得到一个周期为 2π 的周期函数 $F(x)$，然后将 $F(x)$ 展开成傅里叶级数。按这种方式拓广函数的定义域的过程称为周期延拓。最后限制 x 在 $(-\pi,\pi)$ 内，此时 $F(x)\equiv f(x)$，从而得到 $f(x)$ 的傅里叶级数展开式。根据收敛定理，该级数在区间端点 $x=\pm\pi$ 处收敛于 $\frac{1}{2}[f(\pi-0)+f(-\pi+0)]$。

(2) 若函数 $f(x)$ 在 $[0,\pi]$ 上满足收敛定理的条件，我们在 $(-\pi,0)$ 内补充定义，得到定义在 $(-\pi,\pi]$ 上的函数 $F(x)$，使 $F(x)$ 在区间 $(-\pi,\pi)$ 内成为奇函数(或偶函数)。按这种方式拓广函数的定义域的过程称为奇延拓(或偶延拓)。延拓后的函数按情形(1) 展开成傅里叶级数，当然这个级数肯定是正弦级数(或余弦级数)。最后限制 x 在 $(0,\pi]$ 上，此时 $F(x)\equiv f(x)$，从而得到 $f(x)$ 的正弦级数(或余弦级数)展开式。

例 8-24 将函数 $f(x)=\begin{cases}-x, & -\pi\leqslant x<0\\ x, & 0\leqslant x\leqslant\pi\end{cases}$ 展开成傅里叶级数。

解 作出函数的图形，并在区间 $[-\pi,\pi]$ 外进行周期延拓，得到一个以 2π 为周期的周期函数，如图 8-4 所示。

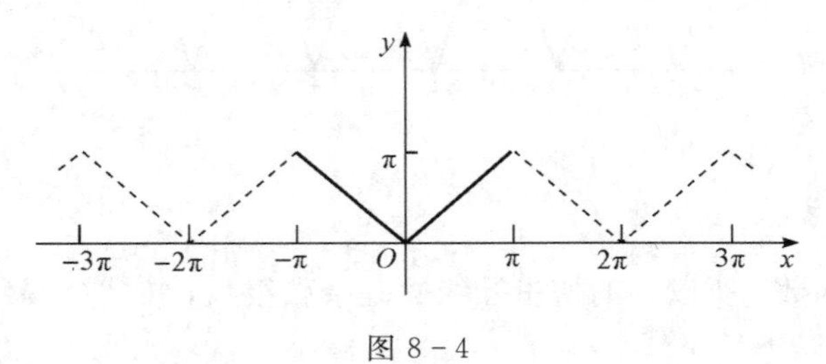

图 8-4

由于拓广成的周期函数处处连续，因此对应的傅里叶级数在区间 $[-\pi,\pi]$ 上收敛于 $f(x)$。又由于 $f(x)$ 为偶函数，因此拓广成的周期函数也为偶函数。于是 $b_n=0$，而

$$a_0=\frac{2}{\pi}\int_0^{\pi}f(x)\mathrm{d}x=\frac{2}{\pi}\int_0^{\pi}x\mathrm{d}x=\frac{2}{\pi}\left[\frac{x^2}{2}\right]_0^{\pi}=\pi$$

$$a_n=\frac{2}{\pi}\int_0^{\pi}f(x)\cos nx\mathrm{d}x=\frac{2}{\pi}\int_0^{\pi}x\cos nx\mathrm{d}x=\frac{2}{\pi}\left[\frac{x\sin nx}{n}+\frac{\cos nx}{n^2}\right]_0^{\pi}$$

$$=\frac{2}{n^2\pi}(\cos n\pi-1)=\frac{2}{n^2\pi}[(-1)^n-1]=\begin{cases}-\frac{4}{n^2\pi}, & n=1,3,5,\cdots\\ 0, & n=2,4,6,\cdots\end{cases}$$

将求得的系数代入式(8-19)，得到 $f(x)$ 的傅里叶级数展开式为

$$f(x)=\frac{\pi}{2}-\frac{4}{\pi}\left(\cos x+\frac{1}{3^2}\cos 3x+\frac{1}{5^2}\cos 5x+\cdots\right)\quad(-\pi\leqslant x\leqslant\pi)$$

例 8-25 将函数 $f(x)=x+1(0\leqslant x\leqslant\pi)$ 分别展开成正弦级数和余弦级数。

解　先求正弦级数展开式。对 $f(x)$ 进行奇延拓(见图 8-5)，按式(8-16)，有

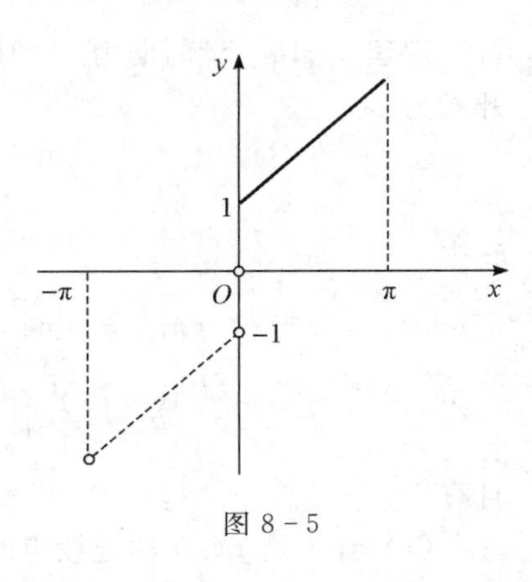

图 8-5

$$b_n = \frac{2}{\pi}\int_0^{\pi} f(x)\sin nx\,dx = \frac{2}{\pi}\int_0^{\pi}(x+1)\sin nx\,dx$$
$$= \frac{2}{\pi}\left[-\frac{x\cos nx}{n} + \frac{\sin nx}{n^2} - \frac{\cos nx}{n}\right]_0^{\pi}$$
$$= \frac{2}{n\pi}(1 - \pi\cos n\pi - \cos n\pi)$$
$$= \begin{cases} \dfrac{2}{\pi}\cdot\dfrac{\pi+2}{n}, & n = 1, 3, 5, \cdots \\ -\dfrac{2}{n}, & n = 2, 4, 6, \cdots \end{cases}$$

将求得的 b_n 代入正弦级数(8-17)，得

$$x + 1 = \frac{2}{\pi}\left[(\pi+2)\sin x - \frac{\pi}{2}\sin 2x + \frac{1}{3}(\pi+2)\sin 3x - \frac{\pi}{4}\sin 4x + \cdots\right] \quad (0 < x < \pi)$$

在端点 $x = 0$ 及 $x = \pi$ 处，级数的和显然为零，它不代表原来函数 $f(x)$ 的值。

再求余弦级数展开式。对 $f(x)$ 进行偶延拓(见图 8-6)，按式(8-18)，有

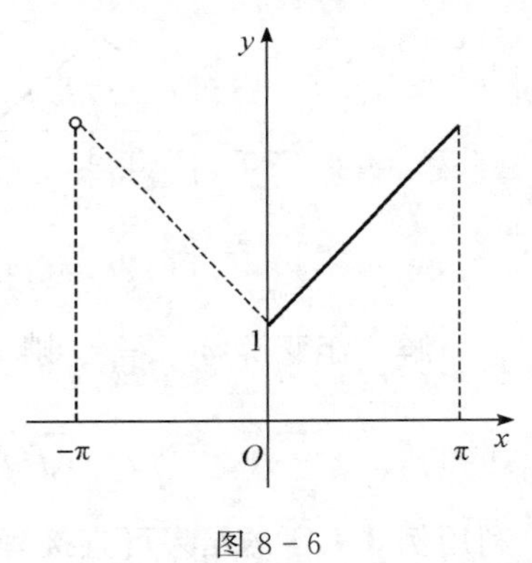

图 8-6

$$a_0 = \frac{2}{\pi}\int_0^{\pi}(x+1)\,dx = \frac{2}{\pi}\left[\frac{x^2}{2} + x\right]_0^{\pi} = \pi + 2$$
$$a_n = \frac{2}{\pi}\int_0^{\pi}(x+1)\cos nx\,dx$$
$$= \frac{2}{n^2\pi}(\cos n\pi - 1)$$
$$= \frac{2}{n^2\pi}[(-1)^n - 1]$$
$$= \begin{cases} 0, & n = 2, 4, 6, \cdots \\ -\dfrac{4}{n^2\pi}, & n = 1, 3, 5, \cdots \end{cases}$$

将求得的 a_n 代入余弦级数(8-19)，得

$$x + 1 = \frac{\pi}{2} + 1 - \frac{4}{\pi}\left(\cos x + \frac{1}{3^2}\cos 3x + \frac{1}{5^2}\cos 5x + \cdots\right) \quad (0 \leqslant x \leqslant \pi)$$

二、以 $2l$ 为周期的周期函数展开成傅里叶级数

设 $f(x)$ 是以 $2l$ 为周期的周期函数，且在 $[-l, l]$ 上满足收敛定理的条件，作代换 $x = \dfrac{l}{\pi}t$，即 $t = \dfrac{\pi x}{l}$，$f(x) = f\left(\dfrac{l}{\pi}t\right) = F(t)$，则 $F(t)$ 是以 2π 为周期的周期函数，且在 $[-\pi, \pi]$ 上满足收敛定理的条件。于是可用前面的方法得到 $F(t)$ 的傅里叶级数展开式

$$F(t) = \frac{a_0}{2} + \sum_{n=1}^{\infty}(a_n\cos nt + b_n\sin nt)$$

然后再把 t 换回 x 就得到 $f(x)$ 的傅里叶级数展开式

$$f(x) = \frac{a_0}{2} + \sum_{n=1}^{\infty}\left(a_n\cos\frac{n\pi x}{l} + b_n\sin\frac{n\pi x}{l}\right)$$

定理 8-10 设周期为 $2l$ 的周期函数 $f(x)$ 满足收敛定理的条件，则它的傅里叶级数展开式为

$$f(x)=\frac{a_0}{2}+\sum_{n=1}^{\infty}\left(a_n\cos\frac{n\pi}{l}x+b_n\sin\frac{n\pi}{l}x\right)$$

其中

$$\begin{cases}a_n=\dfrac{1}{l}\displaystyle\int_{-l}^{l}f(x)\cos\frac{n\pi x}{l}\mathrm{d}x, & n=0,1,2,\cdots\\ b_n=\dfrac{1}{l}\displaystyle\int_{-l}^{l}f(x)\sin\frac{n\pi x}{l}\mathrm{d}x, & n=1,2,3,\cdots\end{cases}$$

且有

(1) 当 x 是 $f(x)$ 的连续点时，级数收敛于 $f(x)$；

(2) 当 x 是 $f(x)$ 的间断点时，级数收敛于该点的左、右极限的算术平均值。

例 8-26 如图 8-7 所示的三角波的波形函数 $f(x)$ 是以 2 为周期的周期函数，$f(x)$ 在 $[-1,1]$ 上的表达式是 $f(x)=|x|$，$|x|\leqslant 1$。求 $f(x)$ 的傅里叶展开式。

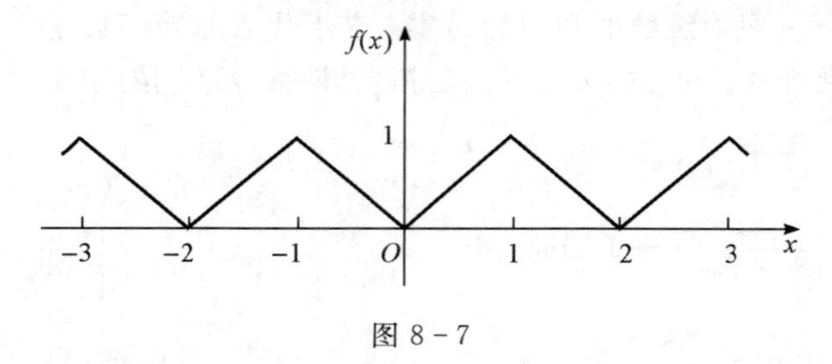

图 8-7

解 作变换 $x=\frac{1}{\pi}t$，则 $F(t)$ 在 $[-\pi,\pi]$ 上的表达式为

$$f(t)=\left|\frac{1}{\pi}t\right|=\frac{1}{\pi}|t|,\quad |t|\leqslant\pi$$

利用例 8-24 的结果可直接写出系数：

$$a_0=1,\quad a_n=\begin{cases}-\dfrac{4}{n^2\pi^2}, & n=1,3,5,\cdots\\ 0, & n=2,4,6,\cdots\end{cases}$$

于是得到 $F(t)$ 的展开式为

$$F(t)=\frac{1}{2}-\frac{4}{\pi^2}\left(\cos t+\frac{1}{3^2}\cos 3t+\frac{1}{5^2}\cos 5t+\cdots\right)\quad(-\infty<t<+\infty)$$

把 t 换回 x，即 $t=\pi x$，得

$$f(x)=\frac{1}{2}-\frac{4}{\pi^2}\left(\cos\pi x+\frac{1}{3^2}\cos 3\pi x+\frac{1}{5^2}\cos 5\pi x+\cdots\right)\quad(-\infty<x<+\infty)$$

习题 8-3

1. 下列 $f(x)$ 是周期为 2π 的周期函数，它们在区间 $[-\pi,\pi)$ 上的表达式已给定，试将 $f(x)$ 展开成傅里叶级数：

(1) $f(x)=\mathrm{e}^{2x}(-\pi\leqslant x<\pi)$； (2) $f(x)=x(-\pi\leqslant x<\pi)$；

(3) $f(x)=3x^2(-\pi\leqslant x<\pi)$；　(4) $f(x)=\begin{cases}-\dfrac{\pi}{2}, & -\pi\leqslant x<-\dfrac{\pi}{2}\\ x, & -\dfrac{\pi}{2}\leqslant x<\dfrac{\pi}{2}\\ \dfrac{\pi}{2}, & \dfrac{\pi}{2}\leqslant x<\pi\end{cases}$。

2. 把下列各周期函数展开成傅里叶级数：

(1) $f(x)=1-x^2\left(-\dfrac{1}{2}\leqslant x\leqslant\dfrac{1}{2}\right)$；　(2) $f(x)=\begin{cases}-A, & -\dfrac{T}{2}\leqslant x<0\\ A, & 0\leqslant x<\dfrac{T}{2}\end{cases}$。

3. 将函数 $f(x)=\begin{cases}0, & -l\leqslant x<0\\ 2, & 0\leqslant x<l\end{cases}$ 在 $[-l, l)$ 上展开成傅里叶级数。

第九章　Mathematica 数学实验

Mathematica 是美国 Wolfram 研究公司生产的一种数学分析型软件，以符号计算见长，也具有高精度的数值计算功能和强大的图形功能。在求解一元及二元函数的极限、导数、积分、微分方程等计算过程相对复杂的问题时，为使读者提高用数学解决实际问题的能力及效率，本章将介绍如何利用 Mathematica 软件解决相关的数学问题。Mathematica 软件当前有很多版本，本章介绍的是 2018 年发布的 Mathematica 11.3 中文版在 Windows 下的使用情况。

第一节　Mathematica 的基本操作

一、Mathematica 的操作界面

打开软件 Mathematica 11.3，出现如图 9－1 所示的操作界面。点击“新文档”，新建一个笔记本文档(或通过选项卡“文件”→“新建”→“笔记本”，建立笔记本文档)。

图 9－1

如图 9－2 所示，左边大窗口为工作区 Notebook，用于显示一切输入、输出信息；用户所有的操作均在这个窗口中进行；可以同时打开多个工作区窗口。工作区窗口的右边是基本输入模板，由一系列按钮组成，用鼠标左键单击其中一个按钮，就可以将它表示的符号输入到当前的工作区窗口中。

图 9－2 的上方为主菜单。常用基本输出模板由主菜单上的“面板”→“数学助手”打开。

Mathematica 是应答式软件，用户在工作区窗口中输入命令后按下快捷键“Shift + Enter”键或直接按下小键盘上的“Enter”键，系统便自动按输入顺序确定一输入号，并执行运算，输出“In[输入号]：=”和紧跟的输入内容，以及“Out[输出号]=”和紧跟的对应结果。

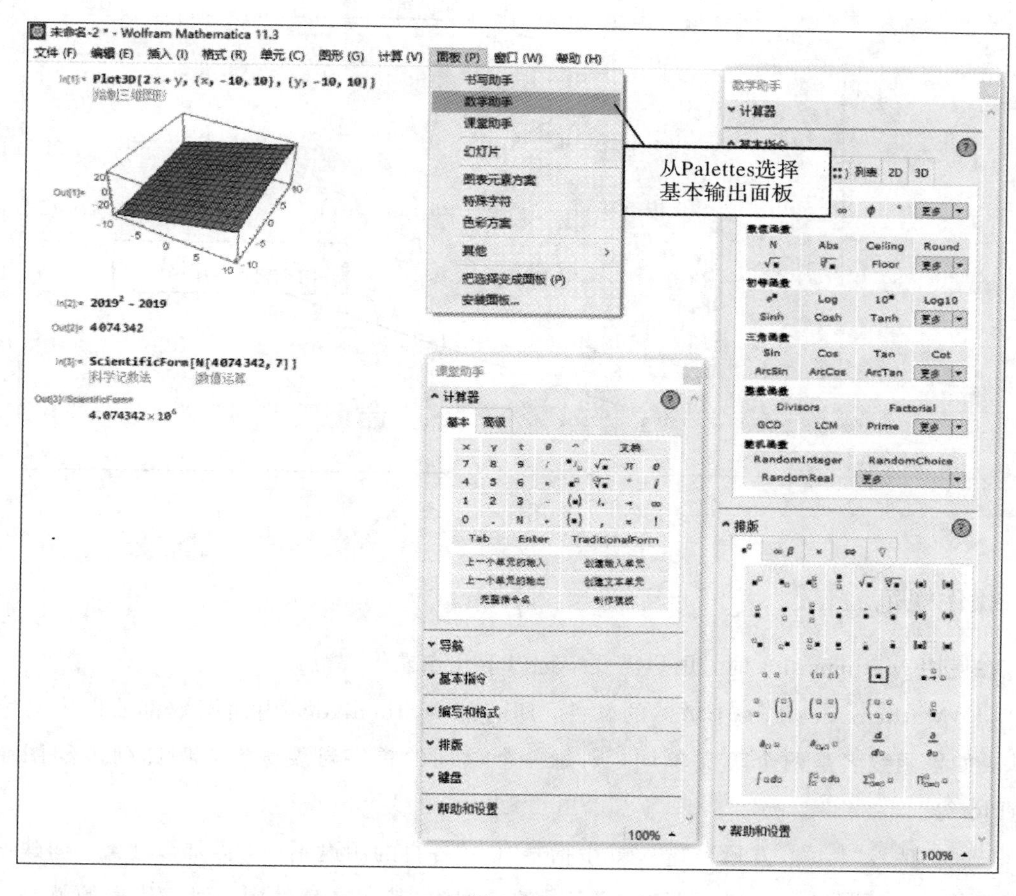

图 9－2

在 Mathematica 的笔记本中，会有各种提示来帮助用户输入内建函数的命令。用户可以用简单的英语进行自然语言输入(输入前先敲一个等号)，即可得到想要的结果，见图 9－3 和图 9－4。

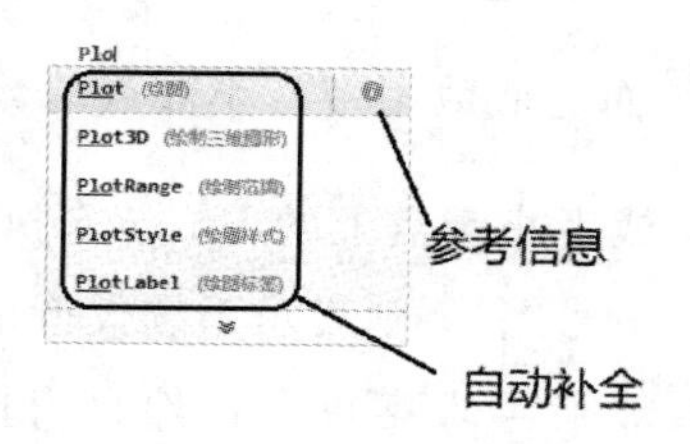

图 9－3

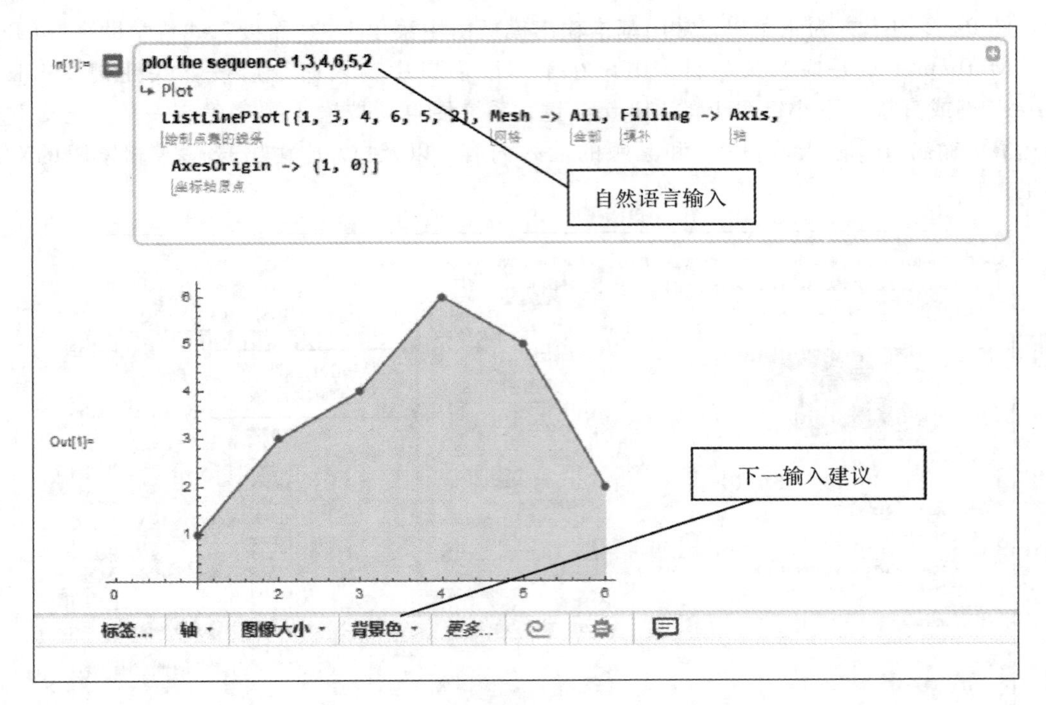

图 9-4

二、操作规范

在使用 Mathematica 时，用户需要牢记以下几点操作规范：

(1) Mathematica 是一个敏感的软件，所有的 Mathematica 内建函数都要以大写字母开头，如果函数名是两个英文单词，则每一个单词的首字母要大写，例如列表绘图函数 ListPlot等。

(2) 花括号"{ }"、方括号"[ ]"、小括号"( )"各自的用途不一，需加以注意。内建函数后面跟的是方括号"[ ]"；花括号"{ }"表示的是列表(其实在软件中，列表代表的就是一个向量或矩阵)；小括号"( )"表示的是计算的结合律。

(3) 在 Mathematica 中，和、差、积、商、乘方运算分别用键盘上的 +、-、*（或空格键)、/、^ 来表示，也可以由基本输入模板直接输入。Mathematica 以符号计算为主，如 π、e、$\frac{2}{3}$、$\sqrt{2}$ 等，都认为是准确数，而近似数用带有小数点的数表示。

(4) 用快捷键 Shift+Enter 或者小键盘上的 Enter 来执行命令。

(5) 若命令输入完毕后加上分号";"，则表示系统仅读取命令而不显示输出结果。

(6) 用"? 函数名"或按 F1 键来寻求帮助。软件自身的帮助文档就是一本最全面的 Mathematica 教科书。例如，在 Notebook 里键入"Plot3D"，按 F1 键，可寻求内建函数 Plot3D 的使用格式(见图 9-5)。

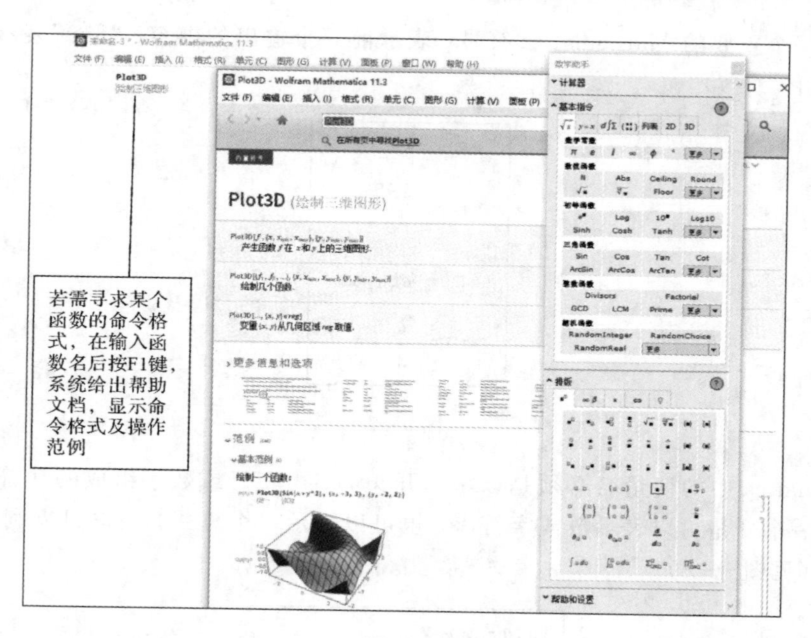

图 9－5

三、操作基础与范例

1. 数、变量、常用函数

在 Mathematica 中，求近似值的函数为 N，格式为“N[表达式，数字位数]”，用于指定计算表达式的具有任意数字位数的近似值，结果在末位后是四舍五入的。如不输入数字位数，则只显示 6 位有效数字。

π、e、分式、根式、指数等均可以由模板输入(见图 9－6)。

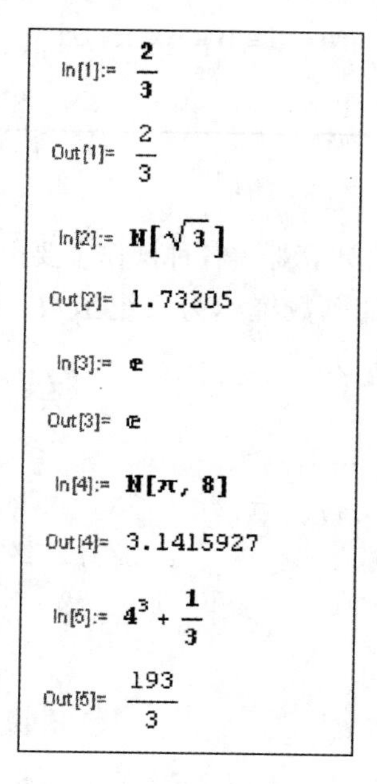

图 9－6

“%”是一个重要的 Mathematica 符号，表示前一个输出的内容；“%n”表示 Out[n]输出的内容(见图 9－7)。

```
In[6]:= %

Out[6]= 193
        ---
         3

In[7]:= %1 + %3

Out[7]= 2
        - + e
        3
```

图 9－7

Mathematica 中的变量名必须是以字母开头的、由字母或数字组成的字符串，字母区分大小写。一个变量可以表示数或字符串，也可以表示一个算式，用户只需利用等号给变量赋值即可(见图 9－8)。

```
In[8]:= x = 2

Out[8]= 2

In[9]:= a1 = s - t

Out[9]= s - t

In[10]:= {u, v} = {1, 2}

Out[10]= {1, 2}

In[11]:= a = b = c = x + a1

Out[11]= 2 + s - t
```

图 9－8

Mathematica 是一个高级函数计算器，各种操作主要由函数实现。我们把 Mathematica 本身的内部函数及其自带软件包中的函数统称为系统函数。学习 Mathematica 主要是分门别类地学习各种函数的功能及其调用方法。

函数的一般形式为

函数名[参数 1，参数 2，…]

在 Mathematica 中基本初等函数如下：

(1) Sin[x]：正弦函数。

(2) Cos[x]：余弦函数。

(3) Tan[x]：正切函数。

(4) Cot[x]：余切函数。

(5) Sec[x]：正割函数。

(6) Csc[x]：余割函数。

(7) ArcSin[x]：反正弦函数。

(8) ArcCos[x]：反余弦函数。

(9) ArcTan[x]：反正切函数。

(10) ArcCot[x]：反余切函数。

(11) ArcSec[x]：反正割函数。

(12) ArcCsc[x]：反余割函数。

(13) Exp[x]：表示 e^x。

(14) Log[x]：表示 $\ln x$。

(15) Log[a，x]：表示 $\log_a x$。

(16) Sqrt[x]：表示 $\sqrt{x}$。

Mathematica 系统函数书写规则很严格，函数名首字母大写，后面字母小写，而函数分成几段时，每段的首字母大写，函数名中不能有空格。参数必须用方括号括起来(不能用圆括号)；函数可以任意嵌套(见图 9－9)。

```
In[1]:= Sin[2]

Out[1]= Sin[2]

In[2]:= Sin[2.0]

Out[2]= 0.909297

In[3]:= N[Sin[2], 5]

Out[3]= 0.90930
```

图 9－9

另外，还有一些常用的函数(Mathematica 默认的变量取值范围是复数)：

(1) Abs[x]：实数的绝对值或复数的模。

(2) Sign[x]：符号函数。

(3) Max[x_1，x_2，…]：一组数的最大值。

(4) Min[x_1，x_2，…]：一组数的最小值。

(5) Re[x]：复数 x 的实部。

(6) Im[x]：复数 x 的虚部。

(7) Arg[x]：复数 x 的辐角。

(8) Floor[x]：不超过 x 的最大整数。

举例如图 9－10 所示。

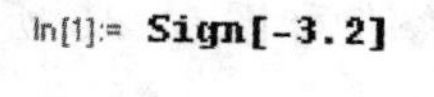

```
In[1]:= Sign[-3.2]

Out[1]= -1

In[2]:= Floor[8.9]

Out[2]= 8

In[3]:= Abs[1 + i]

Out[3]= √2
```

图 9－10

2. 常用代数运算

常用的代数运算有因式分解、合并同类项等，具体函数使用方法如下。

因式分解用如下函数：

Factor [表达式]：用于和式或分式的因式分解。

举例如图 9－11 所示。

```
In[1]:= Factor[x^4 - 1]
Out[1]= (-1 + x) (1 + x) (1 + x^2)
In[2]:= Factor[(x^2 - 4 x)/(x^2 - x) + (x^2 + 3 x - 4)/(x^2 - 1)]
Out[2]= 2 (-2 + x) (2 + x) / ((-1 + x) (1 + x))
```

图 9－11

合并同类项用如下函数：

(1) Collect［表达式，x］：把表达式中的 x 的同次幂合并。

(2) Collect［表达式，$\{x, y, \cdots\}$］：把表达式按 x，y，… 的同次幂合并。

举例如图 9－12 所示。

```
In[3]:= Collect[x + 4 y + 5 x y, x]
Out[3]= 4 y + x (1 + 5 y)
In[4]:= Collect[x + 4 y + 5 x y, y]
Out[4]= x + (4 + 5 x) y
In[5]:= Collect[x^4 + (a + y) (x + y^3) x^2 + (y^3 + 3) x^2, {x, y}]
Out[5]= x^4 + x^3 (a + y) + x^2 (3 + (1 + a) y^3 + y^4)
In[6]:= Collect[x^4 + (a + y) (x + y^3) x^2 + (y^3 + 3) x^2, {y, x}]
Out[6]= 3 x^2 + a x^3 + x^4 + x^3 y + (1 + a) x^2 y^3 + x^2 y^4
```

图 9－12

展开表达式用如下函数：

(1) Expand［表达式］：用于乘积及分式的展开，展开分式时只展开分子。

(2) ExpandAll［表达式］：用于乘积及分式的展开，展开分式时，将分子、分母都展开。

举例如图 9－13 所示。

```
In[1]:= Expand[(2 + x)^2 * (x - 2 y)^3]
Out[1]= 4 x^3 + 4 x^4 + x^5 - 24 x^2 y - 24 x^3 y - 6 x^4 y + 48 x y^2 +
        48 x^2 y^2 + 12 x^3 y^2 - 32 y^3 - 32 x y^3 - 8 x^2 y^3
In[2]:= r = (x + y)^3/(a + b)^2
        Expand[r]
Out[2]= (x + y)^3/(a + b)^2
Out[3]= x^3/(a + b)^2 + 3 x^2 y/(a + b)^2 + 3 x y^2/(a + b)^2 + y^3/(a + b)^2
In[4]:= ExpandAll[r]
Out[4]= x^3/(a^2 + 2 a b + b^2) + 3 x^2 y/(a^2 + 2 a b + b^2) +
        3 x y^2/(a^2 + 2 a b + b^2) + y^3/(a^2 + 2 a b + b^2)
```

图 9－13

有理式的合并、化简与展开用如下函数：

(1) Together[表达式]：通分。

(2) Cancel[表达式]：约去分子、分母的公因子。

(3) Apart[表达式]：把有理式分解为最简分式的和。

举例如图 9－14 所示。

```
In[1]:= r = (x^4 - 4 x)/(x^2 - x) + (x^2 + 3 x - 4)/(x^2 - 1);
        Together[r]
Out[2]= (-8 - x + x^2 + x^3 + x^4)/((-1 + x) (1 + x))
In[3]:= Cancel[r]
Out[3]= (4 + x)/(1 + x) + (-4 + x^3)/(-1 + x)
In[4]:= Apart[r]
Out[4]= 2 - 3/(-1 + x) + x + x^2 + 3/(1 + x)
```

图 9－14

分解、展开、化简三角函数用如下函数：

(1) TrigExpand[表达式]：把三角函数式展开。

(2) TrigFactor[表达式]：把三角函数式因式分解。

(3) TrigReduce[表达式]：用倍角公式化简三角函数式。

(4) TrigToExp[表达式]：把三角函数式转化成指数形式。

举例如图 9－15 所示。

```
In[1]:= TrigExpand[Cos[2 x]]
Out[1]= Cos[x]^2 - Sin[x]^2
In[2]:= TrigFactor[3 Sin[x] - 4 Sin[x] ^3]
Out[2]= (1 + 2 Cos[2 x]) Sin[x]
In[3]:= TrigReduce[3 Sin[x] - 4 Sin[x] ^3]
Out[3]= Sin[3 x]
In[4]:= TrigToExp[Sin[x]]
Out[4]= 1/2 i e^(-i x) - 1/2 i e^(i x)
```

图 9－15

3. 一元函数及复合函数的定义

Mathematica 中的内建函数可以分为两大类：一类是在数学中常见的且给出明确定义的函数，如三角函数、对数函数等，这类函数称为数学函数；另一类是在 Mathematica 里给出定义，具有计算和操作方面性质的函数，如绘图函数 Plot、解方程函数 Solve 等，这类函数称为操作函数。虽然 Mathematica 为用户提供了大量的函数，但在很多时候，为了完成某些特定的运算，用户还需自己定义一些新的函数，其基本语句格式和化简内建函数如下：

(1) f [*x*_]:=(关于 x 的表达式)：自定义一个一元函数。

(2) ReplaceAll [*expr*, Rule [*x*, *value*]]：把关于 x 的表达式 *expr* 中的 x 替换成*value*。

(3) FullSimplify [*expr*]：化简表达式 *expr*。

例 9-1 求 $f=\dfrac{1-x^2}{1+x^2}$，$x=\sin(t)$ 的复合函数，并化简其结果。

解 输入及输出如图 9-16 所示。

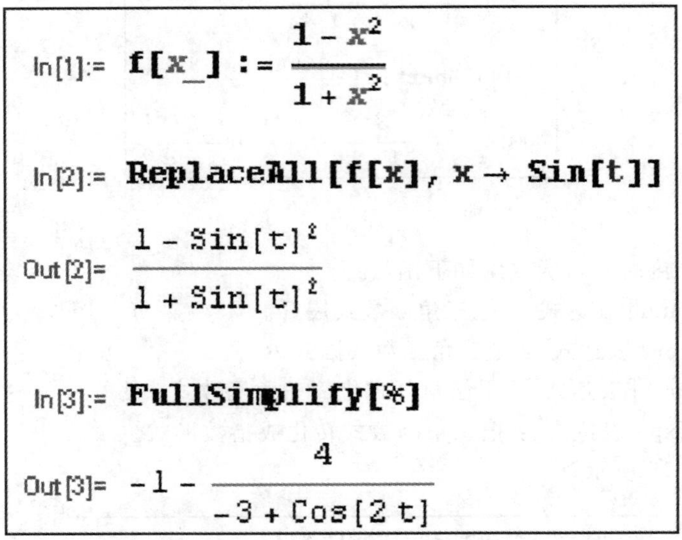

```
In[1]:= f[x_] := (1 - x^2)/(1 + x^2)

In[2]:= ReplaceAll[f[x], x → Sin[t]]

Out[2]= (1 - Sin[t]^2)/(1 + Sin[t]^2)

In[3]:= FullSimplify[%]

Out[3]= -1 - 4/(-3 + Cos[2 t])
```

图 9-16

图 9-16 中，"x → Sin[t]"的箭头表示把 x 替换成 Sin[t]，输入方法是"-> 空格"；"In[3]"里的"%"表示上一次的输出结果，即 Out[2]的结果。

注意：图 9-16 中"f [*x* _]"的下划线，这个符号相当重要，它是告诉 Mathematica 这个变量为哑元的唯一办法。所谓哑元，就是可以用任何(数值的或符号的)表达式替换的变量。而当需要定义一个分段函数时，我们可以利用符号"/;(限定条件函数)"来限定函数自变量的取值范围。

例 9-2 定义一个分段函数 $f(x)=\begin{cases}x-1, & x\geqslant 0\\ x^2, & -1<x<0\\ \sin x, & x\leqslant -1\end{cases}$。

解 输入及输出如图 9-17 所示。

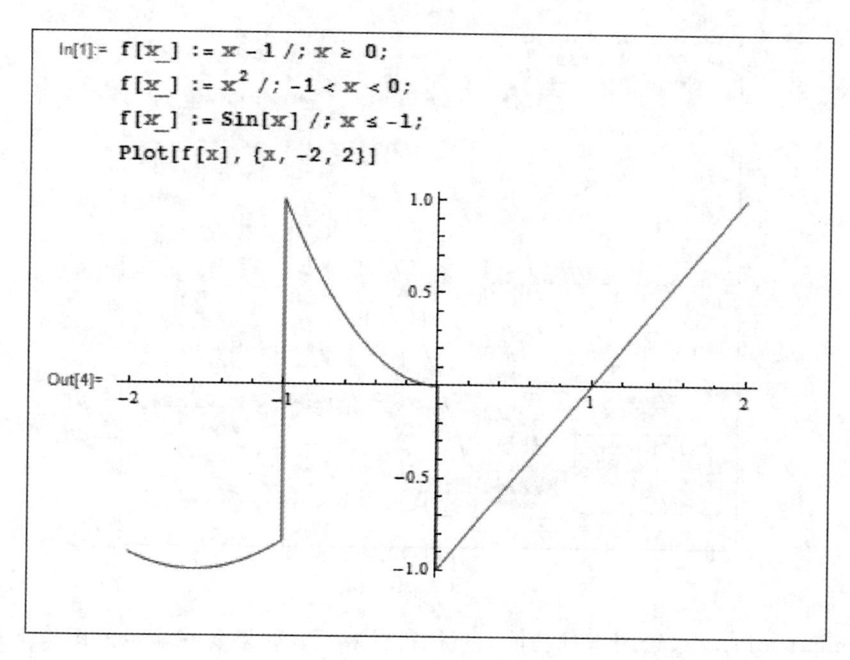

图 9 - 17

4. 用 Mathematica 作一元函数图像

计算的可视化即图形绘制，是 Mathematica 的强大功能之一。在 Mathematica 中可以绘制出各种平面曲线(curve)和空间曲线、曲面(surface)以及一些特殊图形，如直方图(bar chart)，饼图(pie chart)等，还可以生成动画(animation)。Mathematica 是利用内建函数与绘图函数库绘制图形的。

在平面直角坐标系中用于绘制函数 $y = f(x)$ 的图形的函数如下：

(1) Plot[f[x], {x, a, b}]：绘制函数 $f(x)$ 在区间 $[a, b]$ 内的图形。

(2) Plot[{f_1[x], f_2[x], …}, {x, a, b}]：在区间 $[a, b]$ 内同时绘制多个函数的图形。

(3) ListPlot[{y_1, y_2, …}]：画出点列 $(1, y_1)$, $(2, y_2)$, …。

(4) ListPlot[{{x_1, y_1}, {x_2, y_2}, …}]：画出点列 (x_1, y_1), (x_2, y_2), …，如果要把相邻的点用线段连接起来，可以加上选项“Joined”➝“True”。

(5) ParametricPlot[{x[t], y[t]}, {t, a, b}]：在区间 $[a, b]$ 内画出参数曲线图。

(6) PolarPlot[r, {θ, a, b}]：在区间 $[a, b]$ 内画出极坐标方程 $r = r(\theta)$ 的曲线。

(7) Show[{g_1, g_2, …, g_n}]：将函数图形 g_1, g_2, …, g_n 同时在一个坐标系下显示出来。

例 9 - 3 定义函数 $g(x) = \sin(2x) + \cos(x)$，求解 $g(\pi)$，并绘制当自变量 x 从 -2π 到 2π 变化时，函数 $g(x)$ 的图像。

解 输入及输出如图 9 - 18 所示。

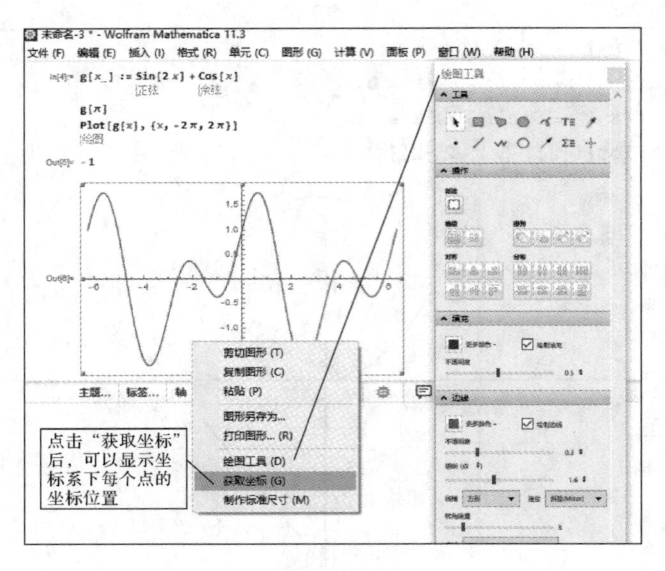

图 9－18

Mathematica 11.3 有绘图工具功能，当执行计算后，如果要在显示的图像上进行修改，如将实线换为虚线、填写文字说明等，可在显示的图像上点击鼠标右键，选择“绘图工具”，在绘图工具框中进行设置。

例 9－4 绘制参数方程 $\begin{cases} x = \cos^3 t \\ y = \sin^3 t \end{cases}$ $(0 \leqslant t \leqslant 2\pi)$ 的函数图像。

解 输入及输出如图 9－19 所示。

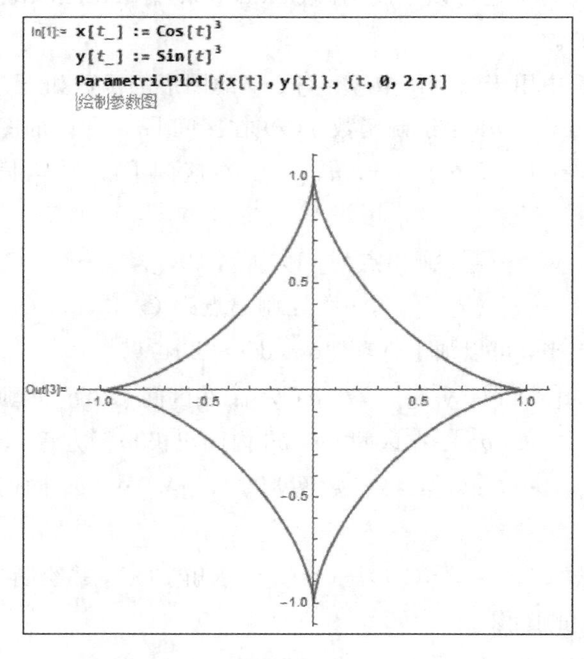

图 9－19

例 9-5 在同一坐标系下绘制 $\sqrt{x}$、$\frac{1}{x}$、x、x^2、x^3 的函数图像。

解 输入及输出如图 9-20 所示。

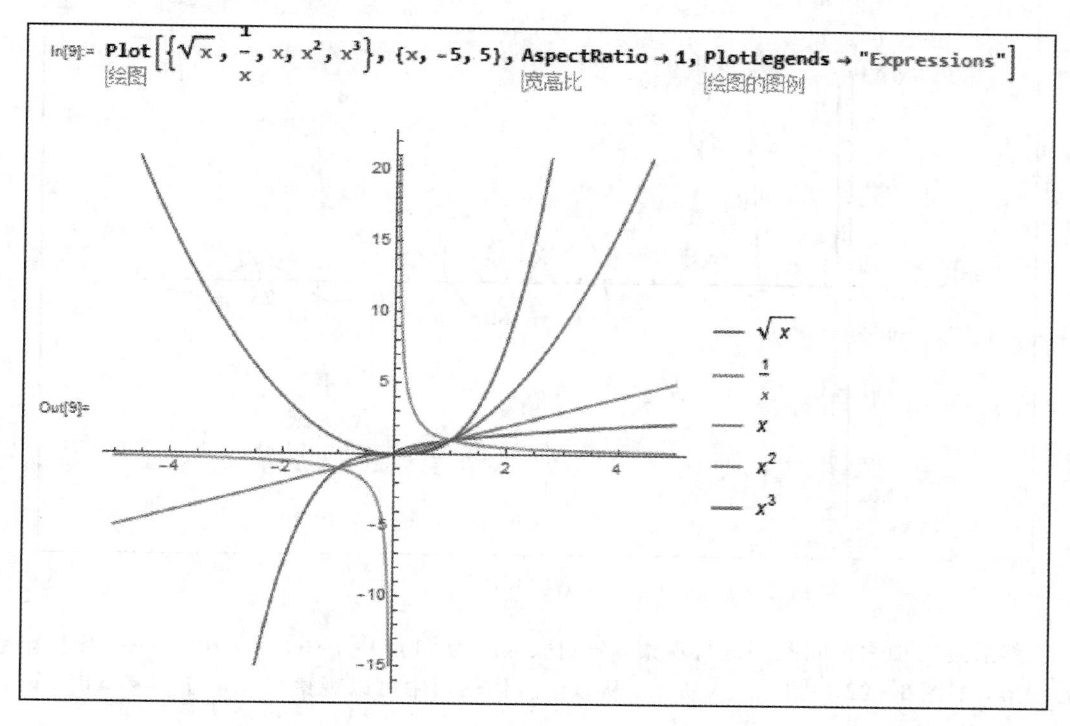

图 9-20

第二节 用 Mathematica 观察函数并求极限

一、观察函数的变化趋势

观察函数的变化趋势可以采用下列两种方法：

(1) 当 $x \to \infty$ 时，首先在某一较小的区间内作出函数的图形，然后逐次加大区间范围，作出动画图形，观察函数的变化趋势。

(2) 当 $x \to x_0$ 时，在点 x_0 附近取一小区间，作出函数在该区间内的图形，然后逐次缩小区间范围，观察函数在该点的变化趋势。

例 9-6 观察函数 $f(x) = \frac{1}{x^2}\cos x$ 当 $x \to \infty$ 时的变化趋势。

解 先取一个较小的区间，如 [1, 30]，作出函数在这一区间内的图形，如图 9-21 所示，其中，AxesLabel 用于坐标轴命名。从图 9-21 中可以发现，在区间 [1, 30] 内函数 $f(x)$ 逐渐趋近于 0。

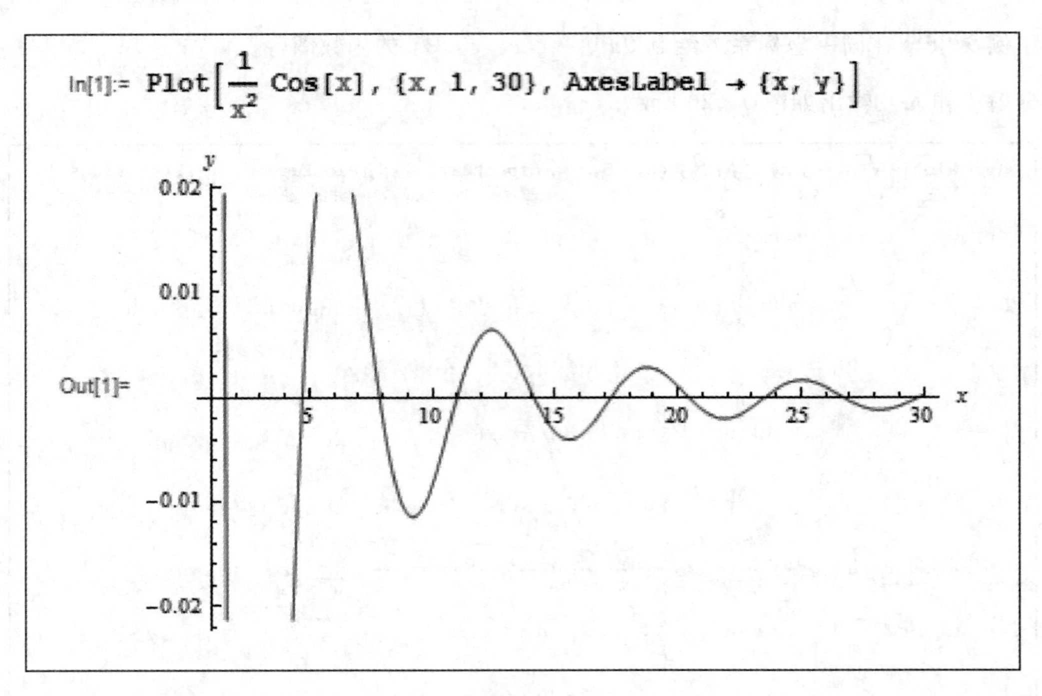

图 9－21

然后逐次加大区间范围进行观察，分别取区间为[1，50]，…，[1，100]，…，作出函数的图形，如图 9－22 和图 9－23 所示。从以上所作图形中可以观察得到，当 $x \to \infty$ 时，函数 $f(x)=\frac{1}{x^2}\cos x$ 的极限是 0。

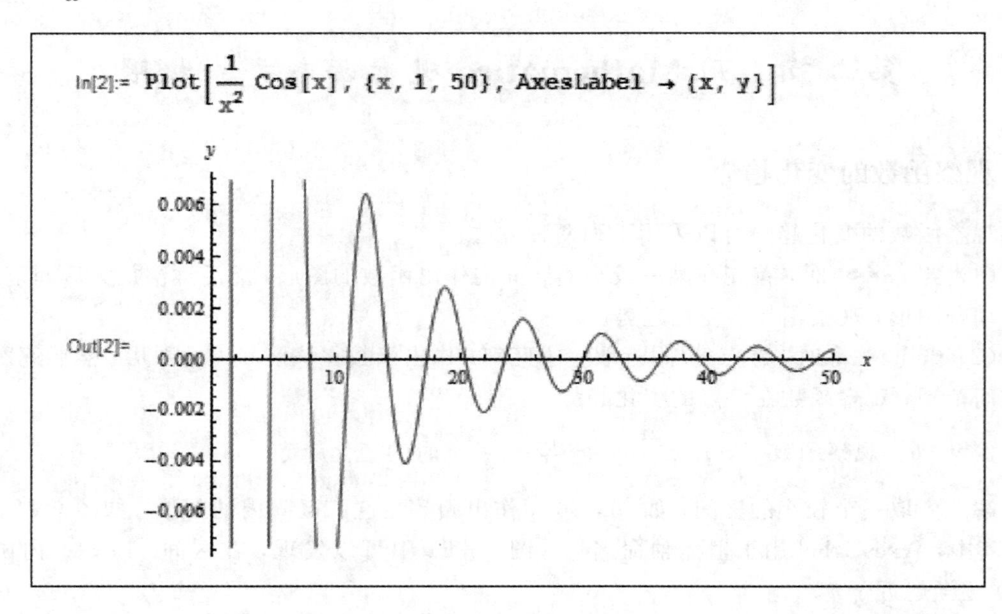

图 9－22

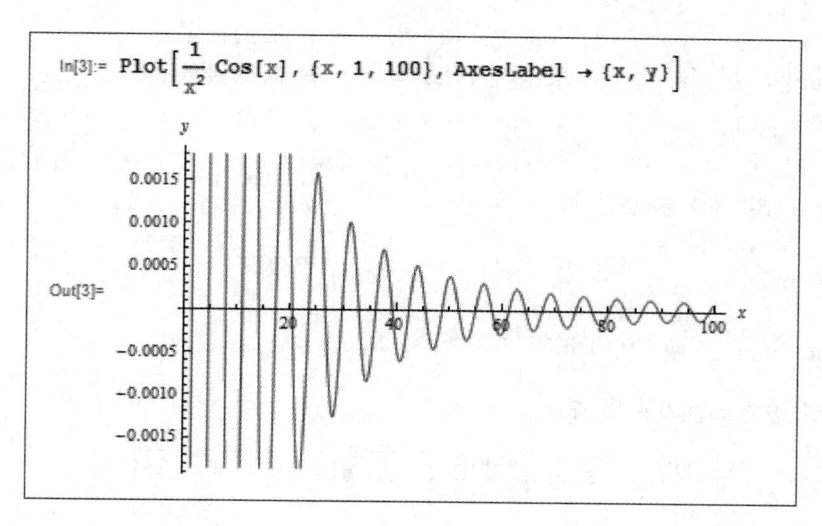

图 9 - 23

利用 Mathematica 11.3 的内建函数 Manipulate（动画命令函数，其格式为 Manipulate[表达式，{u，$u_{\min}$，$u_{\max}$}]，用于生成当变量 u 从 $u_{\min}$ 变化到 $u_{\max}$ 时表达式的动态交互）作出函数 $f(x)=\frac{1}{x^2}\cos x$ 在区间 [1，100] 内的交互式动画图形，观察该函数的变化趋势(见图 9 - 24)。

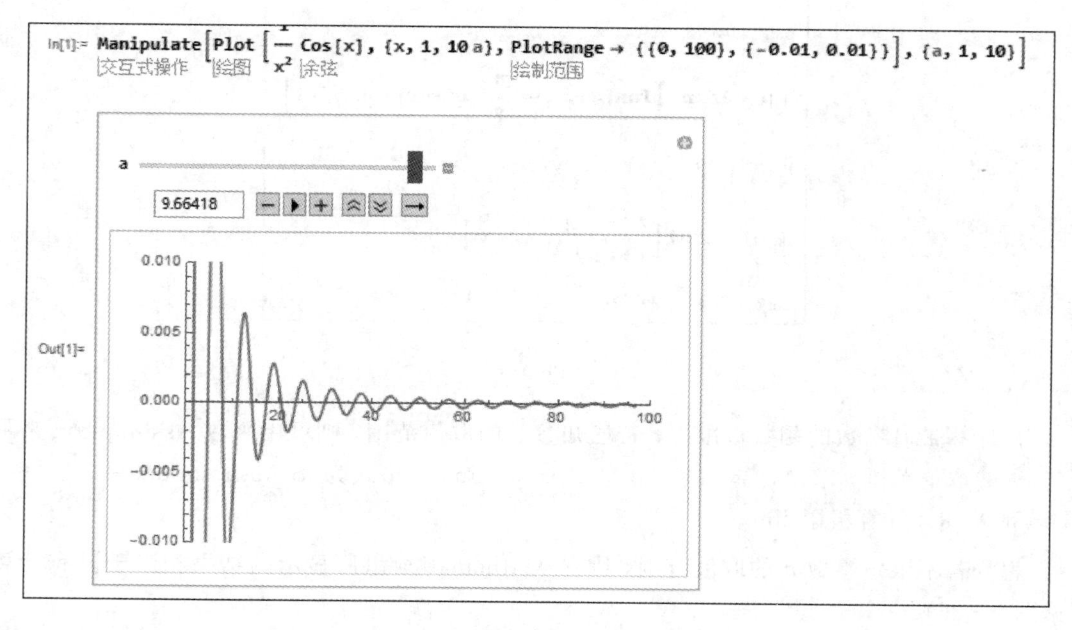

图 9 - 24

二、极限的计算

用 Mathematica 求解极限非常方便，利用内建函数 Limit 就可以求出一元函数的极限。具体格式如下：

(1) Limit[f[x], $x\to x_0$]：求函数 $f(x)$ 当 $x\to x_0$ 时的极限。

(2) Limit[f[x], $x\to\infty$]：求函数 $f(x)$ 当 $x\to\infty$ 时的极限。

(3) Limit[f[x], $x\to x_0$, Direction → 1]：求函数 $f(x)$ 当 $x\to x_0$ 时的左极限。

(4) Limit[f[x], $x\to x_0$, Direction →− 1]：求函数 $f(x)$ 当 $x\to x_0$ 时的右极限。

例 9－7 计算下列极限：

(1) $\lim\limits_{x\to 0}\dfrac{\sin 3x}{\sin 5x}$；　(2) $\lim\limits_{x\to -\infty}\mathrm{e}^x$；　(3) $\lim\limits_{x\to \frac{\pi}{2}^-}\tan x$；

(4) $\lim\limits_{x\to \frac{\pi}{2}^+}\tan x$；　(5) $\lim\limits_{x\to\infty}\left(\dfrac{2-x}{3-x}\right)^{\frac{x}{2}}$。

解 所求极限如图 9－25 所示。

```
In[1]:= Limit[Sin[3 x]/Sin[5 x], x → 0]
Out[1]= 3/5
In[2]:= Limit[e^x, x → -∞]
Out[2]= 0
In[3]:= Limit[Tan[x], x → π/2, Direction → 1]
Out[3]= ∞
In[4]:= Limit[Tan[x], x → π/2, Direction → -1]
Out[4]= -∞
In[5]:= Limit[((2 - x)/(3 - x))^(x/2), x → ∞]
Out[5]= √e
```

图 9－25

在计算带有参数的函数极限时，若已知参数的取值范围，则可用函数 Assumption 来限定参数的取值范围，求得计算结果。函数 Assumption 的格式为 ＄Assumptions＝a＜0。

例 9－8 计算极限 $\lim\limits_{x\to\infty}x^a$。

解 若不限定参数 a 的取值范围，则在 Mathematica 里所显示的结果相当于没有计算（见图 9－26）。

```
In[1]:= Limit[x^a, x → ∞]
Out[1]= Limit[x^a, x → ∞]
```

图 9－26

如果限定了 a 的取值范围，则可求解(见图 9-27)。

```
In[2]:= $Assumptions = a < 0

Out[2]= a < 0

In[3]:= Limit[x^a, x → ∞]

Out[3]= 0
```

图 9-27

若不想输入两条语句，也可以将两条语句合并为一条，即在内建函数 Limit 内输入“Assumptions→a>0”。图 9-28 分别给出了 $a<0$、$a=0$、$a>0$ 这三种情况下，当 $x\to\infty$ 时 x^a 的极限值。

```
In[4]:= Limit[x^a, x → ∞, Assumptions → a < 0]

Out[4]= 0

In[5]:= Limit[x^a, x → ∞, Assumptions → a == 0]

Out[5]= 1

In[6]:= Limit[x^a, x → ∞, Assumptions → a > 0]

Out[6]= ∞
```

图 9-28

在 Mathematica 里，数学符号和希腊字母都可以在基本输出面板上查到，当鼠标移至所需符号处时，鼠标周围就会显示出该字母或符号的快捷键入方式(见图 9-29)。例如，∞ 的快捷键入方式为 ESC+inf+ESC，π、θ 的快捷键入方式分别为 ESC+pi+ESC、ESC+th+ESC。

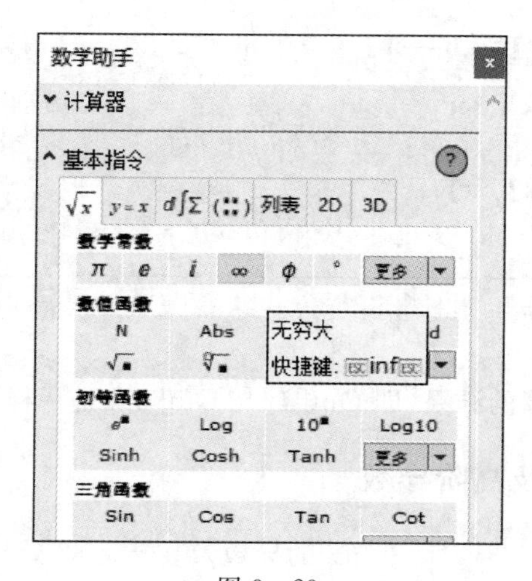

图 9-29

第三节　用 Mathematica 处理一元函数微分问题

Mathematica 的求导功能很强，求函数的导数使用如下函数：

(1) D[f[x], x]：求函数 $f(x)$ 的导数 $f'(x)$。

(2) D[f[x], {x, n}]：求函数 $f(x)$ 的 n 阶导数 $f^{(n)}(x)$。

(3) Dt[f[x], x]：求函数 $f(x)$ 的微分。

(4) Solve[f[x] == 0, x]：解方程 $f(x)=0$，在输入等号时，用双等号"=="来表示等号。

一、用导数定义求导数

函数导数的定义为 $\lim\limits_{\Delta x\to 0}\dfrac{f(x+\Delta x)-f(x)}{\Delta x}$，可以在 Mathematica 上利用定义来求导数。

例 9-9　利用导数定义求函数 $f(x)=x^3-2x^2+x+2$ 的导数，并用内建函数 D[f[x], x] 来验证结果。

解　输入及输出如图 9-30 所示。

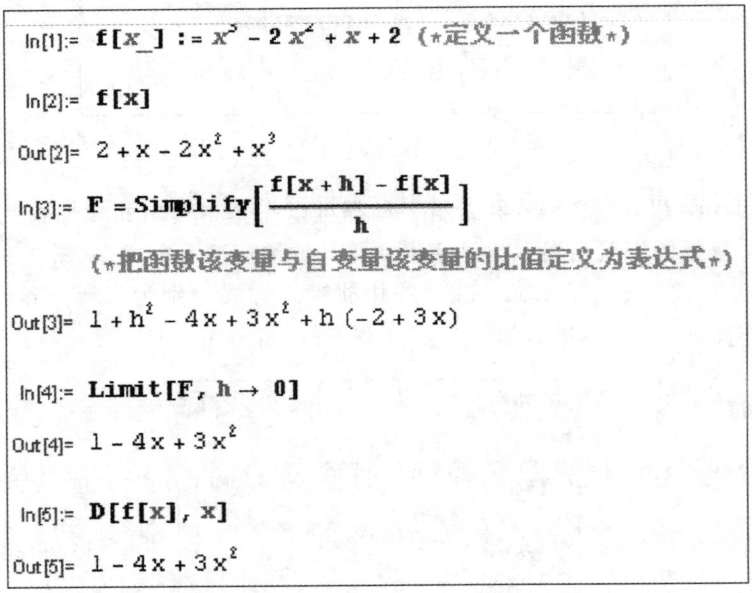

```
In[1]:= f[x_] := x^3 - 2 x^2 + x + 2 (*定义一个函数*)

In[2]:= f[x]
Out[2]= 2 + x - 2 x^2 + x^3

In[3]:= F = Simplify[(f[x + h] - f[x])/h]
        (*把函数该变量与自变量该变量的比值定义为表达式*)
Out[3]= 1 + h^2 - 4 x + 3 x^2 + h (-2 + 3 x)

In[4]:= Limit[F, h -> 0]
Out[4]= 1 - 4 x + 3 x^2

In[5]:= D[f[x], x]
Out[5]= 1 - 4 x + 3 x^2
```

图 9-30

可以看出两种方法计算的结果(即 Out[4]与 Out[5])是一样的。

二、用内建函数求导数及高阶导数

例 9-10　求函数 $f(x)=e^{\sin x}+\ln x$ 的导数及在 $x=2$ 处导数的值。

解　输入及输出如图 9-31 所示。

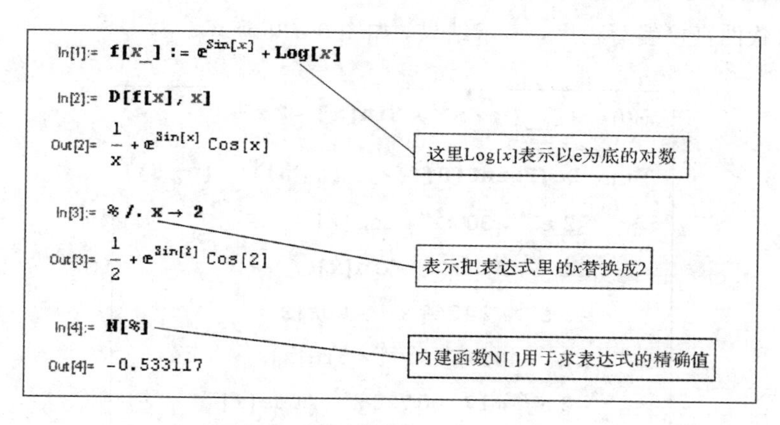

图 9-31

如果想把表达式 *expr* 精确到 *n* 位，可以利用内建函数 N[*expr*，*n*]求值(见图 9-32)。

```
In[1]:= N[π, 10]
Out[1]= 3.141592654
```

图 9-32

例 9-11 求函数 $f(x)=x^{30}+x^{25}$ 的 6 阶导数。

解 输入及输出如图 9-33 所示。

```
In[1]:= D[x^30 + x^25, {x, 6}]
Out[1]= 127512000 x^19 + 427518000 x^24
```

图 9-33

例 9-12 求函数 $f(x)=x^{30}+\sin x+2\mathrm{e}^{-x}$ 的 1 阶到 4 阶导数。

解 输入及输出如图 9-34 所示。

```
In[1]:= f[x_] := x^30 + Sin[x] + 2 e^-x

In[2]:= D[f[x], {x, 1}]
        D[f[x], {x, 2}]
        D[f[x], {x, 3}]
        D[f[x], {x, 4}]
Out[2]= -2 e^-x + 30 x^29 + Cos[x]
Out[3]= 2 e^-x + 870 x^28 - Sin[x]
Out[4]= -2 e^-x + 24360 x^27 - Cos[x]
Out[5]= 2 e^-x + 657720 x^26 + Sin[x]
```

图 9-34

也可利用软件直接编写程序，显示结果，如图 9 - 35 所示。

```
In[1]:= f[x_] := x^30 + Sin[x] + 2 e^-x

In[2]:= Do[Print[D[f[x], {x, n}]], {n, 5}]
    -2 e^-x + 30 x^29 + Cos[x]
    2 e^-x + 870 x^28 - Sin[x]
    -2 e^-x + 24360 x^27 - Cos[x]
    2 e^-x + 657720 x^26 + Sin[x]
    -2 e^-x + 17100720 x^25 + Cos[x]
```

图 9 - 35

三、参数求导与隐函数求导

在 Mathematica 中，如果 $f[x]$ 表示一个函数，那么它的导数表示为 $f'[x]$，高阶导数用 $f''[x]$，$f'''[x]$，…表示。撇号既可以作用在内建函数上，也可以作用在自己定义的函数上。

例 9 - 13 求由参数方程 $\begin{cases} x = 1 + t^2 \\ y = \cos t \end{cases}$ 所确定的函数的导数。

解 输入及输出如图 9 - 36 所示。

```
In[1]:= x[t_] := 1 + t^2;
        y[t_] := Cos[t];
        y'[t]
        ─────  (*符号'的作用是求导数*)
        x'[t]

              Sin[t]
Out[3]= - ──────
               2 t
```

图 9 - 36

与显函数 $y = f(x)$ 相同，隐函数 $F(x, y) = 0$ 在求导数时，使用的命令仍是 $D[F[x, y] == 0, x]$，但在输入时，要把隐函数 $F(x, y) = 0$ 中的等号输入为双等号“==”，即 $F[x, y] == 0$。求出结果后，利用解方程函数 Solve 将导数求解出来。隐函数求导的计算过程如下：

(1) 定义函数；

(2) 求导数；

(3) 解方程。

例 9 - 14 求由函数 $2x^2 + x^3 y = 0$ 所确定的隐函数的导数。

解 先求导数，然后利用解方程函数把导数求解出来。输入及输出如图 9 - 37 和图 9 - 38所示。

```
In[1]:= f[x_] := 2 x^2 + x^3 y[x]

In[2]:= f[x] == 0

Out[2]= 2 x^2 + x^3 y[x] == 0

In[3]:= D[f[x] == 0, x]

Out[3]= 4 x + 3 x^2 y[x] + x^3 y'[x] == 0
```

图 9-37

```
In[4]:= Solve[%, y'[x]]

Out[4]= {{y'[x] → (-4 - 3 x y[x]) / x^2}}
```

图 9-38

例 9-15 用对数求导法求 $y=(\sin x)^x$ 的导数。

解 输入及输出如图 9-39 所示。

```
In[1]:= y[x] == Sin[x]^x

Out[1]= y[x] == Sin[x]^x

In[2]:= D[%, x]

Out[2]= y'[x] == (x Cot[x] + Log[Sin[x]]) Sin[x]^x
```

图 9-39

例 9-16 设某产品生产 x 个单位的收益是 $R(x)=200x-0.01x^2$，求生产数量分别为 50、100、180、260、300 单位时的收益、平均收益和边际收益。

解 在 Mathematica 里，我们这样求解：首先定义出收益函数 $R(x)$、平均收益函数 $\mathrm{AR}(x)$ 及边际收益函数 $\mathrm{MR}(x)$，并把这三个函数合成一组定义出函数 $\mathrm{CR}(x)$；然后利用生产数量单位的列表，用软件求值。输入及输出如图 9-40 所示，其中"//TableForm"表示用表格的形式显示数据。

```
In[1]:= R[x_] := 200 x - 0.01 x^2;
        AR[x_] := R[x] / x;
        MR[x_] := D[R[x], x];

In[4]:= CR[x_] := {R[x], AR[x], MR[x]}

In[5]:= CR[x] /. x → {50, 100, 180, 260, 300} // TableForm

Out[5]//TableForm=
        9975.   19900.  35676.  51324.  59100.
        199.5   199.    198.2   197.4   197.
        199.    198.    196.4   194.8   194.
```

图 9-40

例 9-17 计算 $\sin 31^\circ$ 和 $\sqrt[6]{65}$。

解 可以利用微分的近似计算来求值，也可以利用 Mathematica 快捷计算出结果。输入及输出如图 9-41 所示。

```
In[1]:= Sin[31°]

Out[1]= Sin[31°]

In[2]:= N[%]

Out[2]= 0.515038

In[3]:= N[√[6]{65}]

Out[3]= 2.00517
```

图 9-41

例 9-18 在同一坐标系内，作函数 $f(x) = x^3 + x^2 - 2x - 1$ 的图像和在 $x = 1$ 处的切线。

解 输入及输出如图 9-42 所示。

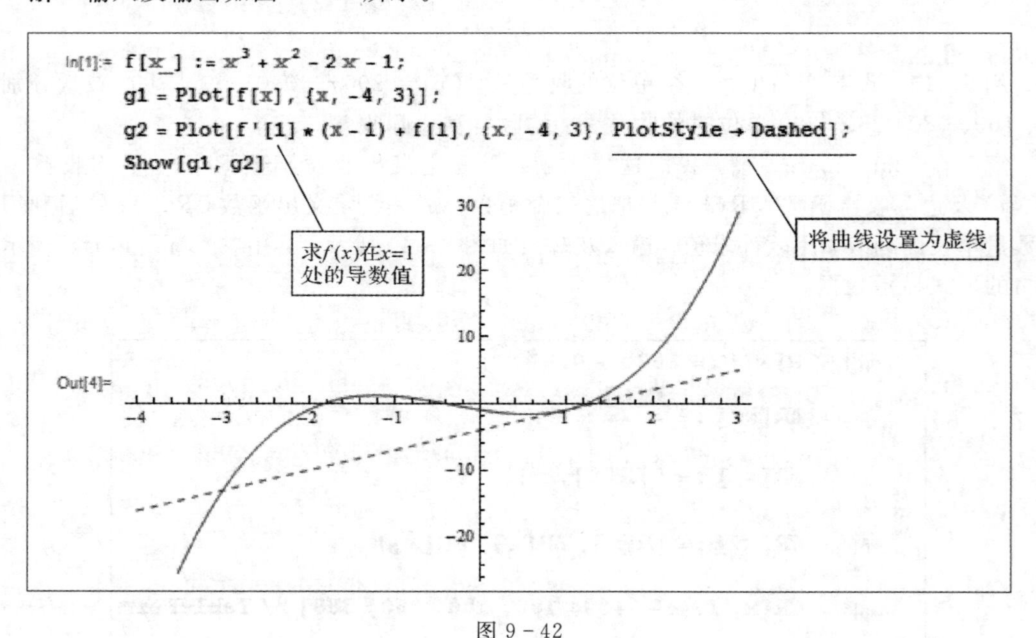

图 9-42

四、中值定理的验证

例 9-19 对于 $[0, 4]$ 区间上的函数 $f(x) = 4x + 39x^2 - 46x^3 + 17x^4 - 2x^5$，求出使罗尔定理成立的 c 值。

解 由于 $f(x)$ 为多项式函数，因此它处处连续且可微。首先，验证 $f(0) = f(4) = 0$

（见图 9－43）。

```
In[1]:= f[x_] := 4 x + 39 x^2 - 46 x^3 + 17 x^4 - 2 x^5;

In[2]:= f[0]

Out[2]= 0

In[3]:= f[4]

Out[3]= 0
```

图 9－43

然后，看 $f'(c)=0$ 在哪成立。由于 $f'(x)$ 为多项式，因此可以用 NSolve 命令来求解（见图 9－44）。

```
In[4]:= NSolve[f'[c] == 0]

Out[4]= {{c → -0.0472411}, {c → 1.05962}, {c → 2.27466}, {c → 3.51296}}
```

图 9－44

由图 9－44 可知，在 0 与 4 之间存在三个 c 值（罗尔定理保证至少存在一个）使罗尔定理成立，这三个 c 值分别是 1.059 62、2.274 66、3.512 96。作出图形（见图 9－45），也可以说明在 [0，4] 上至少存在一点，使得 $f'(c)=0$。

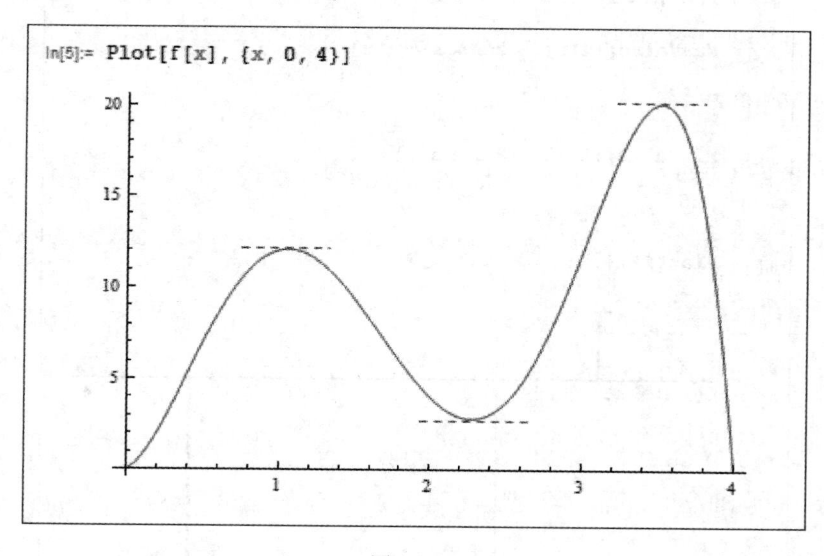

图 9－45

五、求函数的最大值和最小值

在 Mathematica 中可以用如下函数求函数的最大值和最小值：

（1）Maximize[f[x]，x]：给出 $f(x)$ 的最大值及最大值点。

（2）Maximize[{f[x]，*cons*}，x]：给出 $f(x)$ 的满足条件 *cons* 时的最大值及最大值点。

（3）Minimize[f[x]，x]：给出 $f(x)$ 的最小值及最小值点。

(4) Minimize[{$f[x]$, *cons*}, x]：给出 $f(x)$ 的满足条件 *cons* 时的最小值及最小值点。

(5) ArgMax[$f[x]$, x]：求 $f(x)$ 的最大值点。

(6) MaxValue[$f[x]$, x]：求 $f(x)$ 的最大值。

(7) ArgMin[$f[x]$, x]：求 $f(x)$ 的最小值点。

(8) MinValue[$f[x]$, x]：求 $f(x)$ 的最小值。

例 9-20 求函数 $f(x)=x^3-3x^2-9x+1$，$x\in[-2,4]$ 的最值，并绘制图像。

解 输入及输出如图 9-46 所示。

```
In[1]:= f[x_] := x^3 - 3 x^2 - 9 x + 1

In[2]:= Maximize[f[x], -2 ≤ x ≤ 4, x]

Out[2]= {6, {x → -1}}

In[3]:= Minimize[{f[x], -2 ≤ x ≤ 4}, x]

Out[3]= {-26, {x → 3}}
```

图 9-46

也可以用 MaxValue 或者 MinValue 直接求其最值，如图 9-47 所示。

```
In[1]:= f[x_] := x^3 - 3 x^2 - 9 x + 1

In[2]:= MaxValue[{f[x], -2 ≤ x ≤ 4}, x]

Out[2]= 6

In[3]:= MinValue[{f[x], -2 ≤ x ≤ 4}, x]

Out[3]= -26

In[4]:= Plot[f[x], {x, -2, 4}]
```

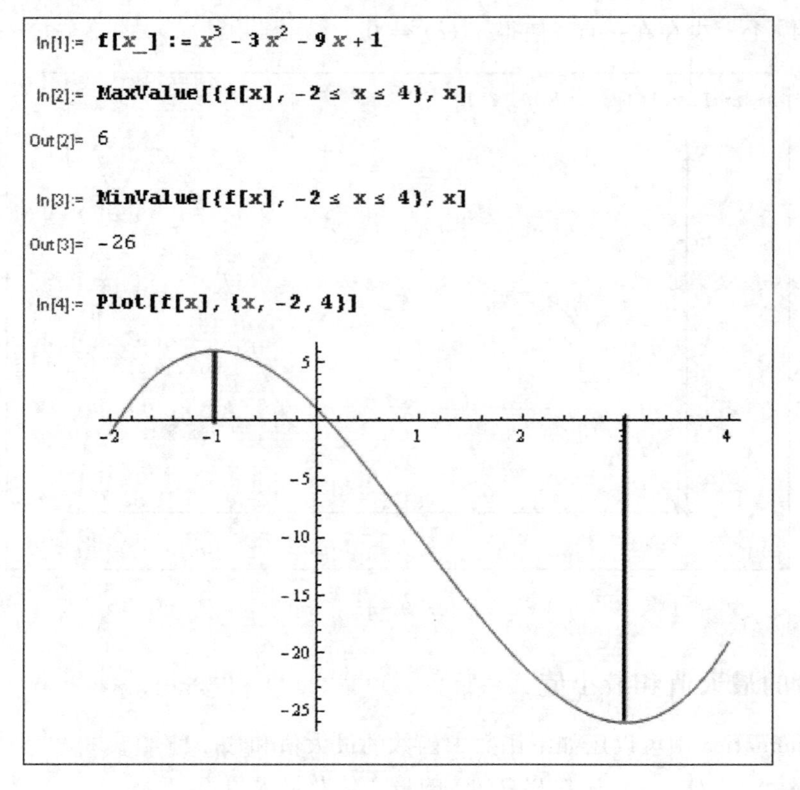

图 9-47

例 9-21 比较函数 $f(x)=e^x$ 与 $g(x)=x+1$ 的大小。

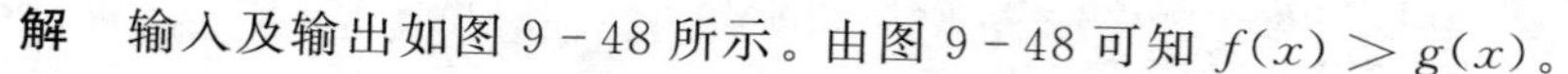

解 输入及输出如图 9－48 所示。由图 9－48 可知 $f(x) > g(x)$。

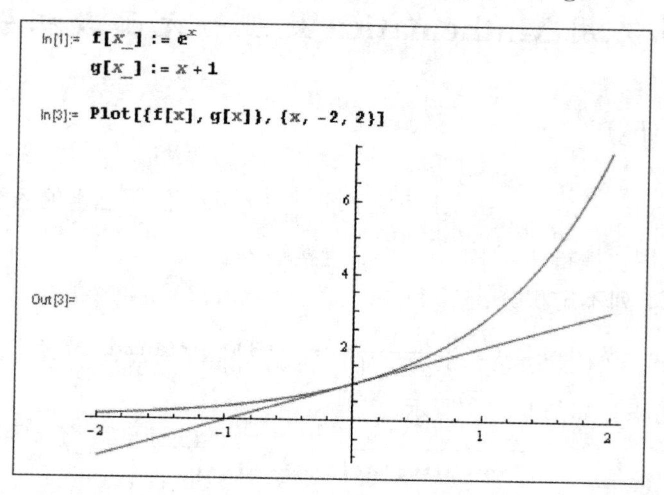

图 9－48

例 9－22 一根线长 100 厘米，要用它构成一个正方形和一个圆形，如何分配才能使它所构成的图形面积最小(最大)。

解 设正方形边长为 x 厘米，圆的半径为 r 厘米，则圆的周长为 $2\pi r$ 厘米，正方形的周长为 $4x$ 厘米。由题意知 $4x + 2\pi r = 100$，而两个图形的面积之和可以由函数 $S(x) = x^2 + \pi r^2$ 表示。输入及输出如图 9－49 所示。

```
In[1]:= Solve[4 x + 2 π r == 100, r]                    用x表示r
Out[1]= {{r → -2 (-25 + x)/π}}

In[2]:= s[x_] := x^2 + π r^2 /. r → -2 (-25 + x)/π       "/."为替换符号

In[3]:= s[x]
Out[3]= 4 (-25 + x)^2/π + x^2

In[4]:= Minimize[{s[x], 0 ≤ x ≤ 25}, x] // Simplify     "//"的作用相当于"[]"，此条语句表示将//前的表达式进行化简
Out[4]= {2500/(4 + π), {x → 100/(4 + π)}}

In[5]:= Maximize[{s[x], 0 ≤ x ≤ 25}, x] // Simplify
Out[5]= {2500/π, {x → 0}}
```

图 9－49

由此可见，最小面积是在正方形边长 $x = \dfrac{100}{4 + \pi}$ 时达到的，最大面积是在 $x = 0$ (即所有线都用来构成圆)时达到的。

第四节　用 Mathematica 处理一元函数积分问题

一、不定积分的计算

内建函数 Integrate[f, x] 用于求不定积分 $\int f(x)\mathrm{d}x$。使用基本输入模板输入积分符号更方便，也可以使用快捷键 Esc＋intt＋Esc 直接输入。

例 9－23　求下列不定积分：

(1) $\int(x^2+3x-7)\mathrm{d}x$；　(2) $\int\frac{1}{x^2-1}\mathrm{d}x$；　(3) $\int\arctan x\mathrm{d}x$。

解　所求不定积分如图 9－50 所示。

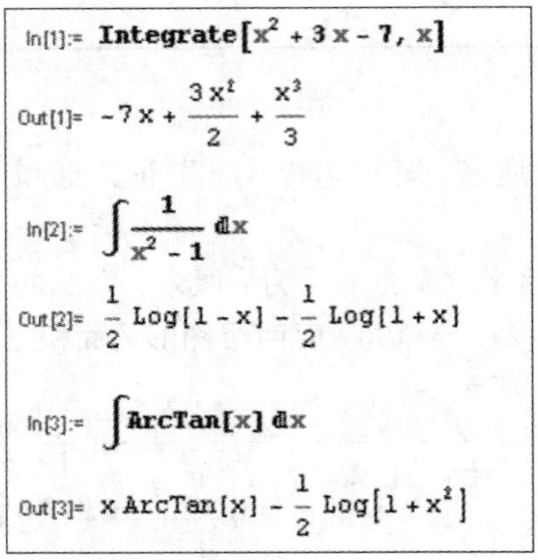

```
In[1]:= Integrate[x^2 + 3 x - 7, x]
Out[1]= -7 x + 3 x^2/2 + x^3/3

In[2]:= ∫ 1/(x^2 - 1) dx
Out[2]= 1/2 Log[1 - x] - 1/2 Log[1 + x]

In[3]:= ∫ ArcTan[x] dx
Out[3]= x ArcTan[x] - 1/2 Log[1 + x^2]
```

图 9－50

对于不定积分的计算，使用的方法不同可能得到不同的结果，但实质上是一样的。如果用 Mathematica 求解的结果与用传统方法计算出来的结果不完全一致，这是因为没有化简或是计算中使用了双曲函数，此时只需将结果进行化简或转换即可。如图 9－51 所示，内建函数 TrigToExp 用于把三角函数式转化成指数形式。

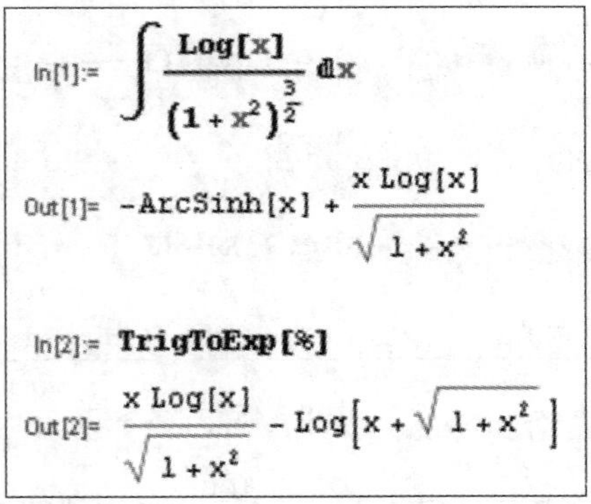

```
In[1]:= ∫ Log[x]/(1 + x^2)^(3/2) dx
Out[1]= -ArcSinh[x] + x Log[x]/Sqrt[1 + x^2]

In[2]:= TrigToExp[%]
Out[2]= x Log[x]/Sqrt[1 + x^2] - Log[x + Sqrt[1 + x^2]]
```

图 9－51

同样，Mathematica 也可以对抽象函数求某些积分。如图 9－52 所示，其中导数符号用键盘上的单引号表示，连续输入两个单引号表示二阶导数。

```
In[1]:= ∫f[x] f'[x] ⅆx

Out[1]= f[x]^2/2

In[2]:= ∫x f''[x] ⅆx

Out[2]= -f[x] + x f'[x]
```

图 9－52

例 9－24 构造 $\int \sin^n x \mathrm{d}x$ 在 $n=1, 2, \cdots, 10$ 时的积分表。

解 输入及输出如图 9－53 所示。

```
In[1]:= Table[{n, ∫Sin[x]^n ⅆx}, {n, 1, 10}] // TableForm

Out[1]//TableForm=
1    -Cos[x]
2    x/2 - 1/4 Sin[2 x]
3    -3 Cos[x]/4 + 1/12 Cos[3 x]
4    3 x/8 - 1/4 Sin[2 x] + 1/32 Sin[4 x]
5    -5 Cos[x]/8 + 5/48 Cos[3 x] - 1/80 Cos[5 x]
6    5 x/16 - 15/64 Sin[2 x] + 3/64 Sin[4 x] - 1/192 Sin[6 x]
7    -35 Cos[x]/64 + 7/64 Cos[3 x] - 7/320 Cos[5 x] + 1/448 Cos[7 x]
8    35 x/128 - 7/32 Sin[2 x] + 7/128 Sin[4 x] - 1/96 Sin[6 x] + Sin[8 x]/1024
9    -63 Cos[x]/128 + 7/64 Cos[3 x] - 9/320 Cos[5 x] + 9 Cos[7 x]/1792 - Cos[9 x]/2304
10   63 x/256 - 105/512 Sin[2 x] + 15/256 Sin[4 x] - 15 Sin[6 x]/1024 + 5 Sin[8 x]/2048 - Sin[10 x]/5120
```

图 9－53

图 9－53 中内建函数 TableForm 的作用是将//的结果进行列表排列。也可将此条语句改为图 9－54 所示的语句，所得结果一样。

```
In[2]:= TableForm[Table[{n, ∫Sin[x]^n ⅆx}, {n, 1, 10}]]
```

图 9－54

二、定积分与反常积分的计算

内建函数 Integrate[f, {x, a, b}] 用于求定积分 $\int_a^b f(x)\mathrm{d}x$。通常使用基本输入模板输入积分符号更方便，或使用快捷键 Esc ＋ dint ＋ Esc。求定积分的数值解用内建函数NIntegrate[f, {x, a, b}]。

例 9-25 求下列不定积分：

(1) $\int_0^1 \frac{1}{1+x^2}\mathrm{d}x$；　　(2) $\int_1^4 \frac{\ln x}{\sqrt{x}}\mathrm{d}x$。

解 所求不定积分如图 9-55 所示。

也可以直接求其数值解，如图 9-56 所示。

```
In[1]:= Integrate[1/(1+x^2), {x, 0, 1}]
Out[1]= π/4
In[2]:= ∫_1^4 Log[x]/√x dx
Out[2]= -4 + Log[256]
In[3]:= N[%]
Out[3]= 1.54518
```

图 9-55

```
In[4]:= NIntegrate[1/(1+x^2), {x, 0, 1}]
Out[4]= 0.785398
In[5]:= N[∫_1^4 Log[x]/√x dx]
Out[5]= 1.54518
```

图 9-56

例 9-26 计算下列反常积分：

(1) $\int_0^{+\infty} \mathrm{e}^{-x}\mathrm{d}x$；　　(2) $\int_{-\infty}^{+\infty} \frac{1}{1+x^2}\mathrm{d}x$；　　(3) $\int_1^{\infty} x^n\mathrm{d}x$。

解 (1)～(3)的输入及输出如图 9-57 所示。

```
In[1]:= ∫_0^+∞ e^-x dx
Out[1]= 1
In[2]:= ∫_-∞^+∞ 1/(1+x^2) dx
Out[2]= π
In[3]:= ∫_1^∞ x^n dx
Out[3]= ConditionalExpression[-1/(1+n), Re[n] < -1]
```

图 9-57

图 9-57 中(3)的结果是一个条件表达式，即在 $n<-1$ 时，广义积分的结果为 $-\frac{1}{1+n}$。可用 $Assumptions 提前指出 n 的取值范围，如图 9-58 所示。

```
In[4]:= $Assumptions = n < -1; (*指定参数n的取值范围*)
In[5]:= ∫_1^∞ x^n dx
Out[5]= -1/(1+n)
```

图 9－58

三、利用定积分解决实际问题

例 9－27 求 $y=2x^2$ 及 $y=2x+5$ 所围成的图形的面积。

解 输入及输出如图 9－59 所示。

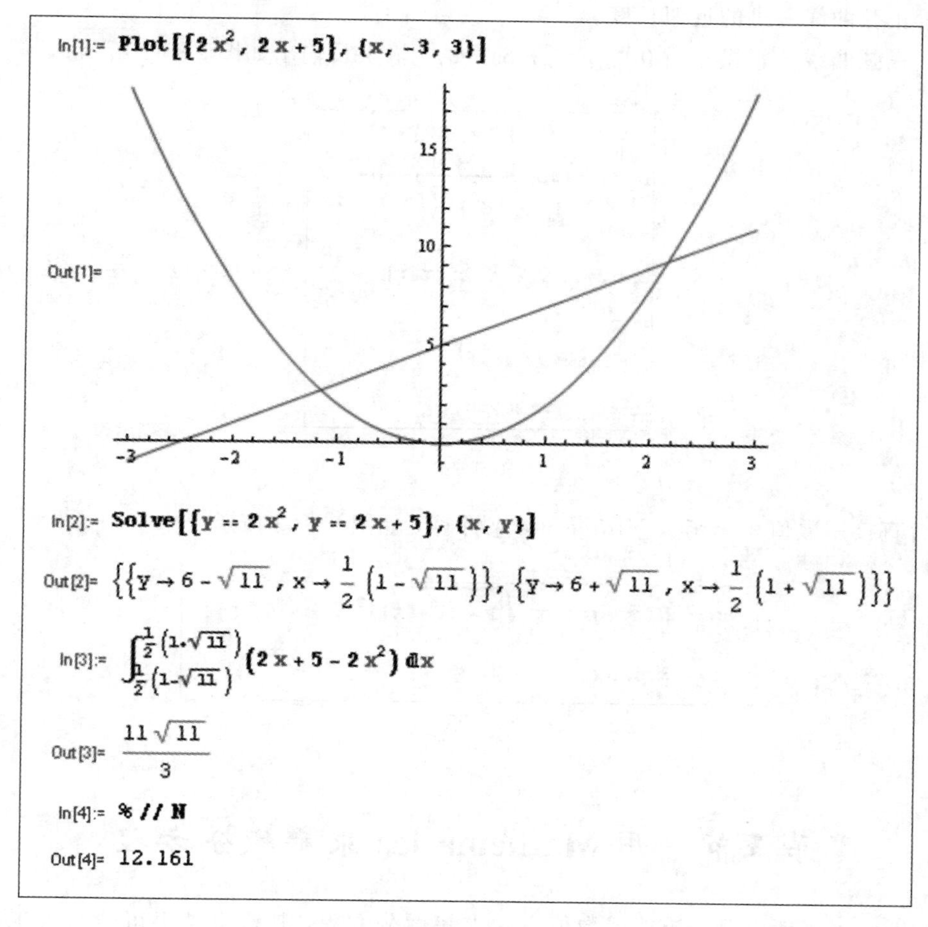

图 9－59

例 9－28 由曲线 $y=f(x)$ $(x\in[a,b])$ 绕 x 轴旋转得到的立体体积为 $\pi\int_a^b[f(x)]^2\mathrm{d}x$（绕 y 轴旋转得到的立体体积为 $2\pi\int_a^b xf(x)\mathrm{d}x$），把半圆 $y=\sqrt{r^2-x^2}$ $(-r\leqslant x\leqslant r)$（见图 9－60）绕 x 轴旋转，得到一个球，由前面的公式计算球的体积。

解 所求球的体积如图 9-61 所示。

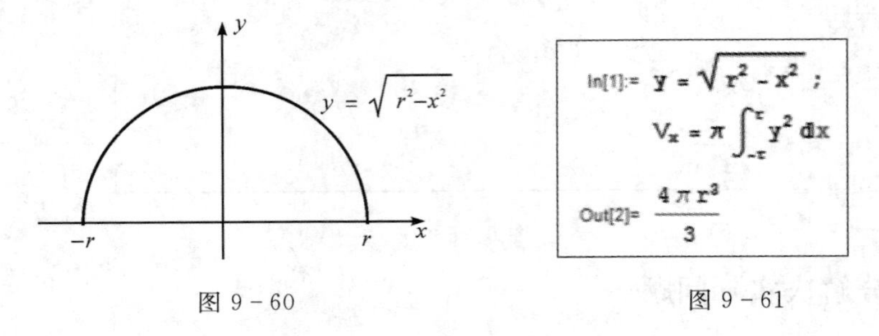

图 9-60

In[1]:= $y=\sqrt{r^2-x^2}$;

$V_x=\pi\int_{-r}^{r}y^2\,dx$

Out[2]= $\frac{4\pi r^3}{3}$

图 9-61

例 9-29 由 $f(x)$，$a\leqslant x\leqslant b$ 表示的一段弧长为 $L=\int_a^b\sqrt{1+[f'(x)]^2}\,dx$，由此计算公式计算正弦曲线一拱的近似长度。

解 正弦曲线的一拱是由 $0\leqslant x\leqslant \pi$ 确定的。输入及输出如图 9-62 所示。

In[1]:= `f[x_] := Sin[x]`

In[2]:= $\int_0^{\pi}\sqrt{1+(f'[x])^2}\,dx$

Out[2]= $2\sqrt{2}$ EllipticE$\left[\frac{1}{2}\right]$

In[3]:= `% // N`

Out[3]= 3.8202

图 9-62

或者直接用数值积分函数 NIntegrate 来计算，如图 9-63 所示。

In[4]:= NIntegrate$\left[\sqrt{1+(f'[x])^2},\ \{x,0,\pi\}\right]$

Out[4]= 3.8202

图 9-63

第五节　用 Mathematica 求解微分方程

Mathematica 能以符号方式或数值方式求解微分方程，其输出结果可能与人工计算的结果形式上不同，但实质是一样的。

一、常微分方程(组)的求解

解常微分方程的内建函数如下：

(1) DSolve[*eqn*，$y[x]$，x]：求微分方程的通解 $y(x)$，其中 x 是自变量。

(2) DSolve[{*eqn*, y[x_0] == y_0}, y[x], x]: 求满足条件 $y(x_0)=y_0$ 的特解 $y(x)$。

(3) DSolve[{*eqn*1, *eqn*2, …}, {y_1[x], y_2[x], …}, x]: 求微分方程组的通解。

(4) DSolve[{*eqn*1, …, y_1[x_0] == y_1, …}, {y_1[x], …}, x]: 求方程组的特解。

(5) DSolveValue[*eqn*, *expr*, x] : 给出由独立变量为 x 的常微分方程 *eqn* 的符号解确定的 *expr* 的值。

注意: 在书写方程等号时，一定要用两个等号"= ="表示；所有在方程中出现的函数 y 要用 $y[x]$ 来表示。

例 9 - 30 求方程 $y'''-y''=x$ 的通解。

解 输入及输出如图 9 - 64 所示，由此可知通解为

$$y=c_1\mathrm{e}^x+c_2+c_3x-\frac{x^2}{2}-\frac{x^3}{6}$$

```
In[1]:= DSolve[y'''[x] - y''[x] == x, y[x], x]
Out[1]= {{y[x] → -x^2/2 - x^3/6 + e^x C[1] + C[2] + x C[3]}}
```

图 9 - 64

例 9 - 31 求方程组 $\begin{cases}x'-y=0\\y'+x=0\end{cases}$ 的通解。

解 输入及输出如图 9 - 65 所示，由此可知通解为

$$x=c_1\cos t+c_2\sin t$$
$$y=c_2\cos t-c_1\sin t$$

```
In[1]:= DSolve[{x'[t] - y[t] == 0, y'[t] + x[t] == 0}, {x[t], y[t]}, t]
Out[1]= {{x[t] → C[1] Cos[t] + C[2] Sin[t], y[t] → C[2] Cos[t] - C[1] Sin[t]}}
```

图 9 - 65

例 9 - 32 求微分方程 $y''+3y'+2y=x\mathrm{e}^{-2x}$ 的通解。

解 所求通解如图 9 - 66 所示。

```
In[1]:= DSolveValue[y''[x] + 3 y'[x] + 2 y[x] == x e^(-2x), y[x], x]
        微分方程解
Out[1]= -1/2 e^(-2x) (2 + 2 x + x^2) + e^(-2x) C[1] + e^(-x) C[2]
```

图 9 - 66

例 9 - 33 根据牛顿散热定律，物体的温度改变速度正比于物体与外界的温度差。如果物体的温度为 70℃，放在温度为 20℃的环境中，3 分钟后温度为 40℃，请问 6 分钟后温度是多少？

解 用 $u(t)$ 表示物体在时刻 t 的温度，则 $\frac{\mathrm{d}u}{\mathrm{d}t}=k(u-20)$，初始条件为 $u(0)=70$。输入及输出如图 9 - 67 所示。

```
In[1]:= DSolve[{u'[t] == k (u[t] - 20), u[0] == 70}, u[t], t]
Out[1]= {{u[t] → 10 (2 + 5 e^(k t))}}

In[2]:= u[t_] := 10 (2 + 5 e^(k t))
```

图 9－67

下面可用 3 分钟后的温度来确定参数 k 的值。由于下面是对超越函数应用 Solve 命令，因此尽可以忽略图 9－68 中所给出的警告信息。

```
In[3]:= Solve[u[3] == 40, k]
        Solve::ifun : Inverse functions are being used by Solve, so some
            solutions may not be found; use Reduce for complete solution information. >>
Out[3]= {{k → -1/3 Log[5/2]}}

In[4]:= u[6] /. %[[1, 1]]
Out[4]= 28
```

图 9－68

由图 9－68 可知，6 分钟后的温度为 28℃。

二、常微分方程(组)的数值解

内建函数 NDSolve 用于求给定初值条件或边界条件的常微分方程(组)的近似解，其格式如下：

NDSolve[*eqns*，*y*，{x，$x_{\min}$，$x_{\max}$}]

其中微分方程和初值条件的表示法同 DSolve，未知函数仍有带自变量 $y[x]$ 和不带自变量 y 两种形式，通常使用后一种更为方便。初值点 x_0 可以取区间 $[x_{\min}, x_{\max}]$ 上的任意一点，得到插值函数 InterpolatingFunction[*domain*，*table*] 类型的近似解，近似解的定义域 *domain* 一般为 [*domain*，*table*]，也有可能缩小。

例 9－34 求常微分方程 $y' = x^2 + y^2$ 满足初始条件 $y(0) = 0$ 的数值解。

解 输入及输出如图 9－69 所示。

```
In[1]:= NDSolve[{y'[x] == x^2 + y[x]^2, y[0] == 0}, y, {x, -2, 2}]
Out[1]= {{y → InterpolatingFunction[{{-2., 2.}}, <>]}}

In[2]:= y = y /. %[[1]]   ——— 插值函数
Out[2]= InterpolatingFunction[{{-2., 2.}}, <>]

In[3]:= y[1]
Out[3]= 0.350232

In[4]:= y[1.5]
Out[4]= 1.51745
```

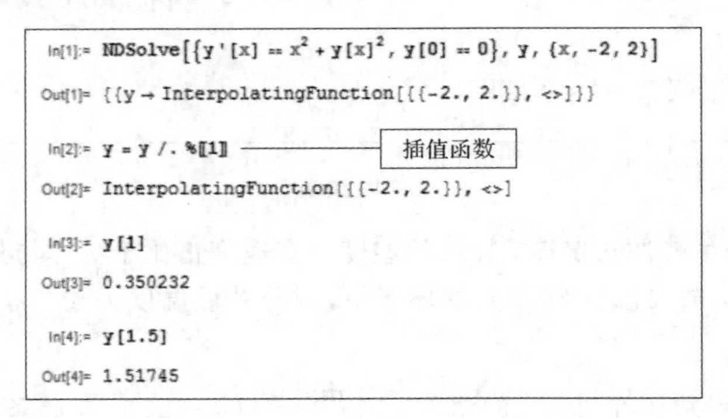

图 9－69

注意：命令 In[1] 中第二项参数使用 y 而不是 $y[x]$（比用 $y[x]$ 好）；Out[1] 表明返回的解放在一个表中，不便使用，实际的解就是插值函数；In[2] 的结果是用 y 表示解函数的名字，因此当自变量为 1 或 1.5 均可求其数值解，并且可以画出解的曲线，如图 9－70 所示。

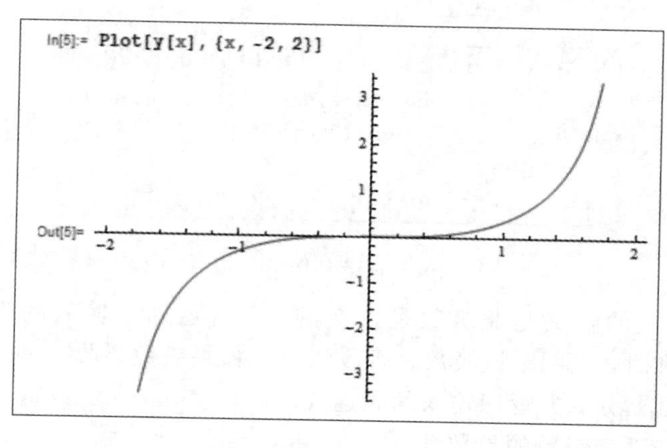

图 9－70

第六节　用 Mathematica 处理无穷级数

一、无穷级数的求和

求有限和和无限和的内建函数是 Sum[f，{i，$i_{\min}$，$i_{\max}$}]。求 $\sum\limits_{i=i_{\min}}^{i_{\max}} f(i)$ 也可以使用基本输出模板里的 $\sum\limits_{\square}^{\square}$。

例 9－35　求下列级数在收敛域内的和函数：

(1) $\sum\limits_{n=1}^{\infty}(-1)^n\dfrac{1}{n^2}$；　　(2) $\sum\limits_{n=1}^{\infty}\dfrac{n(n+1)}{2^n}x^{n-1}$。

解　所求和函数如图 9－71 所示。

In[1]:= $\sum\limits_{n=1}^{\infty}(-1)^n\dfrac{1}{n^2}$

Out[1]= $-\dfrac{\pi^2}{12}$

In[2]:= Sum$\left[\dfrac{n\,(n+1)}{2^n}\,x^{n-1},\ \{n,\ 1,\ \infty\}\right]$

Out[2]= $-\dfrac{8}{(-2+x)^3}$

图 9－71

例 9-36 求 $\sum_{n=1}^{+\infty}\frac{1}{n}$。

解 输入及输出如图 9-72 所示。

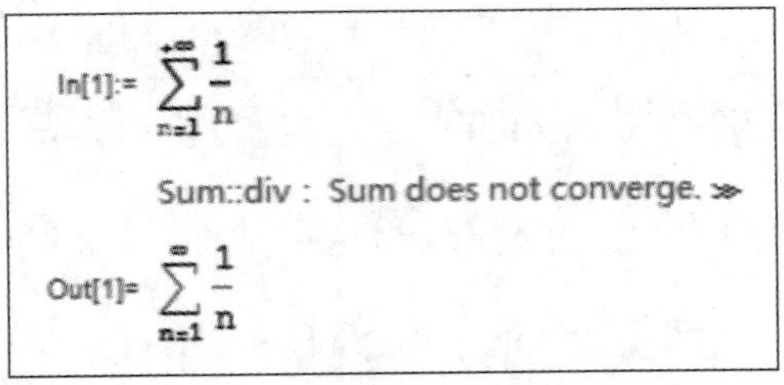

```
In[1]:= Sum[1/n, {n, 1, +∞}]
Sum::div : Sum does not converge. ≫
Out[1]= Sum[1/n, {n, 1, ∞}]
```

图 9-72

图 9-72 中英文的含义是此级数是发散的，并且返回了输入的表达式。由此可知，Mathematica 在求和时，先判断该级数是否收敛——如果级数是收敛的，则输出和；如果级数是发散的，则给出提示，并返回输入的表达式。

例 9-37 判断下列级数的敛散性：

(1) $\sum_{n=1}^{+\infty}\ln\left(1+\frac{1}{n}\right)$；　　(2) $\sum_{n=1}^{+\infty}\frac{2^n}{n!}$。

解 (1) 输入及输出如图 9-73 所示，由此可知，该级数是发散的。

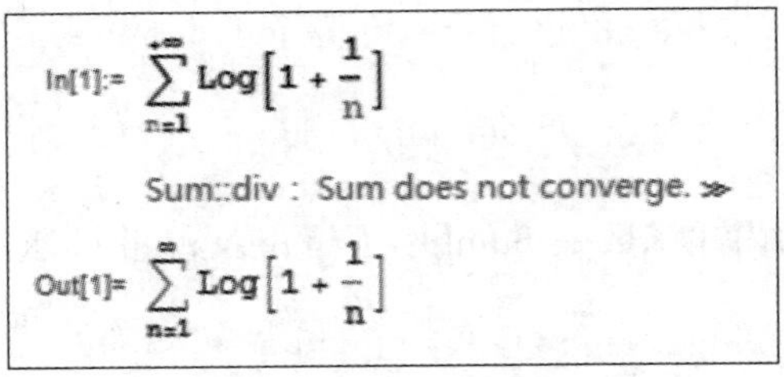

```
In[1]:= Sum[Log[1 + 1/n], {n, 1, +∞}]
Sum::div : Sum does not converge. ≫
Out[1]= Sum[Log[1 + 1/n], {n, 1, ∞}]
```

图 9-73

(2) 输入及输出如图 9-74 所示，由此可知，该级数是收敛的，且收敛的和为 $-1+e^2$。

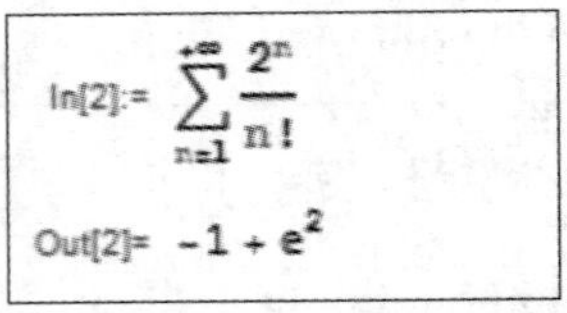

```
In[2]:= Sum[2^n/n!, {n, 1, +∞}]
Out[2]= -1 + e^2
```

图 9-74

二、将函数在指定点展开成泰勒级数

将函数在指定点展开成泰勒级数可用如下函数：

(1) Series[f[x], {x, x_0, n}]：生成 $f(x)$ 在点 $x=x_0$ 处的幂级数展开式，其次数直到 $(x-x_0)^n$。

(2) Normal[Series[f[x], {x, x_0, n}]]：将函数在 x_0 处展开成 $(x-x_0)^n$ 阶泰勒级

数，展开式中不含 $n+1$ 阶无穷小量。

(3) SeriesCoefficient[级数，n]：返回幂级数中次数为 n 的项的系数。

注意：如果在指定点无法进行泰勒展开，则 Mathematica 会输出原式。

例 9-38 将函数 $f(x)=\dfrac{1}{x}$ 展开成 $(x-1)$ 的 6 阶幂级数。

解 输入及输出如图 9-75 所示。

```
In[1]:= Normal[Series[1/x, {x, 1, 6}]]
Out[1]= 2 + (-1 + x)^2 - (-1 + x)^3 + (-1 + x)^4 - (-1 + x)^5 + (-1 + x)^6 - x
```

图 9-75

例 9-39 分别用 Series 命令和 Normal-Series 命令将函数 $f(x)=e^x$ 展开成 5 阶麦克劳林级数。

解 输入及输出如图 9-76 所示。

```
In[1]:= Series[e^x, {x, 0, 5}]
Out[1]= 1 + x + x^2/2 + x^3/6 + x^4/24 + x^5/120 + O[x]^6
In[2]:= Normal[Series[e^x, {x, 0, 5}]]
Out[2]= 1 + x + x^2/2 + x^3/6 + x^4/24 + x^5/120
```

图 9-76

例 9-40 将函数 $f(x)=e^x$ 展开为 10 阶的麦克劳林级数，并求出第 8 项的系数。

解 输入及输出如图 9-77 所示。

```
In[1]:= s = Series[e^x, {x, 0, 10}]
Out[1]= 1 + x + x^2/2 + x^3/6 + x^4/24 + x^5/120 + x^6/720 + x^7/5040 + x^8/40320 + x^9/362880 + x^10/3628800 + O[x]^11
In[2]:= SeriesCoefficient[s, 8]
Out[2]= 1/40320
```

图 9-77

附录 A　Mathematica 软件的内建函数列表

内建函数形式	功　　能
Sin[x]	正弦函数
Cos[x]	余弦函数
Tan[x]	正切函数
Cot[x]	余切函数
Sec[x]	正割函数
Csc[x]	余割函数
ArcSin[x]	反正弦函数
ArcCos[x]	反余弦函数
ArcTan[x]	反正切函数
ArcCot[x]	反余切函数
ArcSec[x]	反正割函数
ArcCsc[x]	反余割函数
Exp[x]	表示 e^x
Log[x]	表示 $\ln x$
Log[a，x]	表示 $\log_a x$
Sqrt[x]	表示 $\sqrt{x}$
Abs[x]	实数的绝对值或复数的模
Sign[x]	符号函数
Max[x_1，x_2，…]	一组数的最大值
Min[x_1，x_2，…]	一组数的最小值
Re[x]	复数 x 的实部
Im[x]	复数 x 的虚部
Arg[x]	复数 x 的辐角
Floor[x]	不超过 x 的最大整数
Simplify [表达式]	使用变换化简表达式
FullSimplify [表达式]	使用更广泛的变换化简表达式
Factor [表达式]	用于和式或分式的因式分解
Collect [表达式，x]	把表达式中的 x 的同次幂合并
Collect [表达式，{x，y，…}]	把表达式按 x，y，… 的同次幂合并
Expand [表达式]	把表达式展开
Together [表达式]	通分
Cancel [表达式]	约去分子、分母的公因子

续表

内建函数形式	功　　能
Apart [表达式]	把有理式分解为最简分式的和
TrigExpand [表达式]	把三角函数式展开
TrigFactor [表达式]	把三角函数式因式分解
TrigReduce[表达式]	用倍角公式化简三角函数式
TrigToExp [表达式]	把三角函数式转化成指数形式
Solve[*eqns*, *vars*]	对系数按常规约定求出方程(组)的全部解
Reduce[*eqns*, *vars*]	讨论系数出现的各种可能情况，分别求解
Plot[$f[x]$, $\{x, a, b\}$]	绘制函数 $f(x)$ 在区间 $[a, b]$ 内的图形
Plot[$\{f_1[x], f_2[x], \cdots\}$, $\{x, a, b\}$]	在区间 $[a, b]$ 内同时绘制多个函数的图形
ParametricPlot[$\{x[t], y[t]\}$, $\{t, a, b\}$]	在区间 $[a, b]$ 内画出参数曲线图
ParametricPlot[$\{\{x_1[t], y_1[t]\}, \{x_2[t], y_2[t]\}, \cdots\}$, $\{t, a, b\}$]	在区间 $[a, b]$ 内同时绘制多个参数曲线图
ListPlot[$\{y_1, y_2, \cdots\}$]	画出点列 $(1, y_1)$, $(2, y_2)$, …
ListPlot[$\{\{x_1, y_1\}, \{x_2, y_2\}, \cdots\}$]	画出点列 (x_1, y_1), (x_2, y_2), …
Plot3D[$f[x]$, $\{x, a, b\}$, $\{y, c, \mathrm{d}\}$]	绘制二元函数 $z = f(x, y)$
Limit[$f[x]$, $x \rightarrow x_0$]	求函数 $f(x)$ 当 $x \rightarrow x_0$ 时的极限
Limit[$f[x]$, $x \rightarrow \infty$]	求函数 $f(x)$ 当 $x \rightarrow \infty$ 时的极限
D[$f[x]$, x]	求函数 $f(x)$ 的导数 $f'(x)$
D[$f[x]$, $\{x, n\}$]	求函数 $f(x)$ 的 n 阶导数 $f^{(n)}(x)$
Maximize[$f[x]$, x]	给出 $f(x)$ 的最大值及最大值点
Maximize[$\{f[x], cons\}$, x]	给出 $f(x)$ 的满足条件 *cons* 时的最大值及最大值点
Minimize[$f[x]$, x]	给出 $f(x)$ 的最小值及最小值点
Minimize[$\{f[x], cons\}$, x]	给出 $f(x)$ 的满足条件 *cons* 时的最小值及最小值点
Integrate[f, x]	求不定积分 $\int f(x)\mathrm{d}x$
Integrate[f, $\{x, a, b\}$]	求定积分 $\int_a^b f(x)\mathrm{d}x$
DSolve[*eqn*, $y[x]$, x]	求微分方程的通解 $y(x)$，其中 x 是自变量
DSolve[$\{eqn, y[x_0] == y_0\}$, $y[x]$, x]	求满足条件 $y(x_0) = y_0$ 的特解 $y(x)$
DSolve[$\{eqn1, eqn2, \cdots\}$, $\{y_1[x], y_2[x], \cdots\}$, x]	求微分方程组的通解
DSolve[$\{eqn1, \cdots, y_1[x_0] == y_1, \cdots\}$, $\{y_1[x], \cdots\}$, x]	求方程组的特解
TableForm[{数据}]	用表格的形式表示数据
Unprotect[变量字母]	解除变量保护
expr/. *x* -> *a*	将表达式 *expr* 里的 x 替换成 a

附录B 习题答案

习题1-1

1. (1) $(-\infty, 1) \cup (1, 2) \cup (2, +\infty)$； (2) $[-1, 5]$； (3) $(-\infty, 2]$；
   (4) $\{x \mid x \geqslant 3$ 或 $x \leqslant 2$，且 $x \neq 1\}$。
2. $f(0) = -1$，$f(x^2) = x^4 - 1$，$f[f(x)] = x^4 - 2x^2$，$[f(x)]^2 = x^4 - 2x^2 + 1$，
   $f\left(\frac{1}{x}\right) = \frac{1}{x^2} - 1$，$\frac{1}{f(x)} = \frac{1}{x^2 - 1}$。

习题1-2

1. (1) 无界；(2) 有界。
2. (1) 偶函数；(2) 非奇非偶函数；(3) 奇函数；(4) 奇函数。
3. (1) 增函数；(2) 减函数；(3) 在 $(-\infty, 0)$ 内为增函数，在 $(0, +\infty)$ 内为减函数；
   (4) 在 $(-\infty, -1)$ 内为减函数，在 $(1, +\infty)$ 内为增函数。

习题1-3

1. (1) $y = x^3 + 1$，$x \in \mathbf{R}$； (2) $y = e^{1-x} - 3$，$x \in \mathbf{R}$；
   (3) $y = \frac{2x+2}{x-1}$，$x \in \{x \mid x \neq 1\}$； (4) $y = \frac{1}{2}\arcsin\frac{x}{3}$，$x \in [-3, 3]$。
2. (1) $y = \sqrt{u}$，$u = 2x - 3$； (2) $y = \cos u$，$u = 3x$； (3) $y = e^u$，$u = x^2$；
   (4) $y = \ln u$，$u = \sin x$； (5) $y = \sin u$，$u = \tan v$，$v = x^3 - 1$；
   (6) $y = u^2$，$u = \ln v$，$v = \arccos w$，$w = e^x$。

习题2-1

(1) 0； (2) 发散； (3) 发散； (4) $\frac{1}{2}$； (5) 发散； (6) 2。

习题2-2

1. $\lim\limits_{x \to 1^-} f(x) = 3$，$\lim\limits_{x \to 1^+} f(x) = 3$。
2. 当 $x \to 0$ 时极限不存在，$\lim\limits_{x \to 1} f(x) = 2$。

习题2-3

1. (1) 无穷小； (2) 无穷大； (3) 既不是无穷小也不是无穷大； (4) 无穷大。
2. (1) 0； (2) 0。

习题 2 - 4

1. (1) 9；(2) 1；(3) 3；(4) $\frac{2}{3}$；(5) $\frac{1}{3}$；(6) $\frac{3}{4}$；(7) ∞；(8) ∞。

2. (1) 0；(2) ∞；(3) 3；(4) ∞；(5) 0；(6) $\frac{5}{3}$。

3. (1) $\sin\frac{1}{4}$；(2) $\sqrt{2}$；(3) $\frac{1}{2\sqrt{3}}$；(4) 2；(5) 0；(6) $-\frac{1}{2}$；(7) $\frac{1}{4}$；(8) 1。

习题 2 - 5

1. (1) $\frac{2}{3}$；(2) $\frac{3}{2}$；(3) $\frac{2}{5}$；(4) 2；(5) 0；

   (6) $\frac{3}{2}$；(7) 6；(8) $\frac{1}{2}$；(9) $\frac{1}{2}$；(10) $\frac{1}{2}$。

2. (1) e^{-10}；(2) e^{6}；(3) e^{6}；(4) $e^{-\frac{2}{3}}$；(5) e^{-2}；

   (6) $e^{-\frac{4}{3}}$；(7) e^{-3}；(8) e^{10}；(9) e；(10) e^{-2}。

习题 2 - 6

1. (1) 连续，$\lim\limits_{x\to 0}f(x)=\lim\limits_{x\to 0}x^2\sin\frac{1}{x}=0=f(0)$；

   (2) 不连续，$\lim\limits_{x\to 0^-}f(x)=-1\neq\lim\limits_{x\to 0^+}f(x)=1$；

   (3) 不连续，$\lim\limits_{x\to 0^-}f(x)=\lim\limits_{x\to 0^-}(1-\cos x)=0\neq f(0)=1$；

   (4) 连续，$\lim\limits_{x\to 0^-}f(x)=\lim\limits_{x\to 0^+}f(x)=f(0)=2$。

2. $k=2$。

3. $a=2, b=1$。

4. 略。

习题 3 - 1

1. (1) $5x^4$；(2) $\frac{1}{3}x^{-\frac{2}{3}}$；(3) $\frac{3\sqrt{x}}{2}$；(4) $-\frac{3}{x^4}$；(5) $-\frac{1}{2x\sqrt{x}}$；(6) $-\frac{3}{2x^2\sqrt{x}}$。

2. 切线方程为 $y-12x+16=0$；法线方程为 $x+12y-98=0$。

3. 切线方程为 $x+y-2=0$；法线方程为 $x-y=0$。

4. 切线方程为 $x-y-1=0$；法线方程为 $x+y-1=0$。

5. (1) 不可导，因为 $f'_-(0)=-1$，$f'_+(0)=1$；

   (2) 可导，$f'(0)=0$。

习题 3 - 2

1. (1) $6x+\frac{4}{x^3}$；(2) $2\cos x+3\csc x\cot x-\frac{1}{x^2}$；(3) $\frac{1}{\sqrt{x}}-\frac{3}{x}$；

(4) $2x-\csc^2 x$；　(5) $\sec^2 x-2e^x$；　(6) $10x^9+10^x\ln 10$；

(7) $\frac{1}{1+x^2}+\frac{1}{2x\sqrt{x}}$；　(8) 0。

2. (1) $e^x(\tan x+\sec^2 x)$；　(2) $4x+\frac{5x\sqrt{x}}{2}$；　(3) $2\cos x-(2x-1)\sin x$；

(4) $3x^2\cot x-x^3\csc^2 x$；　(5) $\sin x+x\cos x-2\sec x\tan x$；

(6) $e^x(x^2+5x+4)$；　(7) $2\ln x+2$；　(8) $2x\arctan x+1$。

3. (1) $\frac{2}{(x+1)^2}$；　(2) $\frac{2x^7-10x^4}{(x^3-2)^2}$；　(3) $\frac{x^2-3-2x^2\ln x}{x(x^2-3)^2}$；

(4) $\frac{3e^x(1-x)}{(e^x-x)^2}$；　(5) $\frac{6\sin x}{(1+\cos x)^2}$；　(6) $\frac{1-\sec^2 x}{(\tan x-x)^2}$；

(7) $\frac{2}{(1-x)^2}$；　(8) $\frac{\sin x-x\cos x}{\sin^2 x}+\frac{x\cos x-\sin x}{x^2}$。

4. (1) $15(3x+1)^4$；　(2) $-2xe^{-x^2}$；　(3) $\cot x$；　(4) $\frac{-3x^2}{2\sqrt{1-x^3}}$；

(5) $\frac{\sin(3-2\sqrt{x})}{\sqrt{x}}$；　(6) $-4\csc^4 x\cot x$；　(7) $e^{\tan x}\sec^2 x$；　(8) $\frac{1}{x\ln x}$；

(9) $\frac{2(x^2-1)}{(1+x^2)^2}\sin\frac{2x}{1+x^2}$；　(10) $2xe^{x^2}\cos e^{x^2}$；　(11) $-\frac{1}{\sqrt{1+x^2}}$；　(12) $\frac{2x}{1+x^4}$；

(13) $-\frac{1}{\sqrt{x^4-x^2}}$；　(14) $2^{\sin x}\ln 2\cdot\cos x+\cos(2^x)\cdot 2^x\ln 2$；

(15) $\arccos x$；　(16) $-\frac{e^{\operatorname{arccot} x}}{2\sqrt{x}(1+x)}$。

5. (1) 1，$\frac{5\pi}{2}$；　(2) 1，0；　(3) $-\frac{1}{18}$；　(4) 1。

习题 3-3

1. (1) $n!$；　(2) $(-1)^{n+1}(n-1)!x^{-n}$。

2. (1) $2\sec^2 x\tan x$；　(2) $\frac{1}{x}$；　(3) $-2\sin x-x\cos x$；　(4) $20x^3+5^x(\ln 5)^2$；

(5) $2\cos 2x$；　(6) $e^x(x+2)$；　(7) $\frac{-2(x^2+1)}{(x^2-1)^2}$；　(8) $108(3x-1)^2$；

(9) $2\arctan x+\frac{2x}{1+x^2}$；　(10) $\frac{x}{(1-x^2)\sqrt{1-x^2}}$。

习题 3-4

1. (1) $\frac{y}{y-x}$；　(2) $\frac{1+21x^6}{5y^4+2}$；　(3) $\frac{\sec^2(x+y)}{1-\sec^2(x+y)}$；　(4) $\frac{e^{x+y}-y}{x-e^{x+y}}$；

(5) $\frac{y^2}{1-xy}$；　(6) $\frac{\sin x}{e^y-\cos y}$；　(7) $-\frac{e^y}{1+xe^y}$；　(8) $\frac{2x}{(x^2+y)^2}$。

2. $x+2\sqrt{3}y-4=0$。

3. $4x-3y-2=0$。

4. $x+y-\frac{\sqrt{2}}{2}=0$。

5. (1) $x^{\sin x}\left(\cos x\ln x+\frac{\sin x}{x}\right)$； (2) $\frac{xy\ln y-y^2}{xy\ln x-x^2}$；

(3) $\left(\frac{x}{1+x}\right)^x\left(\ln\frac{x}{1+x}+\frac{1}{1+x}\right)$； (4) $x\cdot\sqrt{\frac{1-x}{1+x}}\left(\frac{1}{x}-\frac{1}{1-x^2}\right)$；

(5) $\frac{(2-x)^2\sqrt{x+1}}{(2x-1)^3}\left(\frac{2}{x-2}+\frac{1}{2(x+1)}-\frac{6}{2x-1}\right)$；

(6) $\frac{1}{3}\sqrt[3]{\frac{x-5}{\sqrt[5]{x^2+2}}}\left(\frac{1}{x-5}-\frac{2x}{5(x^2+2)}\right)$。

6. (1) $\frac{2-10t}{3}$； (2) -1； (3) $-\frac{2e^{2t}}{3}$； (4) $\frac{\cos\theta-\theta\sin\theta}{1-\sin\theta-\theta\cos\theta}$； (5) $\frac{3bt}{2a}$； (6) $\frac{t}{2}$。

7. $2\sqrt{2}x+y-2=0$。

8. $2\sqrt{3}x+9y-12\sqrt{3}=0$。

习题 3－5

1. (1) $dy=\frac{1}{2\sqrt{x}}dx$； (2) $dy=\left(\sec^2x-\frac{1}{x}\right)dx$； (3) $dy=(\sin x+x\cos x)dx$；

(4) $dy=\frac{2x+e^x(2x-x^2+1)}{(1+e^x)^2}dx$；(5) $dy=\frac{1}{x-1}dx$；(6) $dy=-3\sin(3x-2)dx$；

(7) $dy=-\frac{x}{\sqrt{1-x^2}}dx$； (8) $dy=2xe^{2x}(1+x)dx$。

2. (1) 0.694 66； (2) 0.8573； (3) 1.006； (4) 0.998； (5) 2.0052； (6) 5.08。

习题 4－1

1. (1)，(4)。

2. (1) 满足，$\xi=e-1$； (2) 满足，$\xi=1$； (3) 满足，$\xi=\frac{\sqrt{3}}{3}$。

习题 4－2

1. (1) 32； (2) $-\frac{1}{3}$； (3) $\frac{1}{e}$； (4) -1； (5) ∞； (6) $\frac{1}{6}$； (7) 1； (8) $\frac{4}{3}$。

2. (1) 0； (2) 3； (3) 0； (4) 0。

3. (1) ∞； (2) 0； (3) $\frac{1}{2}$； (4) $-\frac{1}{2}$； (5) -1； (6) 1。

习题 4－3

1. (1) 在 $(-\infty,0]$ 和 $[1,+\infty)$ 上单调增加，在 $[0,1]$ 上单调减少；

(2) 在 $(-\infty,0]$ 上单调减少，在 $[0,+\infty)$ 上单调增加；

(3) 在 $(-\infty, 0]$ 上单调减少，在 $[0, +\infty)$ 上单调增加；

(4) 在 $(-\infty, 1]$ 上单调减少，在 $[1, +\infty)$ 上单调增加；

(5) 在 $(-\infty, -2]$ 和 $[0, +\infty)$ 上单调增加，在 $[-2, -1)$ 和 $(-1, 0]$ 上单调减少。

2. (1) 极小值 $f(\pm 1) = -1$，极大值 $f(0) = 0$；

(2) 极大值 $f(0) = 4$，极小值 $f(2) = 0$；

(3) 极小值 $f(3) = \frac{27}{4}$，无极大值；

(4) 极小值 $f(0) = 0$，无极大值。

3. (1) 最小值 $f(-1) = -5$，最大值 $f(4) = 80$；

(2) 最小值 $f(0) = 0$，最大值 $f(2) = \ln 5$；

(3) 最小值 $f(1) = 7$，最大值 $f(4) = 142$。

4. $r = 2$，$h = 4$，最低造价为 $24\pi a$ 元。

5. (1) 64 米； (2) 578 平方米。

6. 转运码头 D 建在离 C 为 $40\sqrt{3}$ km 处，所用时间最少。

7. 生产第 9 档次的产品利润最大，最大利润为 864 元。

习题 4 - 4

(1) $(-1, 0)$，$(1, 0)$；

(2) $(-1, \ln 2)$，$(1, \ln 2)$；

(3) $\left(-\sqrt{3}, -\frac{\sqrt{3}}{4}\right)$，$(0, 0)$，$\left(\sqrt{3}, \frac{\sqrt{3}}{4}\right)$。

习题 4 - 5

略。

习题 5 - 1

1. $y = \frac{1}{3}x^3 - 2$。

2. (1) $\frac{x^6}{6} + C$； (2) $\frac{2}{3}x^{\frac{3}{2}} + C$； (3) $-\frac{1}{2x^2} + C$； (4) $-\frac{2}{\sqrt{x}} + C$；

(5) $2\sin x - \arctan x + C$； (6) $\arcsin x - 3\ln|x| + C$；

(7) $x + \frac{3}{2}x^2 - \frac{2}{3}x^3 + C$； (8) $2\sqrt{x} + \frac{2}{3}x^{\frac{3}{2}} + C$； (9) $x - \ln|x| + \frac{2}{x} + C$；

(10) $\arcsin x + C$； (11) $\frac{27^x}{3\ln 3} + C$。

3. (1) $-2\cos x + C$； (2) $\frac{1}{2}(x - \sin x) + C$； (3) $\frac{1}{2}(x + \sin x) + C$；

(4) $\frac{1}{2}\tan x + C$； (5) $-\cot x - \tan x + C$。

习题 5-2

1. (1) $\frac{1}{8}(x-5)^8+C$； (2) $-\frac{1}{4(2x+1)^2}+C$； (3) $-\frac{2}{9}(1-3x)^{\frac{3}{2}}+C$；

(4) $-\frac{1}{5}\cos 5x+C$； (5) $\frac{1}{3}e^{3x}+C$； (6) $-\frac{1}{4}\sin\left(\frac{\pi}{6}-4x\right)+C$；

(7) $\frac{2}{3}\ln|3x+1|+C$； (8) $-\frac{1}{2}\ln|1-2x|+C$； (9) $\frac{1}{2}\arctan 2x+C$；

(10) $\frac{1}{3}\arcsin 3x+C$。

2. (1) $-\frac{1}{6}e^{-3x^2}+C$； (2) $\frac{1}{2}\ln(x^2+1)+C$； (3) $\ln|x^2-3x+1|+C$；

(4) $\ln|\ln x|+C$； (5) $e^{\sin x}+C$； (6) $\frac{1}{4}\sec^4 x+C$；

(7) $2\sin\sqrt{x}+C$； (8) $\frac{x}{2}+\frac{1}{8}\sin 2(2x+1)+C$； (9) $-\frac{1}{3}e^{-x^3}+C$；

(10) $-\frac{2}{9}(3-x^3)^{\frac{3}{2}}+C$； (11) $\frac{1}{3}\ln|\sin 3x|+C$； (12) $\frac{1}{4}\arctan\frac{x}{4}+C$；

(13) $\frac{1}{6}\arctan\frac{3}{2}x+C$； (14) $\frac{1}{3}\arcsin\frac{3}{2}x+C$； (15) $\frac{1}{12}\ln\left|\frac{2+3x}{2-3x}\right|+C$；

(16) $\arctan e^x+C$； (17) $x-\ln(1+e^x)+C$。

习题 5-3

1. (1) $\frac{2}{3}(1-x)^{\frac{3}{2}}-2\sqrt{1-x}+C$； (2) $\sqrt{2x}-\ln(1+\sqrt{2x})+C$；

(3) $\frac{1}{10}(1-2x)^{\frac{5}{2}}-\frac{1}{6}(1-2x)^{\frac{3}{2}}+C$； (4) $2\sqrt{x+1}-2\arctan\sqrt{x+1}+C$；

(5) $2\sqrt{x}-4\sqrt[4]{x}+4\ln(\sqrt[4]{x}+1)+C$； (6) $\ln\left|\frac{1-\sqrt{1+e^x}}{1+\sqrt{1+e^x}}\right|+C$。

2. (1) $\frac{1}{2}(\arcsin x-x\sqrt{1-x^2})+C$； (2) $\arccos\frac{1}{x}+C$；

(3) $\ln\left|\frac{\sqrt{1-x}-\sqrt{1+x}}{\sqrt{1-x}+\sqrt{1+x}}\right|+2\arctan\sqrt{\frac{1-x}{1+x}}+C$； (4) $\frac{1}{2}\left(\arctan x+\frac{x}{x^2+1}\right)+C$。

习题 5-4

1. (1) $-x\cos x+\sin x+C$； (2) $x^2\sin x+2x\cos x-2\sin x+C$；

(3) $-e^{-x}(x+1)+C$； (4) $-\frac{1}{2}x\cos 2x+\frac{1}{4}\sin 2x+C$。

2. (1) $\frac{1}{3}x^3\ln x-\frac{1}{9}x^3+C$； (2) $x\arcsin x+\sqrt{1-x^2}+C$；

(3) $-\frac{1}{x}\arctan x-\frac{1}{2}\ln\left(1+\frac{1}{x^2}\right)+C$； (4) $x\ln(1+x^2)-2x+2\arctan x+C$；

(5) $\frac{1}{2}e^{-x}(\sin x-\cos x)+C$；　　(6) $3e^{\sqrt[3]{x}}(\sqrt[3]{x^2}-2\sqrt[3]{x}+2)+C$。

习题 5－5

1. (1) $x-2\arctan\frac{x}{2}+C$；　(2) $\frac{1}{3}x^3-\frac{1}{2}x^2+C$；　(3) $\frac{x^2}{2}-\frac{9}{2}\ln(9+x^2)+C$；

(4) $\ln|x|-\ln|3x+1|+C$；　(5) $\frac{1}{5}\ln\left|\frac{x-3}{x+2}\right|+C$；

(6) $\ln\sqrt{x^2+1}-\arctan x+C$；　(7) $\frac{5}{7}\ln|x-4|+\frac{2}{7}\ln|x+3|+C$；

(8) $\ln|x|-\ln\sqrt{x^2+1}+C$。

2. (1) $\frac{1}{2}x+\frac{1}{4}\sin 2x+C$；　(2) $-\cos x+\frac{1}{3}\cos^3 x+C$；

(3) $\frac{1}{8}\left(3x-2\sin 2x+\frac{1}{4}\sin 4x\right)+C$；　(4) $-\frac{1}{3}\cos^3 x+\frac{1}{5}\cos^5 x+C$；

(5) $\frac{1}{8}\tan^8 x+C$；　(6) $\frac{1}{3}\sec^3 x-\sec x+C$；

(7) $\tan x+\frac{2}{3}\tan^3 x+\frac{1}{5}\tan^5 x+C$；　(8) $\frac{1}{7}\sec^7 x-\frac{2}{5}\sec^5 x+\frac{1}{3}\sec^3 x+C$。

习题 6－1

1. 3。
2. 3。
3. (1) 0；　(2) 0；　(3) 0。

习题 6－2

1. (1) $\sin 2x$；　(2) $-\sqrt{1+x^2}$；　(3) $2x^3e^{x^2}$；　(4) $\sqrt{1+x^3}-2x\sqrt{1+x^6}$。

2. (1) $\frac{1}{3}$；　(2) $-e$。

3. (1) $\frac{1}{5}(e^5-1)$；(2) $\frac{13}{2}$；(3) $\frac{\pi}{3}$；(4) $\frac{\pi}{6}$；(5) $\frac{17}{6}$；(6) 4；(7) 1；(8) $\frac{8}{3}$。

习题 6－3

1. (1) $1-\arctan 2+\frac{\pi}{4}$；　(2) $\frac{2}{5}$；　(3) $1-\frac{1}{\sqrt{e}}$；　(4) -1；　(5) $\frac{\pi}{6}-\frac{\sqrt{3}}{8}$；

(6) $2-2\ln\frac{3}{2}$；　(7) $\frac{1}{6}$；　(8) $1-2\ln 2$；　(9) $\frac{\pi}{2}$。

2. (1) 1；　(2) $1-\frac{2}{e}$；　(3) $\frac{\pi}{2}+1$；　(4) 0；　(5) $\frac{\pi}{4}-\frac{1}{2}$；　(6) 1；

(7) $\frac{1}{4}(e^2+1)$；　(8) $\frac{3}{16}e^4+\frac{1}{16}$；　(9) $\frac{1}{5}(e^{\pi}-2)$。

习题 6-4

(1) ∞，发散；　(2) ∞，发散；　(3) $\frac{1}{2}$，收敛；　(4) $\frac{8}{3}$，收敛。

习题 6-5

1. (1) $\frac{32}{3}$；　(2) $\frac{9}{2}$；　(3) $\frac{125}{6}$；　(4) $\frac{3}{2}-\ln 2$；　(5) $\frac{32}{3}$；　(6) $e+\frac{1}{e}-2$。
2. (1) 6π；　(2) $\frac{3}{10}\pi$。
3. 3462(kJ)。
4. $0.18k$(J)。

习题 7-1

1. (1) 一阶；　(2) 二阶；　(3) 三阶；　(4) 一阶。
2. (1) 不是；　(2) 是。
3. (1) $y'=x$；　(2) $\frac{dP}{dT}=\frac{kP}{T^2}$。
4. (1) $\begin{cases} y'=2x+y \\ y|_{x=0}=0 \end{cases}$；　(2) $\begin{cases} \frac{dT}{dt}=-k(T-20) \\ T|_{t=0}=100 \end{cases}$，其中 $k(k>0)$ 为比例常数。

习题 7-2

1. (1) $y=e^{Cx}$；　(2) $3x^4+4(y+1)^3=C$；
   (3) $10^x+10^{-y}=C$；　(4) $y^2-1=C(x-1)^2$。
2. (1) $4y^2+x^2=32$；　(2) $y=\frac{4}{x^2}$。
3. (1) $y=xe^{Cx+1}$；　(2) $y=Cx^2(x+y)$。
4. (1) $x^3-2y^3=3x$；　(2) $y^2=2x^2(\ln|x|+2)$。
5. (1) $(x-y)^2=-2x+C$；　(2) $y=\frac{1}{x}e^{Cx}$。
6. (1) $y=(x+C)e^{-x}$；　(2) $y=Ce^{-x^2}+2$；
   (3) $y=x^3+Cx$；　(4) $y=C\cos x-2\cos^2 x$。
7. (1) $y=\frac{\pi-1-\cos x}{x}$；　(2) $y=x\sec x$。
8. $p=10\times 2^{t/10}$。
9. $y=3x^2-x-2$。

习题 7-3

1. (1) $y=\frac{1}{6}x^3-\sin x+C_1x+C_2$；　(2) $y=\frac{1}{8}e^{2x}+C_1x^2+C_2x+C_3$；

(3) $y = C_1(3x + x^3) + C_2$； (4) $y = C_1\ln|x| + C_2$。

2. (1) $y = C_1 e^{3x} + C_2 e^{-2x}$； (2) $y = C_1 + C_2 e^{4x}$；

(3) $y = (C_1 + C_2 x)e^{2x}$； (4) $y = (C_1 + C_2 x)e^{-3x}$；

(5) $y = C_1\cos x + C_2\sin x$； (6) $y = e^{-x}(C_1\cos x + C_2\sin x)$。

3. (1) $y = 2e^{3x} + 4e^x$； (2) $y = (2 + x)e^{-\frac{x}{2}}$； (3) $y = 2\cos 5x + \sin 5x$。

4. (1) $y = C_1 e^{-x} + C_2 e^{-4x} - \frac{1}{2}x + \frac{11}{8}$； (2) $y = C_1 + C_2 e^{-\frac{5}{2}x} + \frac{1}{3}x^3 - \frac{3}{5}x^2 + \frac{7}{25}x$；

(3) $y = C_1 e^{\frac{x}{2}} + C_2 e^{-x} + e^x$； (4) $y = C_1 e^{-x} + C_2 e^{-2x} + \left(\frac{3}{2}x^2 - 3x\right)e^{-x}$；

(5) $y = C_1 e^x + C_2 e^{6x} + \frac{7}{74}\cos x + \frac{5}{74}\sin x$；

(6) $y = C_1\cos 2x + C_2\sin 2x + 2x\sin 2x$。

习题 8－1

1. (1) $\frac{1}{1\cdot 2} + \frac{1}{2\cdot 3} + \frac{1}{3\cdot 4} + \frac{1}{4\cdot 5} + \frac{1}{5\cdot 6} + \cdots$； (2) $1 - \frac{1}{2} + \frac{1}{3} - \frac{1}{4} + \frac{1}{5} + \cdots$。

2. (1) $\frac{1}{2n-1}$ $(n = 1, 2, \cdots)$； (2) $(-1)^{n-1}\frac{n+1}{n}$ $(n = 1, 2, \cdots)$。

3. (1) 发散；(2) 发散；(3) 收敛；(4) 收敛。

4. (1) 收敛；(2) 收敛；(3) 收敛；(4) 收敛；(5) 收敛；(6) 发散；(7) 收敛。

5. (1) 条件收敛；(2) 发散；(3) 绝对收敛；(4) 绝对收敛。

习题 8－2

1. (1) 1, $(-1, 1)$；(2) $+\infty$, $(-\infty, +\infty)$；(3) 1, $[-1, 1]$；(4) 3, $[-3, 3)$。

2. (1) $\frac{1}{(1-x)^2}$ $(-1 < x < 1)$； (2) $-\ln(1-x)$ $(-1 \leqslant x < 1)$；

(3) $-\ln(3-x)$ $(-3 \leqslant x < 3)$；(4) $\frac{1}{2}\arctan x - x + \frac{1}{4}\ln\frac{1+x}{1-x}$ $(-1 < x < 1)$。

3. (1) $\sum\limits_{n=0}^{\infty}\frac{5^n}{n!}x^n$ $(-\infty, +\infty)$； (2) $\sum\limits_{n=0}^{\infty}\frac{(-4)^n}{n!}x^n$ $(-\infty, +\infty)$；

(3) $\sum\limits_{n=0}^{\infty}\frac{1}{n!}x^{2n}$ $(-\infty, +\infty)$； (4) $\sum\limits_{n=0}^{\infty}\frac{n+2}{n!}x^{n+1}$ $(-\infty, +\infty)$；

(5) $\ln a + \sum\limits_{n=1}^{\infty}(-1)^{n-1}\frac{1}{n}\left(\frac{x}{a}\right)^n$ $(-a, a]$； (6) $\sum\limits_{n=0}^{\infty}\frac{(x\ln a)^n}{n!}$ $(-\infty, +\infty)$；

(7) $\sum\limits_{n=1}^{\infty}(-1)^{n-1}\frac{(2x)^{2n}}{2(2n)!}$ $(-\infty, +\infty)$。

4. $\sum\limits_{n=0}^{\infty}\frac{e}{n!}(x-1)^n$，$|x| < +\infty$。

5. $\frac{1}{3}\sum\limits_{n=0}^{\infty}(-1)^n\left(\frac{x-3}{3}\right)^n$ $(0 < x < 6)$。

6. $\sum\limits_{n=0}^{\infty}\left(\frac{1}{2^{n+1}} - \frac{1}{3^{n+1}}\right)(x+4)^n$ $(-6 < x < -2)$。

习题 8－3

1. (1) $f(x)=\dfrac{e^{2\pi}-e^{-2\pi}}{\pi}\left[\dfrac{1}{4}+\sum\limits_{n=1}^{\infty}\dfrac{(-1)^n}{n^2+4}(2\cos nx-n\sin nx)\right]$ $(-\infty<x<+\infty;$ $x\neq\pm\pi,\pm3\pi,\cdots)$；

(2) $f(x)=2\sum\limits_{n=1}^{\infty}\dfrac{(-1)^{n-1}}{n}\sin nx$ $(-\infty<x<+\infty;\ x\neq\pm\pi,\pm3\pi,\cdots)$；

(3) $f(x)=\pi^2+12\sum\limits_{n=1}^{\infty}\dfrac{(-1)^n}{n^2}\cos nx$ $(-\infty<x<+\infty)$；

(4) $f(x)=\dfrac{2}{\pi}\sum\limits_{n=1}^{\infty}\left[\dfrac{1}{n^2}\sin\dfrac{n\pi}{2}+(-1)^{n+1}\dfrac{\pi}{2n}\right]\sin nx$ $(-\infty<x<+\infty;\ x\neq(2n+1)\pi,$ $n=0,\pm1,\pm2,\cdots)$。

2. (1) $f(x)=\dfrac{11}{12}+\dfrac{1}{\pi^2}\sum\limits_{n=1}^{\infty}\dfrac{(-1)^{n+1}}{n^2}\cos 2n\pi x$ $(-\infty<x<+\infty)$；

(2) $f(x)=\dfrac{4A}{\pi}\sum\limits_{n=1}^{\infty}\dfrac{1}{2n-1}\sin\dfrac{2(2n-1)\pi x}{T}$ $\left(x\in\mathbf{R},\ x\neq\dfrac{nT}{2},\ n\in\mathbf{Z}\right)$。

3. $f(x)=1+\dfrac{4}{\pi}\sum\limits_{n=1}^{\infty}\dfrac{1}{2n-1}\sin\dfrac{(2n-1)\pi}{l}x$ $(0<|x|<l)$。